危险化学品从业单位安全生产标准化培训教材

# 危险化学品从业单位
# 安全生产标准化规范性文件汇编

主　编　曲福年

中国石化出版社

## 内 容 提 要

本书为危险化学品从业单位安全生产标准化培训教材，收录了自 2004 年以来国务院、国务院安委会、国家安全监管总局关于加强企业安全生产工作及安全生产标准化工作的有关文件。

本书可为危险化学品企业、安全标准化服务机构、安全标准化评审人员提供学习参考。

**图书在版编目（CIP）数据**

危险化学品从业单位安全生产标准化规范性文件汇编/
曲福年主编 . —北京：中国石化出版社，2014.4(2023.9重印)
ISBN 978 – 7 – 5114 – 2758 – 8

Ⅰ . ①危… Ⅱ . ①曲… Ⅲ . ①化工产品 – 危险品 – 安全
生产 – 标准化管理 – 文件 – 汇编 – 中国 Ⅳ . ①TQ086. 5 – 65

中国版本图书馆 CIP 数据核字（2014）第 069097 号

**中国石化出版社出版发行**
地址:北京市东城区安定门外大街 58 号
邮编:100011 电话:(010)57512500
发行部电话:(010)57512575
http://www.sinopec-press.com
E-mail:press@sinopec.com
北京科信印刷有限公司印刷
全国各地新华书店经销
*
787 × 1092 毫米 16 开本 15.5 印张 359 千字
2014 年 4 月第 1 版 2023 年 9 月第 10 次印刷
定价:45.00 元

# 编审人员

曲福年　田　敏　任佃忠　程玉河
陈玖芳　刘艳萍　孙青松　张道斌
吕晓蓉　徐元瑞　张秀亭

# 前　言

为了使危险化学品企业、安全标准化服务机构、安全标准化评审人员全面掌握、贯彻落实国务院、国务院安委会、国家安全监管总局有关文件精神，进一步落实企业安全生产主体责任，深入推进安全生产标准化工作，提高安全生产标准化质量，国家安全生产监督管理总局化学品登记中心组织编写了《危险化学品从业单位安全生产标准化规范性文件汇编》，供大家参考。

本书收录了自2004年以来国务院、国务院安委会、国家安全监管总局关于加强企业安全生产工作及安全生产标准化工作的有关文件，供有关人员参考学习。

由于时间仓促，书中不当和疏漏之处在所难免，敬请读者指正。

国家安全生产监督管理总局化学品登记中心

# 目　　录

# 1. 危险化学品安全管理条例

中华人民共和国国务院令　第591号

（2002年1月26日中华人民共和国国务院令第344号公布，2011年2月16日国务院第144次常务会议修订通过）

## 第一章　总　　则

**第一条**　为了加强危险化学品的安全管理，预防和减少危险化学品事故，保障人民群众生命财产安全，保护环境，制定本条例。

**第二条**　危险化学品生产、储存、使用、经营和运输的安全管理，适用本条例。

废弃危险化学品的处置，依照有关环境保护的法律、行政法规和国家有关规定执行。

**第三条**　本条例所称危险化学品，是指具有毒害、腐蚀、爆炸、燃烧、助燃等性质，对人体、设施、环境具有危害的剧毒化学品和其他化学品。

危险化学品目录，由国务院安全生产监督管理部门会同国务院工业和信息化、公安、环境保护、卫生、质量监督检验检疫、交通运输、铁路、民用航空、农业主管部门，根据化学品危险特性的鉴别和分类标准确定、公布，并适时调整。

**第四条**　危险化学品安全管理，应当坚持安全第一、预防为主、综合治理的方针，强化和落实企业的主体责任。

生产、储存、使用、经营、运输危险化学品的单位（以下统称危险化学品单位）的主要负责人对本单位的危险化学品安全管理工作全面负责。

危险化学品单位应当具备法律、行政法规规定和国家标准、行业标准要求的安全条件，建立、健全安全管理规章制度和岗位安全责任制度，对从业人员进行安全教育、法制教育和岗位技术培训。从业人员应当接受教育和培训，考核合格后上岗作业；对有资格要求的岗位，应当配备依法取得相应资格的人员。

**第五条**　任何单位和个人不得生产、经营、使用国家禁止生产、经营、使用的危险化学品。

国家对危险化学品的使用有限制性规定的，任何单位和个人不得违反限制性规定使用危险化学品。

**第六条**　对危险化学品的生产、储存、使用、经营、运输实施安全监督管理的有关部门（以下统称负有危险化学品安全监督管理职责的部门），依照下列规定履行职责：

（一）安全生产监督管理部门负责危险化学品安全监督管理综合工作，组织确定、公布、调整危险化学品目录，对新建、改建、扩建生产、储存危险化学品（包括使用长输管道输送危险化学品，下同）的建设项目进行安全条件审查，核发危险化学品安全生产许可证、危险化学品安全使用许可证和危险化学品经营许可证，并负责危险化学品登记工作。

（二）公安机关负责危险化学品的公共安全管理，核发剧毒化学品购买许可证、剧毒化学品道路运输通行证，并负责危险化学品运输车辆的道路交通安全管理。

（三）质量监督检验检疫部门负责核发危险化学品及其包装物、容器(不包括储存危险化学品的固定式大型储罐，下同)生产企业的工业产品生产许可证，并依法对其产品质量实施监督，负责对进出口危险化学品及其包装实施检验。

（四）环境保护主管部门负责废弃危险化学品处置的监督管理，组织危险化学品的环境危害性鉴定和环境风险程度评估，确定实施重点环境管理的危险化学品，负责危险化学品环境管理登记和新化学物质环境管理登记；依照职责分工调查相关危险化学品环境污染事故和生态破坏事件，负责危险化学品事故现场的应急环境监测。

（五）交通运输主管部门负责危险化学品道路运输、水路运输的许可以及运输工具的安全管理，对危险化学品水路运输安全实施监督，负责危险化学品道路运输企业、水路运输企业驾驶人员、船员、装卸管理人员、押运人员、申报人员、集装箱装箱现场检查员的资格认定。铁路主管部门负责危险化学品铁路运输的安全管理，负责危险化学品铁路运输承运人、托运人的资质审批及其运输工具的安全管理。民用航空主管部门负责危险化学品航空运输以及航空运输企业及其运输工具的安全管理。

（六）卫生主管部门负责危险化学品毒性鉴定的管理，负责组织、协调危险化学品事故受伤人员的医疗卫生救援工作。

（七）工商行政管理部门依据有关部门的许可证件，核发危险化学品生产、储存、经营、运输企业营业执照，查处危险化学品经营企业违法采购危险化学品的行为。

（八）邮政管理部门负责依法查处寄递危险化学品的行为。

**第七条** 负有危险化学品安全监督管理职责的部门依法进行监督检查，可以采取下列措施：

（一）进入危险化学品作业场所实施现场检查，向有关单位和人员了解情况，查阅、复制有关文件、资料；

（二）发现危险化学品事故隐患，责令立即消除或者限期消除；

（三）对不符合法律、行政法规、规章规定或者国家标准、行业标准要求的设施、设备、装置、器材、运输工具，责令立即停止使用；

（四）经本部门主要负责人批准，查封违法生产、储存、使用、经营危险化学品的场所，扣押违法生产、储存、使用、经营、运输的危险化学品以及用于违法生产、使用、运输危险化学品的原材料、设备、运输工具；

（五）发现影响危险化学品安全的违法行为，当场予以纠正或者责令限期改正。

负有危险化学品安全监督管理职责的部门依法进行监督检查，监督检查人员不得少于2人，并应当出示执法证件；有关单位和个人对依法进行的监督检查应当予以配合，不得拒绝、阻碍。

**第八条** 县级以上人民政府应当建立危险化学品安全监督管理工作协调机制，支持、督促负有危险化学品安全监督管理职责的部门依法履行职责，协调、解决危险化学品安全监督管理工作中的重大问题。

负有危险化学品安全监督管理职责的部门应当相互配合、密切协作，依法加强对危险化学品的安全监督管理。

**第九条** 任何单位和个人对违反本条例规定的行为,有权向负有危险化学品安全监督管理职责的部门举报。负有危险化学品安全监督管理职责的部门接到举报,应当及时依法处理;对不属于本部门职责的,应当及时移送有关部门处理。

**第十条** 国家鼓励危险化学品生产企业和使用危险化学品从事生产的企业采用有利于提高安全保障水平的先进技术、工艺、设备以及自动控制系统,鼓励对危险化学品实行专门储存、统一配送、集中销售。

## 第二章 生产、储存安全

**第十一条** 国家对危险化学品的生产、储存实行统筹规划、合理布局。

国务院工业和信息化主管部门以及国务院其他有关部门依据各自职责,负责危险化学品生产、储存的行业规划和布局。

地方人民政府组织编制城乡规划,应当根据本地区的实际情况,按照确保安全的原则,规划适当区域专门用于危险化学品的生产、储存。

**第十二条** 新建、改建、扩建生产、储存危险化学品的建设项目(以下简称建设项目),应当由安全生产监督管理部门进行安全条件审查。

建设单位应当对建设项目进行安全条件论证,委托具备国家规定的资质条件的机构对建设项目进行安全评价,并将安全条件论证和安全评价的情况报告报建设项目所在地设区的市级以上人民政府安全生产监督管理部门;安全生产监督管理部门应当自收到报告之日起45日内作出审查决定,并书面通知建设单位。具体办法由国务院安全生产监督管理部门制定。

新建、改建、扩建储存、装卸危险化学品的港口建设项目,由港口行政管理部门按照国务院交通运输主管部门的规定进行安全条件审查。

**第十三条** 生产、储存危险化学品的单位,应当对其铺设的危险化学品管道设置明显标志,并对危险化学品管道定期检查、检测。

进行可能危及危险化学品管道安全的施工作业,施工单位应当在开工的7日前书面通知管道所属单位,并与管道所属单位共同制定应急预案,采取相应的安全防护措施。管道所属单位应当指派专门人员到现场进行管道安全保护指导。

**第十四条** 危险化学品生产企业进行生产前,应当依照《安全生产许可证条例》的规定,取得危险化学品安全生产许可证。

生产列入国家实行生产许可证制度的工业产品目录的危险化学品的企业,应当依照《中华人民共和国工业产品生产许可证管理条例》的规定,取得工业产品生产许可证。

负责颁发危险化学品安全生产许可证、工业产品生产许可证的部门,应当将其颁发许可证的情况及时向同级工业和信息化主管部门、环境保护主管部门和公安机关通报。

**第十五条** 危险化学品生产企业应当提供与其生产的危险化学品相符的化学品安全技术说明书,并在危险化学品包装上粘贴或者拴挂与包装内危险化学品相符的化学品安全标签。化学品安全技术说明书和化学品安全标签所载明的内容应当符合国家标准的要求。

危险化学品生产企业发现其生产的危险化学品有新的危险特性的,应当立即公告,并及时修订其化学品安全技术说明书和化学品安全标签。

**第十六条** 生产实施重点环境管理的危险化学品的企业，应当按照国务院环境保护主管部门的规定，将该危险化学品向环境中释放等相关信息向环境保护主管部门报告。环境保护主管部门可以根据情况采取相应的环境风险控制措施。

**第十七条** 危险化学品的包装应当符合法律、行政法规、规章的规定以及国家标准、行业标准的要求。

危险化学品包装物、容器的材质以及危险化学品包装的型式、规格、方法和单件质量（重量），应当与所包装的危险化学品的性质和用途相适应。

**第十八条** 生产列入国家实行生产许可证制度的工业产品目录的危险化学品包装物、容器的企业，应当依照《中华人民共和国工业产品生产许可证管理条例》的规定，取得工业产品生产许可证；其生产的危险化学品包装物、容器经国务院质量监督检验检疫部门认定的检验机构检验合格，方可出厂销售。

运输危险化学品的船舶及其配载的容器，应当按照国家船舶检验规范进行生产，并经海事管理机构认定的船舶检验机构检验合格，方可投入使用。

对重复使用的危险化学品包装物、容器，使用单位在重复使用前应当进行检查；发现存在安全隐患的，应当维修或者更换。使用单位应当对检查情况作出记录，记录的保存期限不得少于2年。

**第十九条** 危险化学品生产装置或者储存数量构成重大危险源的危险化学品储存设施（运输工具加油站、加气站除外），与下列场所、设施、区域的距离应当符合国家有关规定：

（一）居住区以及商业中心、公园等人员密集场所；

（二）学校、医院、影剧院、体育场（馆）等公共设施；

（三）饮用水源、水厂以及水源保护区；

（四）车站、码头（依法经许可从事危险化学品装卸作业的除外）、机场以及通信干线、通信枢纽、铁路线路、道路交通干线、水路交通干线、地铁风亭以及地铁站出入口；

（五）基本农田保护区、基本草原、畜禽遗传资源保护区、畜禽规模化养殖场（养殖小区）、渔业水域以及种子、种畜禽、水产苗种生产基地；

（六）河流、湖泊、风景名胜区、自然保护区；

（七）军事禁区、军事管理区；

（八）法律、行政法规规定的其他场所、设施、区域。

已建的危险化学品生产装置或者储存数量构成重大危险源的危险化学品储存设施不符合前款规定的，由所在地设区的市级人民政府安全生产监督管理部门会同有关部门监督其所属单位在规定期限内进行整改；需要转产、停产、搬迁、关闭的，由本级人民政府决定并组织实施。

储存数量构成重大危险源的危险化学品储存设施的选址，应当避开地震活动断层和容易发生洪灾、地质灾害的区域。

本条例所称重大危险源，是指生产、储存、使用或者搬运危险化学品，且危险化学品的数量等于或者超过临界量的单元（包括场所和设施）。

第二十条　生产、储存危险化学品的单位，应当根据其生产、储存的危险化学品的种类和危险特性，在作业场所设置相应的监测、监控、通风、防晒、调温、防火、灭火、防爆、泄压、防毒、中和、防潮、防雷、防静电、防腐、防泄漏以及防护围堤或者隔离操作等安全设施、设备，并按照国家标准、行业标准或者国家有关规定对安全设施、设备进行经常性维护、保养，保证安全设施、设备的正常使用。

生产、储存危险化学品的单位，应当在其作业场所和安全设施、设备上设置明显的安全警示标志。

第二十一条　生产、储存危险化学品的单位，应当在其作业场所设置通信、报警装置，并保证处于适用状态。

第二十二条　生产、储存危险化学品的企业，应当委托具备国家规定的资质条件的机构，对本企业的安全生产条件每3年进行一次安全评价，提出安全评价报告。安全评价报告的内容应当包括对安全生产条件存在的问题进行整改的方案。

生产、储存危险化学品的企业，应当将安全评价报告以及整改方案的落实情况报所在地县级人民政府安全生产监督管理部门备案。在港区内储存危险化学品的企业，应当将安全评价报告以及整改方案的落实情况报港口行政管理部门备案。

第二十三条　生产、储存剧毒化学品或者国务院公安部门规定的可用于制造爆炸物品的危险化学品（以下简称易制爆危险化学品）的单位，应当如实记录其生产、储存的剧毒化学品、易制爆危险化学品的数量、流向，并采取必要的安全防范措施，防止剧毒化学品、易制爆危险化学品丢失或者被盗；发现剧毒化学品、易制爆危险化学品丢失或者被盗的，应当立即向当地公安机关报告。

生产、储存剧毒化学品、易制爆危险化学品的单位，应当设置治安保卫机构，配备专职治安保卫人员。

第二十四条　危险化学品应当储存在专用仓库、专用场地或者专用储存室（以下统称专用仓库）内，并由专人负责管理；剧毒化学品以及储存数量构成重大危险源的其他危险化学品，应当在专用仓库内单独存放，并实行双人收发、双人保管制度。

危险化学品的储存方式、方法以及储存数量应当符合国家标准或者国家有关规定。

第二十五条　储存危险化学品的单位应当建立危险化学品出入库核查、登记制度。

对剧毒化学品以及储存数量构成重大危险源的其他危险化学品，储存单位应当将其储存数量、储存地点以及管理人员的情况，报所在地县级人民政府安全生产监督管理部门（在港区内储存的，报港口行政管理部门）和公安机关备案。

第二十六条　危险化学品专用仓库应当符合国家标准、行业标准的要求，并设置明显的标志。储存剧毒化学品、易制爆危险化学品的专用仓库，应当按照国家有关规定设置相应的技术防范设施。

储存危险化学品的单位应当对其危险化学品专用仓库的安全设施、设备定期进行检测、检验。

第二十七条　生产、储存危险化学品的单位转产、停产、停业或者解散的，应当采取有效措施，及时、妥善处置其危险化学品生产装置、储存设施以及库存的危险化学品，不得丢弃危险化学品；处置方案应当报所在地县级人民政府安全生产监督管理部门、工业和信息化主管部门、环境保护主管部门和公安机关备案。安全生产监督管理部门应当会同环境保护主管部门和公安机关对处置情况进行监督检查，发现未依照规定处置的，应当责令其立即处置。

## 第三章 使 用 安 全

**第二十八条** 使用危险化学品的单位，其使用条件(包括工艺)应当符合法律、行政法规的规定和国家标准、行业标准的要求，并根据所使用的危险化学品的种类、危险特性以及使用量和使用方式，建立、健全使用危险化学品的安全管理规章制度和安全操作规程，保证危险化学品的安全使用。

**第二十九条** 使用危险化学品从事生产并且使用量达到规定数量的化工企业(属于危险化学品生产企业的除外，下同)，应当依照本条例的规定取得危险化学品安全使用许可证。

前款规定的危险化学品使用量的数量标准，由国务院安全生产监督管理部门会同国务院公安部门、农业主管部门确定并公布。

**第三十条** 申请危险化学品安全使用许可证的化工企业，除应当符合本条例第二十八条的规定外，还应当具备下列条件：

（一）有与所使用的危险化学品相适应的专业技术人员；

（二）有安全管理机构和专职安全管理人员；

（三）有符合国家规定的危险化学品事故应急预案和必要的应急救援器材、设备；

（四）依法进行了安全评价。

**第三十一条** 申请危险化学品安全使用许可证的化工企业，应当向所在地设区的市级人民政府安全生产监督管理部门提出申请，并提交其符合本条例第三十条规定条件的证明材料。设区的市级人民政府安全生产监督管理部门应当依法进行审查，自收到证明材料之日起45日内作出批准或者不予批准的决定。予以批准的，颁发危险化学品安全使用许可证；不予批准的，书面通知申请人并说明理由。

安全生产监督管理部门应当将其颁发危险化学品安全使用许可证的情况及时向同级环境保护主管部门和公安机关通报。

**第三十二条** 本条例第十六条关于生产实施重点环境管理的危险化学品的企业的规定，适用于使用实施重点环境管理的危险化学品从事生产的企业；第二十条、第二十一条、第二十三条第一款、第二十七条关于生产、储存危险化学品的单位的规定，适用于使用危险化学品的单位；第二十二条关于生产、储存危险化学品的企业的规定，适用于使用危险化学品从事生产的企业。

## 第四章 经 营 安 全

**第三十三条** 国家对危险化学品经营(包括仓储经营，下同)实行许可制度。未经许可，任何单位和个人不得经营危险化学品。

依法设立的危险化学品生产企业在其厂区范围内销售本企业生产的危险化学品，不需要取得危险化学品经营许可。

依照《中华人民共和国港口法》的规定取得港口经营许可证的港口经营人，在港区内从事危险化学品仓储经营，不需要取得危险化学品经营许可。

第三十四条 从事危险化学品经营的企业应当具备下列条件：

（一）有符合国家标准、行业标准的经营场所，储存危险化学品的，还应当有符合国家标准、行业标准的储存设施；

（二）从业人员经过专业技术培训并经考核合格；

（三）有健全的安全管理规章制度；

（四）有专职安全管理人员；

（五）有符合国家规定的危险化学品事故应急预案和必要的应急救援器材、设备；

（六）法律、法规规定的其他条件。

第三十五条 从事剧毒化学品、易制爆危险化学品经营的企业，应当向所在地设区的市级人民政府安全生产监督管理部门提出申请，从事其他危险化学品经营的企业，应当向所在地县级人民政府安全生产监督管理部门提出申请（有储存设施的，应当向所在地设区的市级人民政府安全生产监督管理部门提出申请）。申请人应当提交其符合本条例第三十四条规定条件的证明材料。设区的市级人民政府安全生产监督管理部门或者县级人民政府安全生产监督管理部门应当依法进行审查，并对申请人的经营场所、储存设施进行现场核查，自收到证明材料之日起30日内作出批准或者不予批准的决定。予以批准的，颁发危险化学品经营许可证；不予批准的，书面通知申请人并说明理由。

设区的市级人民政府安全生产监督管理部门和县级人民政府安全生产监督管理部门应当将其颁发危险化学品经营许可证的情况及时向同级环境保护主管部门和公安机关通报。

申请人持危险化学品经营许可证向工商行政管理部门办理登记手续后，方可从事危险化学品经营活动。法律、行政法规或者国务院规定经营危险化学品还需要经其他有关部门许可的，申请人向工商行政管理部门办理登记手续时还应当持相应的许可证件。

第三十六条 危险化学品经营企业储存危险化学品的，应当遵守本条例第二章关于储存危险化学品的规定。危险化学品商店内只能存放民用小包装的危险化学品。

第三十七条 危险化学品经营企业不得向未经许可从事危险化学品生产、经营活动的企业采购危险化学品，不得经营没有化学品安全技术说明书或者化学品安全标签的危险化学品。

第三十八条 依法取得危险化学品安全生产许可证、危险化学品安全使用许可证、危险化学品经营许可证的企业，凭相应的许可证件购买剧毒化学品、易制爆危险化学品。民用爆炸物品生产企业凭民用爆炸物品生产许可证购买易制爆危险化学品。

前款规定以外的单位购买剧毒化学品的，应当向所在地县级人民政府公安机关申请取得剧毒化学品购买许可证；购买易制爆危险化学品的，应当持本单位出具的合法用途说明。

个人不得购买剧毒化学品（属于剧毒化学品的农药除外）和易制爆危险化学品。

第三十九条 申请取得剧毒化学品购买许可证，申请人应当向所在地县级人民政府公安机关提交下列材料：

（一）营业执照或者法人证书（登记证书）的复印件；

（二）拟购买的剧毒化学品品种、数量的说明；

（三）购买剧毒化学品用途的说明；

（四）经办人的身份证明。

县级人民政府公安机关应当自收到前款规定的材料之日起3日内，作出批准或者不予批准的决定。予以批准的，颁发剧毒化学品购买许可证；不予批准的，书面通知申请人并说明理由。

剧毒化学品购买许可证管理办法由国务院公安部门制定。

**第四十条** 危险化学品生产企业、经营企业销售剧毒化学品、易制爆危险化学品，应当查验本条例第三十八条第一款、第二款规定的相关许可证件或者证明文件，不得向不具有相关许可证件或者证明文件的单位销售剧毒化学品、易制爆危险化学品。对持剧毒化学品购买许可证购买剧毒化学品的，应当按照许可证载明的品种、数量销售。

禁止向个人销售剧毒化学品(属于剧毒化学品的农药除外)和易制爆危险化学品。

**第四十一条** 危险化学品生产企业、经营企业销售剧毒化学品、易制爆危险化学品，应当如实记录购买单位的名称、地址、经办人的姓名、身份证号码以及所购买的剧毒化学品、易制爆危险化学品的品种、数量、用途。销售记录以及经办人的身份证明复印件、相关许可证件复印件或者证明文件的保存期限不得少于1年。

剧毒化学品、易制爆危险化学品的销售企业、购买单位应当在销售、购买后5日内，将所销售、购买的剧毒化学品、易制爆危险化学品的品种、数量以及流向信息报所在地县级人民政府公安机关备案，并输入计算机系统。

**第四十二条** 使用剧毒化学品、易制爆危险化学品的单位不得出借、转让其购买的剧毒化学品、易制爆危险化学品；因转产、停产、搬迁、关闭等确需转让的，应当向具有本条例第三十八条第一款、第二款规定的相关许可证件或者证明文件的单位转让，并在转让后将有关情况及时向所在地县级人民政府公安机关报告。

## 第五章 运输安全

**第四十三条** 从事危险化学品道路运输、水路运输的，应当分别依照有关道路运输、水路运输的法律、行政法规的规定，取得危险货物道路运输许可、危险货物水路运输许可，并向工商行政管理部门办理登记手续。

危险化学品道路运输企业、水路运输企业应当配备专职安全管理人员。

**第四十四条** 危险化学品道路运输企业、水路运输企业的驾驶人员、船员、装卸管理人员、押运人员、申报人员、集装箱装箱现场检查员应当经交通运输主管部门考核合格，取得从业资格。具体办法由国务院交通运输主管部门制定。

危险化学品的装卸作业应当遵守安全作业标准、规程和制度，并在装卸管理人员的现场指挥或者监控下进行。水路运输危险化学品的集装箱装箱作业应当在集装箱装箱现场检查员的指挥或者监控下进行，并符合积载、隔离的规范和要求；装箱作业完毕后，集装箱装箱现场检查员应当签署装箱证明书。

**第四十五条** 运输危险化学品，应当根据危险化学品的危险特性采取相应的安全防护措施，并配备必要的防护用品和应急救援器材。

用于运输危险化学品的槽罐以及其他容器应当封口严密，能够防止危险化学品在运输过程中因温度、湿度或者压力的变化发生渗漏、洒漏；槽罐以及其他容器的溢流和泄压装置应当设置准确、起闭灵活。

运输危险化学品的驾驶人员、船员、装卸管理人员、押运人员、申报人员、集装箱装箱现场检查员，应当了解所运输的危险化学品的危险特性及其包装物、容器的使用要求和出现危险情况时的应急处置方法。

**第四十六条** 通过道路运输危险化学品的，托运人应当委托依法取得危险货物道路运输许可的企业承运。

**第四十七条** 通过道路运输危险化学品的，应当按照运输车辆的核定载质量装载危险化学品，不得超载。

危险化学品运输车辆应当符合国家标准要求的安全技术条件，并按照国家有关规定定期进行安全技术检验。

危险化学品运输车辆应当悬挂或者喷涂符合国家标准要求的警示标志。

**第四十八条** 通过道路运输危险化学品的，应当配备押运人员，并保证所运输的危险化学品处于押运人员的监控之下。

运输危险化学品途中因住宿或者发生影响正常运输的情况，需要较长时间停车的，驾驶人员、押运人员应当采取相应的安全防范措施；运输剧毒化学品或者易制爆危险化学品的，还应当向当地公安机关报告。

**第四十九条** 未经公安机关批准，运输危险化学品的车辆不得进入危险化学品运输车辆限制通行的区域。危险化学品运输车辆限制通行的区域由县级人民政府公安机关划定，并设置明显的标志。

**第五十条** 通过道路运输剧毒化学品的，托运人应当向运输始发地或者目的地县级人民政府公安机关申请剧毒化学品道路运输通行证。

申请剧毒化学品道路运输通行证，托运人应当向县级人民政府公安机关提交下列材料：

（一）拟运输的剧毒化学品品种、数量的说明；

（二）运输始发地、目的地、运输时间和运输路线的说明；

（三）承运人取得危险货物道路运输许可、运输车辆取得营运证以及驾驶人员、押运人员取得上岗资格的证明文件；

（四）本条例第三十八条第一款、第二款规定的购买剧毒化学品的相关许可证件，或者海关出具的进出口证明文件。

县级人民政府公安机关应当自收到前款规定的材料之日起7日内，作出批准或者不予批准的决定。予以批准的，颁发剧毒化学品道路运输通行证；不予批准的，书面通知申请人并说明理由。

剧毒化学品道路运输通行证管理办法由国务院公安部门制定。

**第五十一条** 剧毒化学品、易制爆危险化学品在道路运输途中丢失、被盗、被抢或者出现流散、泄漏等情况的，驾驶人员、押运人员应当立即采取相应的警示措施和安全措施，并向当地公安机关报告。公安机关接到报告后，应当根据实际情况立即向安全生产监督管理部门、环境保护主管部门、卫生主管部门通报。有关部门应当采取必要的应急处置措施。

**第五十二条** 通过水路运输危险化学品的，应当遵守法律、行政法规以及国务院交通运输主管部门关于危险货物水路运输安全的规定。

**第五十三条** 海事管理机构应当根据危险化学品的种类和危险特性，确定船舶运输危险化学品的相关安全运输条件。

拟交付船舶运输的化学品的相关安全运输条件不明确的，应当经国家海事管理机构认定的机构进行评估，明确相关安全运输条件并经海事管理机构确认后，方可交付船舶运输。

**第五十四条** 禁止通过内河封闭水域运输剧毒化学品以及国家规定禁止通过内河运输的其他危险化学品。

前款规定以外的内河水域，禁止运输国家规定禁止通过内河运输的剧毒化学品以及其他危险化学品。

禁止通过内河运输的剧毒化学品以及其他危险化学品的范围，由国务院交通运输主管部门会同国务院环境保护主管部门、工业和信息化主管部门、安全生产监督管理部门，根据危险化学品的危险特性、危险化学品对人体和水环境的危害程度以及消除危害后果的难易程度等因素规定并公布。

**第五十五条** 国务院交通运输主管部门应当根据危险化学品的危险特性，对通过内河运输本条例第五十四条规定以外的危险化学品（以下简称通过内河运输危险化学品）实行分类管理，对各类危险化学品的运输方式、包装规范和安全防护措施等分别作出规定并监督实施。

**第五十六条** 通过内河运输危险化学品，应当由依法取得危险货物水路运输许可的水路运输企业承运，其他单位和个人不得承运。托运人应当委托依法取得危险货物水路运输许可的水路运输企业承运，不得委托其他单位和个人承运。

**第五十七条** 通过内河运输危险化学品，应当使用依法取得危险货物适装证书的运输船舶。水路运输企业应当针对所运输的危险化学品的危险特性，制定运输船舶危险化学品事故应急救援预案，并为运输船舶配备充足、有效的应急救援器材和设备。

通过内河运输危险化学品的船舶，其所有人或者经营人应当取得船舶污染损害责任保险证书或者财务担保证明。船舶污染损害责任保险证书或者财务担保证明的副本应当随船携带。

**第五十八条** 通过内河运输危险化学品，危险化学品包装物的材质、型式、强度以及包装方法应当符合水路运输危险化学品包装规范的要求。国务院交通运输主管部门对单船运输的危险化学品数量有限制性规定的，承运人应当按照规定安排运输数量。

**第五十九条** 用于危险化学品运输作业的内河码头、泊位应当符合国家有关安全规范，与饮用水取水口保持国家规定的距离。有关管理单位应当制定码头、泊位危险化学品事故应急预案，并为码头、泊位配备充足、有效的应急救援器材和设备。

用于危险化学品运输作业的内河码头、泊位，经交通运输主管部门按照国家有关规定验收合格后方可投入使用。

**第六十条** 船舶载运危险化学品进出内河港口，应当将危险化学品的名称、危险特性、包装以及进出港时间等事项，事先报告海事管理机构。海事管理机构接到报告后，应当在国务院交通运输主管部门规定的时间内作出是否同意的决定，通知报告人，同时通报港口行政管理部门。定船舶、定航线、定货种的船舶可以定期报告。

在内河港口内进行危险化学品的装卸、过驳作业，应当将危险化学品的名称、危险特性、包装和作业的时间、地点等事项报告港口行政管理部门。港口行政管理部门接到报告后，应当在国务院交通运输主管部门规定的时间内作出是否同意的决定，通知报告人，同时通报海事管理机构。

载运危险化学品的船舶在内河航行，通过过船建筑物的，应当提前向交通运输主管部门申报，并接受交通运输主管部门的管理。

**第六十一条** 载运危险化学品的船舶在内河航行、装卸或者停泊，应当悬挂专用的警示标志，按照规定显示专用信号。

载运危险化学品的船舶在内河航行，按照国务院交通运输主管部门的规定需要引航的，应当申请引航。

**第六十二条** 载运危险化学品的船舶在内河航行，应当遵守法律、行政法规和国家其他有关饮用水水源保护的规定。内河航道发展规划应当与依法经批准的饮用水水源保护区划定方案相协调。

**第六十三条** 托运危险化学品的，托运人应当向承运人说明所托运的危险化学品的种类、数量、危险特性以及发生危险情况的应急处置措施，并按照国家有关规定对所托运的危险化学品妥善包装，在外包装上设置相应的标志。

运输危险化学品需要添加抑制剂或者稳定剂的，托运人应当添加，并将有关情况告知承运人。

**第六十四条** 托运人不得在托运的普通货物中夹带危险化学品，不得将危险化学品匿报或者谎报为普通货物托运。

任何单位和个人不得交寄危险化学品或者在邮件、快件内夹带危险化学品，不得将危险化学品匿报或者谎报为普通物品交寄。邮政企业、快递企业不得收寄危险化学品。

对涉嫌违反本条第一款、第二款规定的，交通运输主管部门、邮政管理部门可以依法开拆查验。

**第六十五条** 通过铁路、航空运输危险化学品的安全管理，依照有关铁路、航空运输的法律、行政法规、规章的规定执行。

## 第六章 危险化学品登记与事故应急救援

**第六十六条** 国家实行危险化学品登记制度，为危险化学品安全管理以及危险化学品事故预防和应急救援提供技术、信息支持。

**第六十七条** 危险化学品生产企业、进口企业，应当向国务院安全生产监督管理部门负责危险化学品登记的机构(以下简称危险化学品登记机构)办理危险化学品登记。

危险化学品登记包括下列内容：

（一）分类和标签信息；

（二）物理、化学性质；

（三）主要用途；

（四）危险特性；

（五）储存、使用、运输的安全要求；

（六）出现危险情况的应急处置措施。

对同一企业生产、进口的同一品种的危险化学品，不进行重复登记。危险化学品生产企业、进口企业发现其生产、进口的危险化学品有新的危险特性的，应当及时向危险化学品登记机构办理登记内容变更手续。

危险化学品登记的具体办法由国务院安全生产监督管理部门制定。

**第六十八条** 危险化学品登记机构应当定期向工业和信息化、环境保护、公安、卫生、交通运输、铁路、质量监督检验检疫等部门提供危险化学品登记的有关信息和资料。

**第六十九条** 县级以上地方人民政府安全生产监督管理部门应当会同工业和信息化、环境保护、公安、卫生、交通运输、铁路、质量监督检验检疫等部门，根据本地区实际情况，制定危险化学品事故应急预案，报本级人民政府批准。

**第七十条** 危险化学品单位应当制定本单位危险化学品事故应急预案，配备应急救援人员和必要的应急救援器材、设备，并定期组织应急救援演练。

危险化学品单位应当将其危险化学品事故应急预案报所在地设区的市级人民政府安全生产监督管理部门备案。

**第七十一条** 发生危险化学品事故，事故单位主要负责人应当立即按照本单位危险化学品应急预案组织救援，并向当地安全生产监督管理部门和环境保护、公安、卫生主管部门报告；道路运输、水路运输过程中发生危险化学品事故的，驾驶人员、船员或者押运人员还应当向事故发生地交通运输主管部门报告。

**第七十二条** 发生危险化学品事故，有关地方人民政府应当立即组织安全生产监督管理、环境保护、公安、卫生、交通运输等有关部门，按照本地区危险化学品事故应急预案组织实施救援，不得拖延、推诿。

有关地方人民政府及其有关部门应当按照下列规定，采取必要的应急处置措施，减少事故损失，防止事故蔓延、扩大：

（一）立即组织营救和救治受害人员，疏散、撤离或者采取其他措施保护危害区域内的其他人员；

（二）迅速控制危害源，测定危险化学品的性质、事故的危害区域及危害程度；

（三）针对事故对人体、动植物、土壤、水源、大气造成的现实危害和可能产生的危害，迅速采取封闭、隔离、洗消等措施；

（四）对危险化学品事故造成的环境污染和生态破坏状况进行监测、评估，并采取相应的环境污染治理和生态修复措施。

**第七十三条** 有关危险化学品单位应当为危险化学品事故应急救援提供技术指导和必要的协助。

**第七十四条** 危险化学品事故造成环境污染的，由设区的市级以上人民政府环境保护主管部门统一发布有关信息。

## 第七章　法　律　责　任

**第七十五条**　生产、经营、使用国家禁止生产、经营、使用的危险化学品的，由安全生产监督管理部门责令停止生产、经营、使用活动，处20万元以上50万元以下的罚款，有违法所得的，没收违法所得；构成犯罪的，依法追究刑事责任。

有前款规定行为的，安全生产监督管理部门还应当责令其对所生产、经营、使用的危险化学品进行无害化处理。

违反国家关于危险化学品使用的限制性规定使用危险化学品的，依照本条第一款的规定处理。

**第七十六条**　未经安全条件审查，新建、改建、扩建生产、储存危险化学品的建设项目的，由安全生产监督管理部门责令停止建设，限期改正；逾期不改正的，处50万元以上100万元以下的罚款；构成犯罪的，依法追究刑事责任。

未经安全条件审查，新建、改建、扩建储存、装卸危险化学品的港口建设项目的，由港口行政管理部门依照前款规定予以处罚。

**第七十七条**　未依法取得危险化学品安全生产许可证从事危险化学品生产，或者未依法取得工业产品生产许可证从事危险化学品及其包装物、容器生产的，分别依照《安全生产许可证条例》、《中华人民共和国工业产品生产许可证管理条例》的规定处罚。

违反本条例规定，化工企业未取得危险化学品安全使用许可证，使用危险化学品从事生产的，由安全生产监督管理部门责令限期改正，处10万元以上20万元以下的罚款；逾期不改正的，责令停产整顿。

违反本条例规定，未取得危险化学品经营许可证从事危险化学品经营的，由安全生产监督管理部门责令停止经营活动，没收违法经营的危险化学品以及违法所得，并处10万元以上20万元以下的罚款；构成犯罪的，依法追究刑事责任。

**第七十八条**　有下列情形之一的，由安全生产监督管理部门责令改正，可以处5万元以下的罚款；拒不改正的，处5万元以上10万元以下的罚款；情节严重的，责令停产停业整顿：

（一）生产、储存危险化学品的单位未对其铺设的危险化学品管道设置明显的标志，或者未对危险化学品管道定期检查、检测的；

（二）进行可能危及危险化学品管道安全的施工作业，施工单位未按照规定书面通知管道所属单位，或者未与管道所属单位共同制定应急预案、采取相应的安全防护措施，或者管道所属单位未指派专门人员到现场进行管道安全保护指导的；

（三）危险化学品生产企业未提供化学品安全技术说明书，或者未在包装（包括外包装件）上粘贴、拴挂化学品安全标签的；

（四）危险化学品生产企业提供的化学品安全技术说明书与其生产的危险化学品不相符，或者在包装（包括外包装件）粘贴、拴挂的化学品安全标签与包装内危险化学品不相符，或者化学品安全技术说明书、化学品安全标签所载明的内容不符合国家标准要求的；

（五）危险化学品生产企业发现其生产的危险化学品有新的危险特性不立即公告，或者不及时修订其化学品安全技术说明书和化学品安全标签的；

（六）危险化学品经营企业经营没有化学品安全技术说明书和化学品安全标签的危险化学品的；

（七）危险化学品包装物、容器的材质以及包装的型式、规格、方法和单件质量（重量）与所包装的危险化学品的性质和用途不相适应的；

（八）生产、储存危险化学品的单位未在作业场所和安全设施、设备上设置明显的安全警示标志，或者未在作业场所设置通信、报警装置的；

（九）危险化学品专用仓库未设专人负责管理，或者对储存的剧毒化学品以及储存数量构成重大危险源的其他危险化学品未实行双人收发、双人保管制度的；

（十）储存危险化学品的单位未建立危险化学品出入库核查、登记制度的；

（十一）危险化学品专用仓库未设置明显标志的；

（十二）危险化学品生产企业、进口企业不办理危险化学品登记，或者发现其生产、进口的危险化学品有新的危险特性不办理危险化学品登记内容变更手续的。

从事危险化学品仓储经营的港口经营人有前款规定情形的，由港口行政管理部门依照前款规定予以处罚。储存剧毒化学品、易制爆危险化学品的专用仓库未按照国家有关规定设置相应的技术防范设施的，由公安机关依照前款规定予以处罚。

生产、储存剧毒化学品、易制爆危险化学品的单位未设置治安保卫机构、配备专职治安保卫人员的，依照《企业事业单位内部治安保卫条例》的规定处罚。

**第七十九条** 危险化学品包装物、容器生产企业销售未经检验或者经检验不合格的危险化学品包装物、容器的，由质量监督检验检疫部门责令改正，处 10 万元以上 20 万元以下的罚款，有违法所得的，没收违法所得；拒不改正的，责令停产停业整顿；构成犯罪的，依法追究刑事责任。

将未经检验合格的运输危险化学品的船舶及其配载的容器投入使用的，由海事管理机构依照前款规定予以处罚。

**第八十条** 生产、储存、使用危险化学品的单位有下列情形之一的，由安全生产监督管理部门责令改正，处 5 万元以上 10 万元以下的罚款；拒不改正的，责令停产停业整顿直至由原发证机关吊销其相关许可证件，并由工商行政管理部门责令其办理经营范围变更登记或者吊销其营业执照；有关责任人员构成犯罪的，依法追究刑事责任：

（一）对重复使用的危险化学品包装物、容器，在重复使用前不进行检查的；

（二）未根据其生产、储存的危险化学品的种类和危险特性，在作业场所设置相关安全设施、设备，或者未按照国家标准、行业标准或者国家有关规定对安全设施、设备进行经常性维护、保养的；

（三）未依照本条例规定对其安全生产条件定期进行安全评价的；

（四）未将危险化学品储存在专用仓库内，或者未将剧毒化学品以及储存数量构成重大危险源的其他危险化学品在专用仓库内单独存放的；

（五）危险化学品的储存方式、方法或者储存数量不符合国家标准或者国家有关规定的；

（六）危险化学品专用仓库不符合国家标准、行业标准的要求的；

（七）未对危险化学品专用仓库的安全设施、设备定期进行检测、检验的。

从事危险化学品仓储经营的港口经营人有前款规定情形的，由港口行政管理部门依照前款规定予以处罚。

**第八十一条** 有下列情形之一的，由公安机关责令改正，可以处 1 万元以下的罚款；拒不改正的，处 1 万元以上 5 万元以下的罚款：

（一）生产、储存、使用剧毒化学品、易制爆危险化学品的单位不如实记录生产、储存、使用的剧毒化学品、易制爆危险化学品的数量、流向的；

（二）生产、储存、使用剧毒化学品、易制爆危险化学品的单位发现剧毒化学品、易制爆危险化学品丢失或者被盗，不立即向公安机关报告的；

（三）储存剧毒化学品的单位未将剧毒化学品的储存数量、储存地点以及管理人员的情况报所在地县级人民政府公安机关备案的；

（四）危险化学品生产企业、经营企业不如实记录剧毒化学品、易制爆危险化学品购买单位的名称、地址、经办人的姓名、身份证号码以及所购买的剧毒化学品、易制爆危险化学品的品种、数量、用途，或者保存销售记录和相关材料的时间少于 1 年的；

（五）剧毒化学品、易制爆危险化学品的销售企业、购买单位未在规定的时限内将所销售、购买的剧毒化学品、易制爆危险化学品的品种、数量以及流向信息报所在地县级人民政府公安机关备案的；

（六）使用剧毒化学品、易制爆危险化学品的单位依照本条例规定转让其购买的剧毒化学品、易制爆危险化学品，未将有关情况向所在地县级人民政府公安机关报告的。

生产、储存危险化学品的企业或者使用危险化学品从事生产的企业未按照本条例规定将安全评价报告以及整改方案的落实情况报安全生产监督管理部门或者港口行政管理部门备案，或者储存危险化学品的单位未将其剧毒化学品以及储存数量构成重大危险源的其他危险化学品的储存数量、储存地点以及管理人员的情况报安全生产监督管理部门或者港口行政管理部门备案的，分别由安全生产监督管理部门或者港口行政管理部门依照前款规定予以处罚。

生产实施重点环境管理的危险化学品的企业或者使用实施重点环境管理的危险化学品从事生产的企业未按照规定将相关信息向环境保护主管部门报告的，由环境保护主管部门依照本条第一款的规定予以处罚。

**第八十二条** 生产、储存、使用危险化学品的单位转产、停产、停业或者解散，未采取有效措施及时、妥善处置其危险化学品生产装置、储存设施以及库存的危险化学品，或者丢弃危险化学品的，由安全生产监督管理部门责令改正，处 5 万元以上 10 万元以下的罚款；构成犯罪的，依法追究刑事责任。

生产、储存、使用危险化学品的单位转产、停产、停业或者解散，未依照本条例规定将其危险化学品生产装置、储存设施以及库存危险化学品的处置方案报有关部门备案的，分别由有关部门责令改正，可以处 1 万元以下的罚款；拒不改正的，处 1 万元以上 5 万元以下的罚款。

**第八十三条** 危险化学品经营企业向未经许可违法从事危险化学品生产、经营活动的企业采购危险化学品的，由工商行政管理部门责令改正，处 10 万元以上 20 万元以下的罚款；拒不改正的，责令停业整顿直至由原发证机关吊销其危险化学品经营许可证，并由工商行政管理部门责令其办理经营范围变更登记或者吊销其营业执照。

第八十四条 危险化学品生产企业、经营企业有下列情形之一的，由安全生产监督管理部门责令改正，没收违法所得，并处 10 万元以上 20 万元以下的罚款；拒不改正的，责令停产停业整顿直至吊销其危险化学品安全生产许可证、危险化学品经营许可证，并由工商行政管理部门责令其办理经营范围变更登记或者吊销其营业执照：

（一）向不具有本条例第三十八条第一款、第二款规定的相关许可证件或者证明文件的单位销售剧毒化学品、易制爆危险化学品的；

（二）不按照剧毒化学品购买许可证载明的品种、数量销售剧毒化学品的；

（三）向个人销售剧毒化学品（属于剧毒化学品的农药除外）、易制爆危险化学品的。

不具有本条例第三十八条第一款、第二款规定的相关许可证件或者证明文件的单位购买剧毒化学品、易制爆危险化学品，或者个人购买剧毒化学品（属于剧毒化学品的农药除外）、易制爆危险化学品的，由公安机关没收所购买的剧毒化学品、易制爆危险化学品，可以并处 5000 元以下的罚款。

使用剧毒化学品、易制爆危险化学品的单位出借或者向不具有本条例第三十八条第一款、第二款规定的相关许可证件的单位转让其购买的剧毒化学品、易制爆危险化学品，或者向个人转让其购买的剧毒化学品（属于剧毒化学品的农药除外）、易制爆危险化学品的，由公安机关责令改正，处 10 万元以上 20 万元以下的罚款；拒不改正的，责令停产停业整顿。

第八十五条 未依法取得危险货物道路运输许可、危险货物水路运输许可，从事危险化学品道路运输、水路运输的，分别依照有关道路运输、水路运输的法律、行政法规的规定处罚。

第八十六条 有下列情形之一的，由交通运输主管部门责令改正，处 5 万元以上 10 万元以下的罚款；拒不改正的，责令停产停业整顿；构成犯罪的，依法追究刑事责任：

（一）危险化学品道路运输企业、水路运输企业的驾驶人员、船员、装卸管理人员、押运人员、申报人员、集装箱装箱现场检查员未取得从业资格上岗作业的；

（二）运输危险化学品，未根据危险化学品的危险特性采取相应的安全防护措施，或者未配备必要的防护用品和应急救援器材的；

（三）使用未依法取得危险货物适装证书的船舶，通过内河运输危险化学品的；

（四）通过内河运输危险化学品的承运人违反国务院交通运输主管部门对单船运输的危险化学品数量的限制性规定运输危险化学品的；

（五）用于危险化学品运输作业的内河码头、泊位不符合国家有关安全规范，或者未与饮用水取水口保持国家规定的安全距离，或者未经交通运输主管部门验收合格投入使用的；

（六）托运人不向承运人说明所托运的危险化学品的种类、数量、危险特性以及发生危险情况的应急处置措施，或者未按照国家有关规定对所托运的危险化学品妥善包装并在外包装上设置相应标志的；

（七）运输危险化学品需要添加抑制剂或者稳定剂，托运人未添加或者未将有关情况告知承运人的。

**第八十七条** 有下列情形之一的，由交通运输主管部门责令改正，处 10 万元以上 20 万元以下的罚款，有违法所得的，没收违法所得；拒不改正的，责令停产停业整顿；构成犯罪的，依法追究刑事责任：

（一）委托未依法取得危险货物道路运输许可、危险货物水路运输许可的企业承运危险化学品的；

（二）通过内河封闭水域运输剧毒化学品以及国家规定禁止通过内河运输的其他危险化学品的；

（三）通过内河运输国家规定禁止通过内河运输的剧毒化学品以及其他危险化学品的；

（四）在托运的普通货物中夹带危险化学品，或者将危险化学品谎报或者匿报为普通货物托运的。

在邮件、快件内夹带危险化学品，或者将危险化学品谎报为普通物品交寄的，依法给予治安管理处罚；构成犯罪的，依法追究刑事责任。

邮政企业、快递企业收寄危险化学品的，依照《中华人民共和国邮政法》的规定处罚。

**第八十八条** 有下列情形之一的，由公安机关责令改正，处 5 万元以上 10 万元以下的罚款；构成违反治安管理行为的，依法给予治安管理处罚；构成犯罪的，依法追究刑事责任：

（一）超过运输车辆的核定载质量装载危险化学品的；

（二）使用安全技术条件不符合国家标准要求的车辆运输危险化学品的；

（三）运输危险化学品的车辆未经公安机关批准进入危险化学品运输车辆限制通行的区域的；

（四）未取得剧毒化学品道路运输通行证，通过道路运输剧毒化学品的。

**第八十九条** 有下列情形之一的，由公安机关责令改正，处 1 万元以上 5 万元以下的罚款；构成违反治安管理行为的，依法给予治安管理处罚：

（一）危险化学品运输车辆未悬挂或者喷涂警示标志，或者悬挂或者喷涂的警示标志不符合国家标准要求的；

（二）通过道路运输危险化学品，不配备押运人员的；

（三）运输剧毒化学品或者易制爆危险化学品途中需要较长时间停车，驾驶人员、押运人员不向当地公安机关报告的；

（四）剧毒化学品、易制爆危险化学品在道路运输途中丢失、被盗、被抢或者发生流散、泄漏等情况，驾驶人员、押运人员不采取必要的警示措施和安全措施，或者不向当地公安机关报告的。

**第九十条** 对发生交通事故负有全部责任或者主要责任的危险化学品道路运输企业，由公安机关责令消除安全隐患，未消除安全隐患的危险化学品运输车辆，禁止上道路行驶。

**第九十一条** 有下列情形之一的，由交通运输主管部门责令改正，可以处 1 万元以下的罚款；拒不改正的，处 1 万元以上 5 万元以下的罚款：

（一）危险化学品道路运输企业、水路运输企业未配备专职安全管理人员的；

（二）用于危险化学品运输作业的内河码头、泊位的管理单位未制定码头、泊位危险化学品事故应急救援预案，或者未为码头、泊位配备充足、有效的应急救援器材和设备的。

第九十二条　有下列情形之一的，依照《中华人民共和国内河交通安全管理条例》的规定处罚：

（一）通过内河运输危险化学品的水路运输企业未制定运输船舶危险化学品事故应急救援预案，或者未为运输船舶配备充足、有效的应急救援器材和设备的；

（二）通过内河运输危险化学品的船舶的所有人或者经营人未取得船舶污染损害责任保险证书或者财务担保证明的；

（三）船舶载运危险化学品进出内河港口，未将有关事项事先报告海事管理机构并经其同意的；

（四）载运危险化学品的船舶在内河航行、装卸或者停泊，未悬挂专用的警示标志，或者未按照规定显示专用信号，或者未按照规定申请引航的。

未向港口行政管理部门报告并经其同意，在港口内进行危险化学品的装卸、过驳作业的，依照《中华人民共和国港口法》的规定处罚。

第九十三条　伪造、变造或者出租、出借、转让危险化学品安全生产许可证、工业产品生产许可证，或者使用伪造、变造的危险化学品安全生产许可证、工业产品生产许可证的，分别依照《安全生产许可证条例》、《中华人民共和国工业产品生产许可证管理条例》的规定处罚。

伪造、变造或者出租、出借、转让本条例规定的其他许可证，或者使用伪造、变造的本条例规定的其他许可证的，分别由相关许可证的颁发管理机关处10万元以上20万元以下的罚款，有违法所得的，没收违法所得；构成违反治安管理行为的，依法给予治安管理处罚；构成犯罪的，依法追究刑事责任。

第九十四条　危险化学品单位发生危险化学品事故，其主要负责人不立即组织救援或者不立即向有关部门报告的，依照《生产安全事故报告和调查处理条例》的规定处罚。

危险化学品单位发生危险化学品事故，造成他人人身伤害或者财产损失的，依法承担赔偿责任。

第九十五条　发生危险化学品事故，有关地方人民政府及其有关部门不立即组织实施救援，或者不采取必要的应急处置措施减少事故损失，防止事故蔓延、扩大的，对直接负责的主管人员和其他直接责任人员依法给予处分；构成犯罪的，依法追究刑事责任。

第九十六条　负有危险化学品安全监督管理职责的部门的工作人员，在危险化学品安全监督管理工作中滥用职权、玩忽职守、徇私舞弊，构成犯罪的，依法追究刑事责任；尚不构成犯罪的，依法给予处分。

## 第八章　附　　则

第九十七条　监控化学品、属于危险化学品的药品和农药的安全管理，依照本条例的规定执行；法律、行政法规另有规定的，依照其规定。

民用爆炸物品、烟花爆竹、放射性物品、核能物质以及用于国防科研生产的危险化学品的安全管理，不适用本条例。

法律、行政法规对燃气的安全管理另有规定的，依照其规定。

危险化学品容器属于特种设备的，其安全管理依照有关特种设备安全的法律、行政法规的规定执行。

**第九十八条** 危险化学品的进出口管理，依照有关对外贸易的法律、行政法规、规章的规定执行；进口的危险化学品的储存、使用、经营、运输的安全管理，依照本条例的规定执行。

危险化学品环境管理登记和新化学物质环境管理登记，依照有关环境保护的法律、行政法规、规章的规定执行。危险化学品环境管理登记，按照国家有关规定收取费用。

**第九十九条** 公众发现、捡拾的无主危险化学品，由公安机关接收。公安机关接收或者有关部门依法没收的危险化学品，需要进行无害化处理的，交由环境保护主管部门组织其认定的专业单位进行处理，或者交由有关危险化学品生产企业进行处理。处理所需费用由国家财政负担。

**第一百条** 化学品的危险特性尚未确定的，由国务院安全生产监督管理部门、国务院环境保护主管部门、国务院卫生主管部门分别负责组织对该化学品的物理危险性、环境危害性、毒理特性进行鉴定。根据鉴定结果，需要调整危险化学品目录的，依照本条例第三条第二款的规定办理。

**第一百零一条** 本条例施行前已经使用危险化学品从事生产的化工企业，依照本条例规定需要取得危险化学品安全使用许可证的，应当在国务院安全生产监督管理部门规定的期限内，申请取得危险化学品安全使用许可证。

**第一百零二条** 本条例自 2011 年 12 月 1 日起施行。

# 2. 国务院关于进一步加强安全生产工作的决定

国发〔2004〕2号

安全生产关系人民群众的生命财产安全，关系改革发展和社会稳定大局。党中央、国务院高度重视安全生产工作，建国以来特别是改革开放以来，采取了一系列重大举措加强安全生产工作。颁布实施了《中华人民共和国安全生产法》（以下简称《安全生产法》）等法律法规，明确了安全生产责任；初步建立了安全生产监管体系，安全生产监督管理得到加强；对重点行业和领域集中开展了安全生产专项整治，生产经营秩序和安全生产条件有所改善，安全生产状况总体上趋于稳定好转。但是，目前全国的安全生产形势依然严峻，煤矿、道路交通运输、建筑等领域伤亡事故多发的状况尚未根本扭转；安全生产基础比较薄弱，保障体系和机制不健全；部分地方和生产经营单位安全意识不强，责任不落实，投入不足；安全生产监督管理机构、队伍建设以及监管工作亟待加强。为了进一步加强安全生产工作，尽快实现我国安全生产局面的根本好转，特作如下决定。

## 一、提高认识，明确指导思想和奋斗目标

1. 充分认识安全生产工作的重要性。搞好安全生产工作，切实保障人民群众的生命财产安全，体现了最广大人民群众的根本利益，反映了先进生产力的发展要求和先进文化的前进方向。做好安全生产工作是全面建设小康社会、统筹经济社会全面发展的重要内容，是实施可持续发展战略的组成部分，是政府履行社会管理和市场监管职能的基本任务，是企业生存发展的基本要求。我国目前尚处于社会主义初级阶段，要实现安全生产状况的根本好转，必须付出持续不懈的努力。各地区、各部门要把安全生产作为一项长期艰巨的任务，警钟长鸣，常抓不懈，从全面贯彻落实"三个代表"重要思想，维护人民群众生命财产安全的高度，充分认识加强安全生产工作的重要意义和现实紧迫性，动员全社会力量，齐抓共管，全力推进。

2. 指导思想。认真贯彻"三个代表"重要思想，适应全面建设小康社会的要求和完善社会主义市场经济体制的新形势，坚持"安全第一、预防为主"的基本方针，进一步强化政府对安全生产工作的领导，大力推进安全生产各项工作，落实生产经营单位安全生产主体责任，加强安全生产监督管理；大力推进安全生产监管体制、安全生产法制和执法队伍"三项建设"，建立安全生产长效机制，实施科技兴安战略，积极采用先进的安全管理方法和安全生产技术，努力实现全国安全生产状况的根本好转。

3. 奋斗目标。到2007年，建立起较为完善的安全生产监管体系，全国安全生产状况稳定好转，矿山、危险化学品、建筑等重点行业和领域事故多发状况得到扭转，工矿企业事故死亡人数、煤矿百万吨死亡率、道路交通运输万车死亡率等指标均有一定幅度的下降。到2010年，初步形成规范完善的安全生产法治秩序，全国安全生产状况明显好转，

重特大事故得到有效遏制，各类生产安全事故和死亡人数有较大幅度的下降。力争到2020年，我国安全生产状况实现根本性好转，亿元国内生产总值死亡率、十万人死亡率等指标达到或者接近世界中等发达国家水平。

**二、完善政策，大力推进安全生产各项工作**

4. 加强产业政策的引导。制定和完善产业政策，调整和优化产业结构。逐步淘汰技术落后、浪费资源和环境污染严重的工艺技术、装备及不具备安全生产条件的企业。通过兼并、联合、重组等措施，积极发展跨区域、跨行业经营的大公司、大集团和大型生产供应基地，提高有安全生产保障企业的生产能力。

5. 加大政府对安全生产的投入。加强安全生产基础设施建设和支撑体系建设，加大对企业安全生产技术改造的支持力度。运用长期建设国债和预算内基本建设投资，支持大中型国有煤炭企业的安全生产技术改造。各级地方人民政府要重视安全生产基础设施建设资金的投入，并积极支持企业安全技术改造，对国家安排的安全生产专项资金，地方政府要加强监督管理，确保专款专用，并安排配套资金予以保障。

6. 深化安全生产专项整治。坚持把矿山、道路和水上交通运输、危险化学品、民用爆破器材和烟花爆竹、人员密集场所消防安全等方面的安全生产专项整治，作为整顿和规范社会主义市场经济秩序的一项重要任务，持续不懈地抓下去。继续关闭取缔非法和不具备安全生产条件的小矿小厂、经营网点，遏制低水平重复建设。开展公路货车超限超载治理，保障道路交通运输安全。把安全生产专项整治与依法落实生产经营单位安全生产保障制度、加强日常监督管理以及建立安全生产长效机制结合起来，确保整治工作取得实效。

7. 健全完善安全生产法制。对《安全生产法》确立的各项法律制度，要抓紧制定配套法规规章。认真做好各项安全生产技术规范、标准的制定修订工作。各地区要结合本地实际，制定和完善《安全生产法》配套实施办法和措施。加大安全生产法律法规的学习宣传和贯彻力度，普及安全生产法律知识，增强全民安全生产法制观念。

8. 建立生产安全应急救援体系。加快全国生产安全应急救援体系建设，尽快建立国家生产安全应急救援指挥中心，充分利用现有的应急救援资源，建设具有快速反应能力的专业化救援队伍，提高救援装备水平，增强生产安全事故的抢险救援能力。加强区域性生产安全应急救援基地建设。搞好重大危险源的普查登记，加强国家、省（区、市）、市（地）、县（市）四级重大危险源监控工作，建立应急救援预案和生产安全预警机制。

9. 加强安全生产科研和技术开发。加强安全生产科学学科建设，积极发展安全生产普通高等教育，培养和造就更多的安全生产科技和管理人才。加大科技投入力度，充分利用高等院校、科研机构、社会团体等安全生产科研资源，加强安全生产基础研究和应用研究。建立国家安全生产信息管理系统，提高安全生产信息统计的准确性、科学性和权威性。积极开展安全生产领域的国际交流与合作，加快先进的生产安全技术引进、消化、吸收和自主创新步伐。

**三、强化管理，落实生产经营单位安全生产主体责任**

10. 依法加强和改进生产经营单位安全管理。强化生产经营单位安全生产主体地位，进一步明确安全生产责任,全面落实安全保障的各项法律法规。生产经营单位要根据《安全生产法》等有关法律规定,设置安全生产管理机构或者配备专职(或兼职)安全生产管理人员。保证安全生产的必要投入,积极采用安全性能可靠的新技术、新工艺、新设备和新材料,不断改善安全生产条件。改进生产经营单位安全管理,积极采用职业安全健康管理体系认证、风险评估、安全评价等方法,落实各项安全防范措施,提高安全生产管理水平。

11. 开展安全质量标准化活动。制定和颁布重点行业、领域安全生产技术规范和安全生产质量工作标准,在全国所有工矿、商贸、交通运输、建筑施工等企业普遍开展安全质量标准化活动。企业生产流程的各环节、各岗位要建立严格的安全生产质量责任制。生产经营活动和行为,必须符合安全生产有关法律法规和安全生产技术规范的要求,做到规范化和标准化。

12. 搞好安全生产技术培训。加强安全生产培训工作,整合培训资源,完善培训网络,加大培训力度,提高培训质量。生产经营单位必须对所有从业人员进行必要的安全生产技术培训,其主要负责人及有关经营管理人员、重要工种人员必须按照有关法律、法规的规定,接受规范的安全生产培训,经考试合格,持证上岗。完善注册安全工程师考试、任职、考核制度。

13. 建立企业提取安全费用制度。为保证安全生产所需资金投入,形成企业安全生产投入的长效机制,借鉴煤矿提取安全费用的经验,在条件成熟后,逐步建立对高危行业生产企业提取安全费用制度。企业安全费用的提取,要根据地区和行业的特点,分别确定提取标准,由企业自行提取,专户储存,专项用于安全生产。

14. 依法加大生产经营单位对伤亡事故的经济赔偿。生产经营单位必须认真执行工伤保险制度,依法参加工伤保险,及时为从业人员缴纳保险费。同时,依据《安全生产法》等有关法律法规,向受到生产安全事故伤害的员工或家属支付赔偿金。进一步提高企业生产安全事故伤亡赔偿标准,建立企业负责人自觉保障安全投入,努力减少事故的机制。

**四、完善制度,加强安全生产监督管理**

15. 加强地方各级安全生产监管机构和执法队伍建设。县级以上各级地方人民政府要依照《安全生产法》的规定,建立健全安全生产监管机构,充实必要的人员,加强安全生产监管队伍建设,提高安全生产监管工作的权威,切实履行安全生产监管职能。完善煤矿安全生产监察体制,进一步加强煤矿安全生产监察队伍建设和监察执法工作。

16. 建立安全生产控制指标体系。要制订全国安全生产中长期发展规划,明确年度安全生产控制指标,建立全国和分省(区、市)的控制指标体系,对安全生产情况实行定量控制和考核。从2004年起,国家向各省(区、市)人民政府下达年度安全生产各项控制指标,并进行跟踪检查和监督考核。对各省(区、市)安全生产控制指标完成情况,国家安全生产监督管理部门将通过新闻发布会、政府公告、简报等形式,每季度公布一次。

17. 建立安全生产行政许可制度。把安全生产纳入国家行政许可的范围,在各行业的行政许可制度中,把安全生产作为一项重要内容,从源头上制止不具备安全生产条件的企业进入市场。开办企业必须具备法律规定的安全生产条件,依法向政府有关部门申请、办理安全生产许可证，持证生产经营。新建、改建、扩建项目的安全设施必须与主体工程同时设计、同时施工、同时投入生产和使用(简称"三同时")，对未通过"三同时"审查的建设项目，有关部门不予办理行政许可手续，企业不准开工投产。

18. 建立企业安全生产风险抵押金制度。为强化生产经营单位的安全生产责任，各地区可结合实际，依法对矿山、道路交通运输、建筑施工、危险化学品、烟花爆竹等领域从事生产经营活动的企业，收取一定数额的安全生产风险抵押金，企业生产经营期间发生生产安全事故的，转作事故抢险救灾和善后处理所需资金。具体办法由国家安全生产监督管理部门会同财政部研究制定。

19. 强化安全生产监管监察行政执法。各级安全生产监管监察机构要增强执法意识，做到严格、公正、文明执法。依法对生产经营单位安全生产情况进行监督检查，指导督促生产经营单位建立健全安全生产责任制，落实各项防范措施。组织开展好企业安全评估，搞好分类指导和重点监管。对严重忽视安全生产的企业及其负责人或业主，要依法加大行政执法和经济处罚的力度。认真查处各类事故，坚持事故原因未查清不放过、责任人员未处理不放过、整改措施未落实不放过、有关人员未受到教育不放过的"四不放过"原则，不仅要追究事故直接责任人的责任，同时要追究有关负责人的领导责任。

20. 加强对小企业的安全生产监管。小企业是安全生产管理的薄弱环节，各地要高度重视小企业的安全生产工作，切实加强监督管理。从组织领导、工作机制和安全投入等方面入手，逐步探索出一套行之有效的监管办法。坚持寓监督管理于服务之中，积极为小企业提供安全技术、人才、政策咨询等方面的服务，加强检查指导，督促帮助小企业搞好安全生产。要重视解决小煤矿安全生产投入问题，对乡镇及个体煤矿，要严格监督其按照有关规定提取安全费用。

**五、加强领导，形成齐抓共管的合力**

21. 认真落实各级领导安全生产责任。地方各级人民政府要建立健全领导干部安全生产责任制，把安全生产作为干部政绩考核的重要内容，逐级抓好落实。特别要加强县乡两级领导干部安全生产责任制的落实。加强对地方领导干部的安全知识培训和安全生产监管人员的执法业务培训。国家组织对市(地)、县(市)两级政府分管安全生产工作的领导干部进行培训；各省(区、市)要对县级以上安全生产监管部门负责人，分期分批进行执法能力培训。依法严肃查处事故责任，对存在失职、渎职行为，或对事故发生负有领导责任的地方政府、企业领导人，要依照有关法律法规严格追究责任。严厉惩治安全生产领域的腐败现象和黑恶势力。

22. 构建全社会齐抓共管的安全生产工作格局。地方各级人民政府每季度至少召开一次安全生产例会，分析、部署、督促和检查本地区的安全生产工作；大力支持并帮助解决安全生产监管部门在行政执法中遇到的困难和问题。各级安全生产委员会及其办公室要积极发挥综合协调作用。安全生产综合监管及其他负有安全生产监督管理职责的部门要在政府的统一领导下，依照有关法律法规的规定，各负其责，密切配合，切实履行安全监管职能。各级工会、共青团组织要围绕安全生产，发挥各自优势，开展群众性安全生产活动。充分发挥各类协会、学会、中心等中介机构和社团组织的作用，构建信息、法律、技术装备、宣传教育、培训和应急救援等安全生产支撑体系。强化社会监督、群众监督和新闻媒体监督，丰富全国"安全生产月""安全生产万里行"等活动内容，努力构建"政府统一领导、部门依法监管、企业全面负责、群众参与监督、全社会广泛支持"的安全生产工作格局。

23. 做好宣传教育和舆论引导工作。把安全生产宣传教育纳入宣传思想工作的总体布局，坚持正确的舆论导向，大力宣传党和国家安全生产方针政策、法律法规和加强安全生产工作的重大举措，宣传安全生产工作的先进典型和经验；对严重忽视安全生产、导致重特大事故发生的典型事例要予以曝光。在大中专院校和中小学开设安全知识课程，提高青少年在道路交通、消防、城市燃气等方面的识灾和防灾能力。通过广泛深入的宣传教育，不断增强群众依法自我安全保护的意识。

各地区、各部门和各单位要加强调查研究，注意发现安全生产工作中出现的新情况，研究新问题，推进安全生产理论、监管体制和机制、监管方式和手段、安全科技、安全文化等方面的创新，不断增强安全生产工作的针对性和实效性，努力开创我国安全生产工作的新局面，为完善社会主义市场经济体制，实现党的十六大提出的全面建设小康社会的宏伟目标创造安全稳定的环境。

二〇〇四年一月九日

# 3. 国务院关于进一步加强企业安全生产工作的通知

国发〔2010〕23号

各省、自治区、直辖市人民政府，国务院各部委、各直属机构：

近年来，全国生产安全事故逐年下降，安全生产状况总体稳定、趋于好转，但形势依然十分严峻，事故总量仍然很大，非法违法生产现象严重，重特大事故多发频发，给人民群众生命财产安全造成重大损失，暴露出一些企业重生产轻安全、安全管理薄弱、主体责任不落实，一些地方和部门安全监管不到位等突出问题。为进一步加强安全生产工作，全面提高企业安全生产水平，现就有关事项通知如下：

## 一、总体要求

1. 工作要求。深入贯彻落实科学发展观，坚持以人为本，牢固树立安全发展的理念，切实转变经济发展方式，调整产业结构，提高经济发展的质量和效益，把经济发展建立在安全生产有可靠保障的基础上；坚持"安全第一、预防为主、综合治理"的方针，全面加强企业安全管理，健全规章制度，完善安全标准，提高企业技术水平，夯实安全生产基础；坚持依法依规生产经营，切实加强安全监管，强化企业安全生产主体责任落实和责任追究，促进我国安全生产形势实现根本好转。

2. 主要任务。以煤矿、非煤矿山、交通运输、建筑施工、危险化学品、烟花爆竹、民用爆炸物品、冶金等行业（领域）为重点，全面加强企业安全生产工作。要通过更加严格的目标考核和责任追究，采取更加有效的管理手段和政策措施，集中整治非法违法生产行为，坚决遏制重特大事故发生；要尽快建成完善的国家安全生产应急救援体系，在高危行业强制推行一批安全适用的技术装备和防护设施，最大程度减少事故造成的损失；要建立更加完善的技术标准体系，促进企业安全生产技术装备全面达到国家和行业标准，实现我国安全生产技术水平的提高；要进一步调整产业结构，积极推进重点行业的企业重组和矿产资源开发整合，彻底淘汰安全性能低下、危及安全生产的落后产能；以更加有力的政策引导，形成安全生产长效机制。

## 二、严格企业安全管理

3. 进一步规范企业生产经营行为。企业要健全完善严格的安全生产规章制度，坚持不安全不生产。加强对生产现场监督检查，严格查处违章指挥、违规作业、违反劳动纪律的"三违"行为。凡超能力、超强度、超定员组织生产的，要责令停产停工整顿，并对企业和企业主要负责人依法给予规定上限的经济处罚。对以整合、技改名义违规组织生产，以及规定期限内未实施改造或故意拖延工期的矿井，由地方政府依法予以关闭。要加强对境外中资企业安全生产工作的指导和管理，严格落实境内投资主体和派出企业的安全生产监督责任。

4. 及时排查治理安全隐患。企业要经常性开展安全隐患排查，并切实做到整改措施、责任、资金、时限和预案"五到位"。建立以安全生产专业人员为主导的隐患整改效果评价制度，确保整改到位。对隐患整改不力造成事故的，要依法追究企业和企业相关负责人的责任。对停产整改逾期未完成的不得复产。

5. 强化生产过程管理的领导责任。企业主要负责人和领导班子成员要轮流现场带班。煤矿、非煤矿山要有矿领导带班并与工人同时下井、同时升井，对无企业负责人带班下井或该带班而未带班的，对有关责任人按擅离职守处理，同时给予规定上限的经济处罚。发生事故而没有领导现场带班的，对企业给予规定上限的经济处罚，并依法从重追究企业主要负责人的责任。

6. 强化职工安全培训。企业主要负责人和安全生产管理人员、特殊工种人员一律严格考核，按国家有关规定持职业资格证书上岗；职工必须全部经过培训合格后上岗。企业用工要严格依照劳动合同法与职工签订劳动合同。凡存在不经培训上岗、无证上岗的企业，依法停产整顿。没有对井下作业人员进行安全培训教育，或存在特种作业人员无证上岗的企业，情节严重的要依法予以关闭。

7. 全面开展安全达标。深入开展以岗位达标、专业达标和企业达标为内容的安全生产标准化建设，凡在规定时间内未实现达标的企业要依法暂扣其生产许可证、安全生产许可证，责令停产整顿；对整改逾期未达标的，地方政府要依法予以关闭。

### 三、建设坚实的技术保障体系

8. 加强企业生产技术管理。强化企业技术管理机构的安全职能，按规定配备安全技术人员，切实落实企业负责人安全生产技术管理负责制，强化企业主要技术负责人技术决策和指挥权。因安全生产技术问题不解决产生重大隐患的，要对企业主要负责人、主要技术负责人和有关人员给予处罚；发生事故的，依法追究责任。

9. 强制推行先进适用的技术装备。煤矿、非煤矿山要制定和实施生产技术装备标准，安装监测监控系统、井下人员定位系统、紧急避险系统、压风自救系统、供水施救系统和通信联络系统等技术装备，并于 3 年之内完成。逾期未安装的，依法暂扣安全生产许可证、生产许可证。运输危险化学品、烟花爆竹、民用爆炸物品的道路专用车辆，旅游包车和三类以上的班线客车要安装使用具有行驶记录功能的卫星定位装置，于 2 年之内全部完成；鼓励有条件的渔船安装防撞自动识别系统，在大型尾矿库安装全过程在线监控系统，大型起重机械要安装安全监控管理系统；积极推进信息化建设，努力提高企业安全防护水平。

10. 加快安全生产技术研发。企业在年度财务预算中必须确定必要的安全投入。国家鼓励企业开展安全科技研发，加快安全生产关键技术装备的换代升级。进一步落实《国家中长期科学和技术发展规划纲要(2006—2020 年)》等，加大对高危行业安全技术、装备、工艺和产品研发的支持力度，引导高危行业提高机械化、自动化生产水平，合理确定生产一线用工。"十二五"期间要继续组织研发一批提升我国重点行业领域安全生产保障能力的关键技术和装备项目。

**四、实施更加有力的监督管理**

11. 进一步加大安全监管力度。强化安全生产监管部门对安全生产的综合监管，全面落实公安、交通、国土资源、建设、工商、质检等部门的安全生产监督管理及工业主管部门的安全生产指导职责，形成安全生产综合监管与行业监管指导相结合的工作机制，加强协作，形成合力。在各级政府统一领导下，严厉打击非法违法生产、经营、建设等影响安全生产的行为，安全生产综合监管和行业管理部门要会同司法机关联合执法，以强有力措施查处、取缔非法企业。对重大安全隐患治理实行逐级挂牌督办、公告制度，重大隐患治理由省级安全生产监管部门或行业主管部门挂牌督办，国家相关部门加强督促检查。对拒不执行监管监察指令的企业，要依法依规从重处罚。进一步加强监管力量建设，提高监管人员专业素质和技术装备水平，强化基层站点监管能力，加强对企业安全生产的现场监管和技术指导。

12. 强化企业安全生产属地管理。安全生产监管监察部门、负有安全生产监管职责的有关部门和行业管理部门要按职责分工，对当地企业包括中央、省属企业实行严格的安全生产监督检查和管理，组织对企业安全生产状况进行安全标准化分级考核评价，评价结果向社会公开，并向银行业、证券业、保险业、担保业等主管部门通报，作为企业信用评级的重要参考依据。

13. 加强建设项目安全管理。强化项目安全设施核准审批，加强建设项目的日常安全监管，严格落实审批、监管的责任。企业新建、改建、扩建工程项目的安全设施，要包括安全监控设施和防瓦斯等有害气体、防尘、排水、防火、防爆等设施，并与主体工程同时设计、同时施工、同时投入生产和使用。安全设施与建设项目主体工程未做到同时设计的一律不予审批，未做到同时施工的责令立即停止施工，未同时投入使用的不得颁发安全生产许可证，并视情节追究有关单位负责人的责任。严格落实建设、设计、施工、监理、监管等各方安全责任。对项目建设生产经营单位存在违法分包、转包等行为的，立即依法停工停产整顿，并追究项目业主、承包方等各方责任。

14. 加强社会监督和舆论监督。要充分发挥工会、共青团、妇联组织的作用，依法维护和落实企业职工对安全生产的参与权与监督权，鼓励职工监督举报各类安全隐患，对举报者予以奖励。有关部门和地方要进一步畅通安全生产的社会监督渠道，设立举报箱，公布举报电话，接受人民群众的公开监督。要发挥新闻媒体的舆论监督，对舆论反映的客观问题要深查原因，切实整改。

**五、建设更加高效的应急救援体系**

15. 加快国家安全生产应急救援基地建设。按行业类型和区域分布，依托大型企业，在中央预算内基建投资支持下，先期抓紧建设7个国家矿山应急救援队，配备性能可靠、机动性强的装备和设备，保障必要的运行维护费用。推进公路交通、铁路运输、水上搜救、船舶溢油、油气田、危险化学品等行业（领域）国家救援基地和队伍建设。鼓励和支持各地区、各部门、各行业依托大型企业和专业救援力量，加强服务周边的区域性应急救援能力建设。

16. 建立完善企业安全生产预警机制。企业要建立完善安全生产动态监控及预警预报体系，每月进行一次安全生产风险分析。发现事故征兆要立即发布预警信息，落实防范和应急处置措施。对重大危险源和重大隐患要报当地安全生产监管监察部门、负有安全生产监管职责的有关部门和行业管理部门备案。涉及国家秘密的，按有关规定执行。

17. 完善企业应急预案。企业应急预案要与当地政府应急预案保持衔接，并定期进行演练。赋予企业生产现场带班人员、班组长和调度人员在遇到险情时第一时间下达停产撤人命令的直接决策权和指挥权。因撤离不及时导致人身伤亡事故的，要从重追究相关人员的法律责任。

**六、严格行业安全准入**

18. 加快完善安全生产技术标准。各行业管理部门和负有安全生产监管职责的有关部门要根据行业技术进步和产业升级的要求，加快制定修订生产、安全技术标准，制定和实施高危行业从业人员资格标准。对实施许可证管理制度的危险性作业要制定落实专项安全技术作业规程和岗位安全操作规程。

19. 严格安全生产准入前置条件。把符合安全生产标准作为高危行业企业准入的前置条件，实行严格的安全标准核准制度。矿山建设项目和用于生产、储存危险物品的建设项目，应当分别按照国家有关规定进行安全条件论证和安全评价，严把安全生产准入关。凡不符合安全生产条件违规建设的，要立即停止建设，情节严重的由本级人民政府或主管部门实施关闭取缔。降低标准造成隐患的，要追究相关人员和负责人的责任。

20. 发挥安全生产专业服务机构的作用。依托科研院所，结合事业单位改制，推动安全生产评价、技术支持、安全培训、技术改造等服务性机构的规范发展。制定完善安全生产专业服务机构管理办法，保证专业服务机构从业行为的专业性、独立性和客观性。专业服务机构对相关评价、鉴定结论承担法律责任，对违法违规、弄虚作假的，要依法依规从严追究相关人员和机构的法律责任，并降低或取消相关资质。

**七、加强政策引导**

21. 制定促进安全技术装备发展的产业政策。要鼓励和引导企业研发、采用先进适用的安全技术和产品，鼓励安全生产适用技术和新装备、新工艺、新标准的推广应用。把安全检测监控、安全避险、安全保护、个人防护、灾害监控、特种安全设施及应急救援等安全生产专用设备的研发制造，作为安全产业加以培育，纳入国家振兴装备制造业的政策支持范畴。大力发展安全装备融资租赁业务，促进高危行业企业加快提升安全装备水平。

22. 加大安全专项投入。切实做好尾矿库治理、扶持煤矿安全技改建设、瓦斯防治和小煤矿整顿关闭等各类中央资金的安排使用，落实地方和企业配套资金。加强对高危行业企业安全生产费用提取和使用管理的监督检查，进一步完善高危行业企业安全生产费用财务管理制度，研究提高安全生产费用提取下限标准，适当扩大适用范围。依法加强道路交通事故社会救助基金制度建设，加快建立完善水上搜救奖励与补偿机制。高危行业企业探索实行全员安全风险抵押金制度。完善落实工伤保险制度，积极稳妥推行安全生产责任保险制度。

23. 提高工伤事故死亡职工一次性赔偿标准。从 2011 年 1 月 1 日起，依照《工伤保险条例》的规定，对因生产安全事故造成的职工死亡，其一次性工亡补助金标准调整为按全国上一年度城镇居民人均可支配收入的 20 倍计算，发放给工亡职工近亲属。同时，依法确保工亡职工一次性丧葬补助金、供养亲属抚恤金的发放。

24. 鼓励扩大专业技术和技能人才培养。进一步落实完善校企合作办学、对口单招、订单式培养等政策，鼓励高等院校、职业学校逐年扩大采矿、机电、地质、通风、安全等相关专业人才的招生培养规模，加快培养高危行业专业人才和生产一线急需技能型人才。

**八、更加注重经济发展方式转变**

25. 制定落实安全生产规划。各地区、各有关部门要把安全生产纳入经济社会发展的总体布局，在制定国家、地区发展规划时，要同步明确安全生产目标和专项规划。企业要把安全生产工作的各项要求落实在企业发展和日常工作之中，在制定企业发展规划和年度生产经营计划中要突出安全生产，确保安全投入和各项安全措施到位。

26. 强制淘汰落后技术产品。不符合有关安全标准、安全性能低下、职业危害严重、危及安全生产的落后技术、工艺和装备要列入国家产业结构调整指导目录，予以强制性淘汰。各省级人民政府也要制订本地区相应的目录和措施，支持有效消除重大安全隐患的技术改造和搬迁项目，遏制安全水平低、保障能力差的项目建设和延续。对存在落后技术装备、构成重大安全隐患的企业，要予以公布，责令限期整改，逾期未整改的依法予以关闭。

27. 加快产业重组步伐。要充分发挥产业政策导向和市场机制的作用，加大对相关高危行业企业重组力度，进一步整合或淘汰浪费资源、安全保障低的落后产能，提高安全基础保障能力。

**九、实行更加严格的考核和责任追究**

28. 严格落实安全目标考核。对各地区、各有关部门和企业完成年度生产安全事故控制指标情况进行严格考核，并建立激励约束机制。加大重特大事故的考核权重，发生特别重大生产安全事故的，要根据情节轻重，追究地市级分管领导或主要领导的责任；后果特别严重、影响特别恶劣的，要按规定追究省部级相关领导的责任。加强安全生产基础工作考核，加快推进安全生产长效机制建设，坚决遏制重特大事故的发生。

29. 加大对事故企业负责人的责任追究力度。企业发生重大生产安全责任事故，追究事故企业主要负责人责任；触犯法律的，依法追究事故企业主要负责人或企业实际控制人的法律责任。发生特别重大事故，除追究企业主要负责人和实际控制人责任外，还要追究上级企业主要负责人的责任；触犯法律的，依法追究企业主要负责人、企业实际控制人和上级企业负责人的法律责任。对重大、特别重大生产安全责任事故负有主要责任的企业，其主要负责人终身不得担任本行业企业的矿长(厂长、经理)。对非法违法生产造成人员伤亡的，以及瞒报事故、事故后逃逸等情节特别恶劣的，要依法从重处罚。

30. 加大对事故企业的处罚力度。对于发生重大、特别重大生产安全责任事故或一年内发生 2 次以上较大生产安全责任事故并负主要责任的企业，以及存在重大隐患整改不力的企业，由省级及以上安全监管监察部门会同有关行业主管部门向社会公告，并向投资、国土资源、建设、银行、证券等主管部门通报，一年内严格限制新增的项目核准、用地审批、证券融资等，并作为银行贷款等的重要参考依据。

31. 对打击非法生产不力的地方实行严格的责任追究。在所辖区域对群众举报、上级督办、日常检查发现的非法生产企业（单位）没有采取有效措施予以查处，致使非法生产企业（单位）存在的，对县（市、区）、乡（镇）人民政府主要领导以及相关责任人，根据情节轻重，给予降级、撤职或者开除的行政处分，涉嫌犯罪的，依法追究刑事责任。国家另有规定的，从其规定。

32. 建立事故查处督办制度。依法严格事故查处，对事故查处实行地方各级安全生产委员会层层挂牌督办，重大事故查处实行国务院安全生产委员会挂牌督办。事故查处结案后，要及时予以公告，接受社会监督。

各地区、各部门和各有关单位要做好对加强企业安全生产工作的组织实施，制订部署本地区本行业贯彻落实本通知要求的具体措施，加强监督检查和指导，及时研究、协调解决贯彻实施中出现的突出问题。国务院安全生产委员会办公室和国务院有关部门要加强工作督查，及时掌握各地区、各部门和本行业（领域）工作进展情况，确保各项规定、措施执行落实到位。省级人民政府和国务院有关部门要将加强企业安全生产工作情况及时报送国务院安全生产委员会办公室。

国务院

二〇一〇年七月十九日

# 4. 国务院办公厅关于印发安全生产"十二五"规划的通知

国办发〔2011〕47 号

各省、自治区、直辖市人民政府，国务院各部委、各直属机构：

《安全生产"十二五"规划》（以下简称《规划》）已经国务院同意，现印发给你们，请认真贯彻执行。

各地区、各部门要把安全生产目标、任务、措施和重点工程等纳入本地区、本行业和领域"十二五"发展规划，抓紧制定具体实施方案和行动计划，做到责任到位、措施到位、投资到位、监管到位。负有安全生产监管监察职责的各有关部门要按照职责分工，加强《规划》实施工作的组织指导和协调。要高度重视投资质量和效益，保证《规划》执行的严肃性和合理性。要加强《规划》实施的管理、评估和考核，强化督促检查，确保安全生产"十二五"规划目标的实现。

国务院办公厅
二〇一一年十月一日

# 安全生产"十二五"规划

安全生产事关人民群众生命财产安全,事关改革发展稳定大局,事关党和政府形象和声誉。为贯彻落实党中央、国务院关于加强安全生产工作的决策部署,根据《中华人民共和国国民经济和社会发展第十二个五年规划纲要》和《国务院关于进一步加强企业安全生产工作的通知》(国发[2010]23号)精神,制定本规划。

## 一、现状与形势

### (一)"十一五"期间安全生产工作取得积极进展和明显成效

党中央、国务院高度重视安全生产,确立了安全发展理念和"安全第一、预防为主、综合治理"的方针,采取一系列重大举措加强安全生产工作。各地区、各部门把安全生产与经济社会发展各项工作同步规划、同步部署、同步推进,深入落实安全生产责任和措施,持续强化安全管理和监督,严厉打击非法违法生产经营和建设行为,积极推动重点行业领域安全专项整治,集中开展"隐患治理年""安全生产年"活动,大力推进安全生产执法、治理和宣传教育行动(以下称"三项行动"),切实加强安全生产法制体制机制、安全保障能力和安全监管监察队伍建设(以下称"三项建设"),全国安全生产工作取得积极进展,以提高安全保障能力为核心的基础建设不断加强,以强化监督管理为关键的协作联动机制进一步健全,以安全生产法为基础的安全生产法律法规体系不断完善,以"关爱生命、关注安全"为主旨的安全文化建设不断深入。五年来,全国煤矿瓦斯治理和整顿关闭攻坚战取得明显成效,瓦斯抽采量、利用量分别增长3倍和5倍,小煤矿由18145处降至9042处,实现了小煤矿数量压减至1万处以内的目标;安全执法行动深入开展,共关闭取缔不具备安全生产条件的金属非金属矿山2.1万处、烟花爆竹厂点1.6万处,以及非法建设项目1.1万处,有效规范了安全生产秩序;稳步推进事故隐患排查治理,各级安全监管监察部门查处生产经营单位一般隐患1277.4万项、重大隐患11.6万项,对27.6万处重大危险源采取了安全监控措施;非煤矿山、交通运输、消防(火灾)、建筑施工、危险化学品、烟花爆竹、特种设备、民用爆炸物品、冶金等重点行业领域安全状况明显改善,全国安全生产形势保持了总体稳定、持续好转的发展态势。与"十五"末期的2005年相比,2010年全国各类事故起数、死亡人数分别下降49.4%和37.4%,重特大事故起数、死亡人数分别下降36.6%和52.8%。全国事故死亡人数由2005年的12.7万人,降至2008年的10万人以下、2009年的9万人以下,2010年又进一步降至8万人以下。"十一五"规划任务全面完成,目标如期实现。

### (二)"十二五"时期安全生产进入关键时期和攻坚阶段

"十二五"时期,是全面建设小康社会的重要战略机遇期,是深化改革、扩大开放、加快转变经济发展方式的攻坚阶段,也是实现安全生产状况根本好转的关键时期。安全生产工作既要解决长期积累的深层次、结构性和区域性问题,又要积极应对新情况、新挑战,任务十分艰巨。

一是安全生产形势依然严峻。我国仍处于生产安全事故易发多发的特殊时期,事故总量仍然较大,2010年发生各类事故36.3万起、死亡7.9万人。重特大事故尚未得到有效遏制,"十一五"期间年均发生重特大事故86起,且呈波动起伏态势。非法违法生产经营建设行为仍然屡禁不止。尘肺病等职业病、职业中毒事件仍时有发生。

二是安全生产基础依然薄弱。部分高危行业产业布局和结构不尽合理,经济增长方式相对粗放。经济社会发展对交通、能源、原材料等需求居高不下,安全保障面临严峻考验。轨道交通、隧道、超高层建筑、城市地下管网施工、运行、管理等方面的安全问题凸显。一些地方、部门和单位安全责任和措施落实不到位,安全投入不足,制度和管理还存在不少漏洞。部分企业工艺技术落后,设备老化陈旧,安全管理水平低下。

三是安全生产监管监察及应急救援能力亟待提升。各级安全生产监管部门和煤矿安全监察机构基础设施建设滞后,技术支撑能力不足,部分执法人员专业化水平不高,传统监管监察方式和手段难以适应工作需要。现有应急救援基地布局不尽合理,救援力量仍较薄弱,应对重特大事故灾难的大型及特种装备较为缺乏。部分重大事故致灾机理和安全生产共性、关键性技术研究有待进一步突破。

四是保障广大人民群众安全健康权益面临繁重任务。一方面,部分社会公众安全素质不够高,自觉遵守安全生产法律法规意识和自我安全防护能力还有待进一步强化。另一方面,随着经济发展和社会进步,全社会对安全生产的期望不断提高,广大从业人员"体面劳动"观念不断增强,对加强安全监管、改善作业环境、保障职业安全健康权益等方面的要求越来越高。

**二、指导思想、基本原则和规划目标**

(一)指导思想

以邓小平理论和"三个代表"重要思想为指导,深入贯彻落实科学发展观,围绕科学发展的主题和加快转变经济发展方式的主线,牢固树立以人为本、安全发展的理念,坚持"安全第一、预防为主、综合治理"的方针,深化安全生产"三项行动""三项建设",以强化企业安全生产主体责任为重点,以事故预防为主攻方向,以规范生产为重要保障,以科技进步为重要支撑,加强基础建设,加强责任落实,加强依法监管,全面推进安全生产各项工作,继续降低事故总量和伤亡人数,减少职业危害,有效防范和遏制重特大事故,促进安全生产状况持续稳定好转,为经济社会全面、协调、可持续发展提供重要保障。

(二)基本原则

统筹兼顾,协调发展。正确处理安全生产与经济发展、安全生产与速度质量效益的关系,坚持把安全生产放在首要位置,纳入社会管理创新的重要内容,实现区域、行业(领域)的科学、安全、可持续发展。

强化法治,综合治理。完善安全生产法律法规和标准规范体系,严格安全生产执法,强化制度约束,把安全生产工作纳入依法、规范、有序、高效开展的轨道,真正做到依法准入、依法生产、依法监管。

突出预防,落实责任。坚持关口前移、重心下移,夯实筑牢安全生产基层基础防线,从源头上防范和遏制事故。全面落实企业主体责任,强化政府及部门监管责任和属地管理责任,加强全员、全方位、全过程的精细化管理,坚决守住安全生产这条红线。

依靠科技,创新机制。坚持科技兴安,充分发挥科技支撑和引领作用,加快安全科技研发与成果应用,建立企业、政府、社会多元投入机制,加强安全监管监察能力建设,创新监管监察方式,提升安全保障能力。

(三)规划目标

到2015年,企业安全保障能力和政府安全监管能力明显提升,各行业(领域)安全生产状况全面改善，安全监管监察体系更加完善，各类事故死亡总人数下降10%以上，工矿商贸企业事故死亡人数下降12.5%以上，较大和重大事故起数下降15%以上，特别重大事故起数下降50%以上，职业危害申报率达80%以上，《国家职业病防治规划（2009－2015年）》设定的职业安全健康目标全面实现，全国安全生产保持持续稳定好转态势，为到2020年实现安全生产状况根本好转奠定坚实基础。

---

专栏1　部分安全生产规划指标

1. 亿元国内生产总值生产安全事故死亡率下降36%以上。
2. 工矿商贸就业人员十万人生产安全事故死亡率下降26%以上。
3. 煤矿百万吨死亡率下降28%以上。
4. 道路交通万车死亡率下降32%以上。
5. 特种设备万台死亡率下降35%以上。
6. 火灾十万人口死亡率控制在0.17以内。
7. 水上交通百万吨吞吐量死亡率下降23%以上。
8. 铁路交通10亿吨公里死亡率下降25%以上。
9. 民航运输亿客公里死亡率控制在0.009以内。

---

### 三、主要任务

（一）完善安全保障体系，提高企业本质安全水平和事故防范能力

煤矿：开展全面、系统、彻底的安全隐患排查治理，防范瓦斯、水害、火灾等重特大事故。完善煤矿安全生产责任体系，强化生产过程管理领导责任。深化煤矿瓦斯综合治理，推进先抽后采、抽采达标，严格落实综合防突措施，完善瓦斯综合治理工作体系。健全灾害监控、预测预警与防治技术体系，狠抓矿井水害、火灾、冲击地压等事故防控技术措施落实。对资源整合矿区实施水文、工程地质补充勘探。治理煤矿火灾隐患。提高矿用产品、设备安全性能。

将煤矿技术人员配备列入安全准入基本条件，严格煤炭建设、生产领域的企业准入标准。推进煤矿企业安全质量标准化和本质安全型矿井建设，推广应用煤矿井下监测监控系统、人员定位系统、紧急避险系统、压风自救系统、供水施救系统和通信联络系统（以下称安全避险"六大系统"），强化安全班组建设等安全基础管理。推动煤矿企业兼并重组和小煤矿整顿关闭，构建安全、高效的煤炭产业体系。完善煤矿采气权与采矿权协调、小煤矿严格准入与有序退出等机制。小型煤矿采煤、掘进装载机械化程度到2015年底分别达到55%和80%以上。加强煤矿地质勘探报告审查。严格控制新（改、扩）建煤与瓦斯突出矿井建设，"十二五"期间停止核准新建30万吨/年以下的高瓦斯矿井、45万吨/年以下的煤与瓦斯突出矿井项目。

---

专栏2　防范煤矿事故重点地区

瓦斯治理重点地区：山西、河南、贵州、黑龙江、重庆、四川、湖南。
水害治理重点地区：河北、河南、山西、山东、四川、湖南。
新建技改整合重组监管重点地区：河南、新疆、内蒙古、陕西、甘肃、山西。

---

道路交通：制定道路交通安全战略规划。深入推进客运车辆特别是长途客运车辆安全

隐患专项整治，从严整治超载、超限、超速、非法载客和酒后、疲劳驾驶等违法违规行为。严格客运线路安全审批和监管，完善道路运输从业人员资格培训和管理制度。开展运输企业交通安全评估。完善客货运输车辆安全配置标准。建立完善车辆生产管理信用体系，加强车辆产品准入、生产一致性管理和监督，提高车辆产品质量和安全性能。改善道路交通通行条件，加强事故多发路段和公路危险路段综合治理。推进高速公路全程监控系统等智能交通管理系统建设。建立农村客运服务和安全管理体系。在公路省际交界处、市际主要交界处建立固定式交通安全服务站。

---

专栏3 防范道路交通事故重点地区

重特大事故控制重点地区：云南、贵州、四川、湖南、广西、西藏、新疆。

事故总量控制重点地区：广东、浙江、江苏、山东、四川。

---

非煤矿山：制定非煤矿山主要矿种最小开采规模和最低服务年限标准。合理布局非煤矿山采矿权，严格落实非煤矿山建设项目安全核准制度。落实矿产资源开发整合常态化管理措施，到2015年，非煤矿山数量比2010年下降10%以上。实施地下矿山、露天矿山、高陡边坡、尾矿库、排土场等专项整治，重点防范透水、中毒窒息、坍塌和尾矿库溃坝等事故。建设金属非金属矿山井下安全避险"六大系统"。完善石油天然气开采防井喷、防硫化氢中毒、防爆炸着火及海洋石油生产设施防台风、防风暴潮等防范措施。推动露天矿山采用机械铲装、机械二次破碎等技术装备，"三高"(高压、高含硫、高危)油气田采用硫化氢气体防护监测技术装备，三等及以上尾矿库和部分位于敏感地区尾矿库安装在线监测系统。

---

专栏4 防范非煤矿山事故重点地区和领域

事故控制与资源整合重点地区：云南、河南、湖南、贵州、广西、辽宁。

重点监管矿种：铁矿、有色金属矿、煤系矿山、"三高"油气田。

---

危险化学品：推动制定与实施化工行业安全发展规划。开展城市化工产业布局调查，加强城市危险化学品生产、储存企业和化学品输运管线等易燃易爆设施隐患排查治理。推动新建危险化学品生产企业进入化工园区，规范化工园区安全监管，实行化工园区区域定量风险评价制度。推动城区内安全防护距离不达标的危险化学品生产及储存企业搬迁。强化危险化学品生产过程安全管理，对涉及危险化工工艺的生产装置建立自动控制系统及独立的紧急停车系统。强化重点监管的危险工艺、危险产品和重大危险源的监管和监控，严格危险化学品安全使用许可。健全区域危险化学品道路运输安全联控机制。加快建设集仓储、配送、物流、销售和商品展示为一体的危险化学品交易市场，推动大中型城市内的危险化学品经营企业进场交易。

---

专栏5 防范危险化学品事故重点地区和领域

事故控制重点地区：江苏、浙江、山东、广东、天津、上海、辽宁。

事故控制重点领域：城区内化学品输送管线、油气站等易燃易爆设施；大型化学品储存设施；大型石化生产装置；国家重要油、气储运设施。

---

**烟花爆竹**：推进烟花爆竹生产工厂化、标准化、机械化、科技化和集约化建设。严格

安全生产准入条件，到 2015 年，烟花爆竹生产企业数量比 2010 年减少 20% 以上。加强烟花爆竹生产、经营、运输、燃放等各环节安全管理和监督，深化"三超一改"（超范围、超定员、超药量和擅自改变工房用途）等违规生产经营行为专项治理，推进礼花弹等高危产品专项整治，建立烟花爆竹流向管理信息系统。

建筑施工：加强工程招投标、资质审批、施工许可、现场作业等环节安全监管，淘汰不符合安全生产条件的建筑企业和施工工艺、技术及装备。落实建设工程参建各方安全生产主体责任。重点排查治理起重机、吊罐、脚手架和桥梁等设施设备存在的安全隐患。建立建筑工程安全生产信息动态数据库，健全建筑施工企业和从业人员安全生产信用体系，完善失信惩戒制度。以铁路、公路、水利、核电等重点工程及桥梁、隧道等危险性较大项目为重点，建立完善设计、施工阶段安全风险评估制度。

民用爆炸物品：优化民用爆炸物品产品结构和生产布局，规范生产和流通领域爆炸危险源的管理，合理控制企业及生产点数量，减少危险作业场所操作人员。推广应用先进适用工艺技术，淘汰落后生产设备和工艺，主要产品的主要工序实现连续化、自动化和信息化。

特种设备：严格市场准入，落实使用单位安全责任，保证安全投入和安全管理制度、机构、人员到位。实施起重机械、危险化学品承压设备等特种设备事故隐患整治，建立重大隐患治理与重点设备动态监控机制。推动应用物联网技术，实现对电梯、起重机械、客运索道、大型游乐设施故障的实时监测，推广应用大型起重机械安全监控系统。

工贸行业：实施冶金、有色、建材、机械、轻工、纺织、烟草和商贸等工贸行业事故隐患专项治理，重点开展工业煤气系统使用、高温液态金属生产和工贸行业交叉作业、检修作业、受限空间作业等隐患排查整治。实施自动报警与安全联锁专项改造，提高自动化程度。加强对企业煤气输送、储存、使用等危险区域连续监测监控。

电力：完善处置电网大面积停电应急体系，提高电力系统应对突发事件能力。加强电力调度监督与管理，加强厂网之间协调配合。扎实开展电力安全生产风险管理和标准化建设，加强新能源发电监督管理，确保电力系统安全稳定运行和电力可靠供应。加强核电运营安全监管，落实安全防范措施。对已投入运行 20 年以上的水电站全面开展隐患排查，加强水电站大坝补强加固和设备更新改造。

消防（火灾）：推进构筑社会消防安全"防火墙"工程。推动消防规划纳入当地城乡规划，加强消防站、消防供水、消防通信、消防车通道等公共消防设施建设。落实新（改、扩）建工程消防安全设计审核、消防验收或备案抽查制度。实施消防安全专项治理行动，整治易燃易爆单位、人员密集和"三合一"场所（企业员工宿舍与生产作业、物资存放的场所相通连）、高层建筑、地下空间火灾隐患。完善相关消防技术标准，严禁违规使用易燃、可燃建筑外墙保温材料。根据国家标准配备应急救援车辆、器材和消防员个人防护装备。

铁路交通：加强高速铁路运营安全监管和设备质量控制，强化高速铁路安全防护设施和防灾监测系统建设。深入开展高速铁路运输安全隐患治理，重点对线路、车辆、信号、供电设备以及制度和管理等进行全方位排查。强化高新技术条件下铁路运输安全风险管控。严厉打击危害高速铁路运输安全的非法违法行为。到 2015 年，危险性较大的铁路与公路平交道口全部得到改造。开展路外安全宣传教育入户活动。严格铁路施工安全管理，整治铁路行车设备事故隐患，强化现场作业控制，深化铁路货运安全专项整治。

水上交通：加强水路交通安全监管基础设施和港口保安设施建设。开展重点水域、船舶和时段以及重要基础设施安全综合治理。推进现有港口、码头的安全现状评价。强化运输船舶和码头、桥梁建设及通航水域采砂等水上水下施工作业的安全监管。推进内河主要干线航道、重要航运枢纽、主要港口及地区性重要港口监测系统建设。完善船舶自动识别、船舶远程跟踪与识别、长江干线水上110指挥联动等系统，加快内河船岸通信、监控系统建设。实施渡改桥工程。加强内河海事与搜救一体化建设。严厉查处农用船、自用船、渔船非法载客等行为。

民航运输：实施民航航空安全方案，推进航空安全绩效管理。建立空勤人员、空中交通管制员体检鉴定体系和健康风险管理体系。建立航空安保威胁评估机制。研究实行航空货运管制代理人制度。整体规划适航审定能力建设方案。建立航空安保岗位资格认证机制与培训体系。加强飞行、机务、空管、签派等人员的专业技能教育培训。建设航空安全实验基地，提高航空运行、适航维修、航空保安和事故调查分析等实验验证能力。

农业机械：完善农业机械安全监督管理体系，加强安全监理设施和装备建设，加大安全投入，保障安全监理工作需要。强化拖拉机、联合收割机注册登记、牌证核发和年度检验。推广应用移动式农机安全技术检测和农机驾驶人考试装备。加快建立农机市场准入、强制淘汰报废和回收管理制度，推进对危及人身财产安全的农业机械进行免费实地安全检验。创建500个以上"平安农机示范县"。探索开展农机政策性保险，鼓励支持农机安全互助组织有序发展。

渔业船舶：推进重点水域渔船和渔港监控系统建设。强化渔船、渔港安全基础设施管理，加强渔业航标、渔港监控设备等建设。推进渔船自动识别系统建设，加强渔船通信终端设备配备。推进渔船标准化建设，鼓励渔民更新改造老旧渔船，实行渔业船舶、船用产品、专用设备报废制度。加强渔业船员培训基地建设。实施渔船安全救生设备补助项目，推广应用气胀式救生筏等装备，实现沿海中型以上渔船救生设备应配尽配。

职业健康：开展作业场所职业危害普查。加强职业危害因素监测检测。建立完善职业健康特殊工种准入、许可、培训等制度。建立重点行业（领域）职业健康检测基础数据库。开展粉尘、高毒物质危害严重行业（领域）专项治理。到2015年，新（改、扩）建项目职业卫生"三同时"（同时设计、同时施工、同时投产和使用）审查率达到65%以上，用人单位职业危害申报率达到80%以上，工作场所职业危害因素监测率达到70%以上，粉尘、高毒物品等主要危害因素监测合格率达到80%以上，工作场所职业危害告知率和警示标识设置率达到90%以上，重大急性职业危害事件基本得到控制，接触职业危害作业人员职业健康体检率达到60%以上。强化职业危害防护用品监管和劳动者职业健康监护，严肃查处职业危害案件。

同时，全面加强旅游、水利工程等各行业（领域）安全生产工作，及时排查整治安全隐患，全面加强人员密集场所、大型群众性活动的安全管理，严防各类事故发生。

（二）完善政府安全监管和社会监督体系，提高监察执法和群防群治能力

健全安全生产监管监察体制。完善安全生产综合监管与行业管理部门专业监管相结合

的工作机制。健全国家监察、地方监管、企业负责的煤矿安全工作体系。完善煤矿安全监察机构布局。落实地方各级人民政府安全生产行政首长负责制和领导班子成员安全生产"一岗双责"制度。强化基层安全监管机构建设，建立健全基层安全监管体系。积极推动经济技术开发区、工业园区、大型矿产资源基地建立完善安全监管体系。研究建立与道路里程、机动车增长同步的警力配备增加机制。

建设专业化安全监管监察队伍。完善安全监管监察执法人员培训、执法资格、考核等制度，建立以岗位职责为基础的能力评价体系。严格新增执法人员专业背景和选拔条件。建立完善安全监管监察实训体系，开展安全监管监察执法人员全员培训。到 2015 年，各级安全监管监察执法人员执法资格培训及持证上岗率达到 100%，专题业务培训覆盖率达到 100%。

改善安全监管监察执法工作条件。推进安全监管部门和煤矿安全监察机构工作条件标准化建设。到 2015 年，东部省、市、县三级安全监管部门工作条件建设 100% 达到标准配置，中西部 100% 达到基本配置，省级和区域煤矿安全监察机构达标率达到 100%。改善一线交通警察执勤条件，将高速公路交通安全管理设施及执勤配套设施建设纳入高速公路建设体系。加强农机安全管理机构基础设施及装备建设。

推进安全生产监管监察信息化建设。建成覆盖各级安全监管、煤矿安全监察和安全生产应急管理机构的信息网络与基础数据库。加强特种设备安全监管信息网络和交通运输安全生产信息系统建设。加快建设航空安全信息分析中心，建立民航安全信息综合分析系统。完善农机安全生产监管信息系统。推进海洋渔业安全通信网、渔船自动识别与安全监控系统建设。

创新安全监管监察方式。健全完善重大隐患治理逐级挂牌督办、公告、整改评估制度。推进高危行业企业重大危险源安全监控系统建设，完善重大危险源动态监管及监控预警机制。实施中小企业安全生产技术援助与服务示范工程。强化安全生产属地监管，建立分类分级监管监察机制。把符合安全生产标准作为高危行业企业准入的前置条件，实行严格的安全标准核准制度。推进建立非矿用产品安全标志管理制度。完善高危行业从业人员职业资格制度。健全工伤保险浮动费率确定机制。完善安全生产非法违法企业"黑名单"制度。建立与企业信誉、项目核准、用地审批、证券融资、银行贷款等方面挂钩的安全生产约束机制。

依法加强社会舆论监督。发挥工会、共青团、妇联等人民团体的监督作用，依法维护和落实企业职工安全生产知情权、参与权与监督权。拓宽和畅通安全生产社会监督渠道，设立举报信箱，统一和规范"12350"安全生产举报投诉电话，实行安全生产信息公开。发挥新闻媒体舆论监督作用，强化舆论反映热点问题跟踪调查。鼓励单位和个人举报安全隐患和各种非法违法生产经营建设行为，完善有效举报奖励制度。

（三）完善安全科技支撑体系，提高技术装备的安全保障能力

加强安全生产科学技术研究。实施科技兴安、促安、保安工程。健全安全科技政策和投入机制。整合安全科技优势资源，建立完善以企业为主体、以市场为导向、政产学研用相结合的安全技术创新体系。开展重大事故风险防控和应急救援科技攻关，实施科技示范工程，力争在重大事故致灾机理和关键技术与装备研究方面取得突破。

专栏6　安全科技产学研重点领域

安全基础理论研究：典型工业事故灾难、交通事故防治基础理论；安全生产应急管理基础理论；危险化学品安全生产理论；安全生产经济政策。

技术及装备研发：煤矿重大事故预测预警与防治；非煤矿山典型灾害预测与控制；化工园区定量风险评价与管控一体化；烟花爆竹自动化制装药生产线；特种设备无损检测与监测；高危职业危害预防；安全生产物联网；事故快速抢险及应急处置；个体防护及事故调查与分析；新型交通管理设施与交通安全设施。

安全管理科学研究：安全生产法规政策体系运行反馈系统；安全生产监管监察、企业安全生产管理模式与决策运行系统等。

强化安全专业人才队伍建设。加强职业安全健康专业人才和专家队伍建设。实施卓越安全工程师教育培养计划。完善注册安全工程师职业资格制度，建立完善注册安全工程师使用管理配套政策。发展安全生产职业技术教育，进一步落实校企合作办学、对口单招、订单式培养等政策，加快培养高危行业专业人才和生产一线技能型人才。

完善安全生产技术支撑体系。完善国家级安全生产监管监察技术支撑机构，搭建科技研发、安全评价、检测检验、职业危害检测与评价、安全培训、安全标志申办与咨询服务等的技术支撑平台。推进省级安全监管部门和煤矿安全监察机构安全技术研究、应急救援指挥、调度统计信息、考试考核、危险化学品登记、宣传教育、执法检测等监管监察技术支撑与业务保障机构工作条件标准化建设。到2015年，东部省级安全监管技术支撑和业务保障机构工作条件建设100%达到标准配置，中西部100%达到基本配置；省级煤矿安全监察机构达标率达到100%；安全生产新产品、新技术、新材料、新工艺和关键技术准入测试分析能力达到90%以上。

推广应用先进适用工艺技术与装备。完善安全生产科技成果评估、鉴定、筛选和推广机制，发布先进适用的安全生产工艺、技术和装备推广目录。完善安全生产共性、公益性技术转化平台，建立完善国家、地方和企业等多层次安全科技基础条件共享与科研成果转化推广机制。定期将不符合安全标准、安全性能低下、职业危害严重、危及安全生产的工艺、技术和装备列入国家产业结构调整指导目录。

促进安全产业发展。制定实施安全产业发展规划。重点发展检测监控、安全避险、安全防护、灾害监控及应急救援等技术研发和装备制造，将其纳入国家鼓励发展政策支持范围，促进安全生产、防灾减灾、应急救援等专用技术、产品和服务水平提升，推进同类装备通用化、标准化、系列化。合理发展工程项目风险管理、安全评估认证等咨询服务业。到2015年，建成若干国家安全产业示范园区。

推动安全生产专业服务机构规范发展。完善安全生产专业服务机构管理办法，建立分类监管与技术服务质量综合评估制度。规范和整顿技术服务市场秩序，健全专业服务机构诚信体系。发展注册安全工程师事务所，规范专业服务机构从业行为，推动安全评价、检测检验、培训咨询、安全标志管理等专业机构规范发展。

（四）完善法律法规和政策标准体系，提高依法依规安全生产能力

健全安全生产法律制度。加快推动《中华人民共和国安全生产法》等相关法律法规的制定和修订。建立法规、规章运行评估机制和定期清理制度。制定安全设施"三同时"、淘汰落后工艺设备、从业人员资格准入、重大危险源安全管理、危险化学品安全管理、职业危

害防控、应急管理等方面以及与法律、法规相配套的规章制度。推动地方加强安全生产立法，根据本地区安全生产形势和特点，研究制定亟需的地方性法规和规章。

完善安全生产技术标准。制定实施安全生产标准中长期规划。提高和完善行业准入条件中的安全生产要求。完善公众参与、专家论证和政府审定发布相结合的标准制定机制。建立健全标准适时修订、定期清理和跟踪评价制度。鼓励工业相对集中的地区先行制定地方性安全技术标准。鼓励大型企业和高新技术集成度大的行业，根据科技进步和经济发展，率先制定企业新产品、新材料、新工艺安全技术标准。

规范企业生产经营行为。全面推动企业安全生产标准化工作，实现岗位达标、专业达标和企业达标。加强企业班组安全建设。强化对境外中资企业的安全生产工作指导与管理，严格落实境内投资主体和派出企业安全生产监督责任。建立完善企业安全生产累进奖励制度。严格执行企业主要负责人和领导班子成员轮流现场带班制度。

提高安全生产执法效力。建立严格执法与指导服务、现场执法与网络监控、全面检查与重点监管相结合的安全生产专项执法和联合执法机制。推行安全监管监察执法政务公开。完善行政执法评议考核和群众投诉举报制度。健全安全生产"一票否决"和事故查处分级挂牌督办制度。强化事故技术原因调查分析，及时向社会公布事故调查处理结果。落实安全生产属地管理责任，建立完善"覆盖全面、监管到位、监督有力"的政府监管和社会监督体系。

（五）完善应急救援体系，提高事故救援和应急处置能力

推进应急管理体制机制建设。健全省、市、重点县及中央企业安全生产应急管理体系。完善生产安全事故应急救援协调联动工作机制。建立健全自然灾害预报预警联合处置机制，严防自然灾害引发事故灾难。建立各地区安全生产应急预警机制，及时发布地区安全生产预警信息。

加快应急救援队伍建设。加快矿山、公路交通、铁路运输、水上搜救、紧急医学救援、船舶溢油及油气田、危险化学品、特种设备等行业（领域）国家、区域救援基地和队伍建设。鼓励支持化工企业和矿产资源聚集区开展安全生产应急救援队伍一体化示范建设。依托公安消防队伍建立县级政府综合性应急救援队伍。加强紧急运输能力储备。建立救援队伍社会化服务补偿机制，鼓励和引导各类社会力量参与应急救援。

完善应急救援基础条件。强化应急救援实训演练。建立完善企业安全生产动态监控及预警预报体系。完善企业与政府应急预案衔接机制，建立省、市、县三级安全生产预案报备制度。推进安全生产应急平台体系建设，到2015年，国家、省、市及高危行业中央企业应急平台建设完成率达到100%，重点县达到80%以上。

（六）完善宣传教育培训体系，提高从业人员安全素质和社会公众自救互救能力

提高从业人员安全素质。建立国家安全生产教育培训考试中心，以及中央企业安全教育培训考试站。推行安全生产"教考分离"和安全技术人员继续教育制度。强化高危行业和中小企业一线操作人员安全培训。完善农民工向产业工人转化过程的安全教育培训机制。高危行业企业主要负责人、安全生产管理人员和特种作业人员持证上岗率达到100%。将安全生产纳入领导干部素质教育范畴。实施地方政府安全生产分管领导干部安全培训工程。

提升全民安全防范意识。将安全防范知识纳入国民教育范畴。创建安全文化示范企业。开展安全生产、应急避险和职业健康知识进企业、进学校、进乡村、进家庭活动，实施"安全生产月""安全生产万里行""文明交通行动计划""消防119""安康杯"知识竞赛等安全生产宣传教育活动。培育发展安全文化产业，打造安全文艺精品工程，促进安全文化市场繁荣。

构建安全发展社会环境。开展安全促进活动，建设安全文化主题公园和主题街道。加强安全社区建设，提升社区安全保障能力和服务水平。推进"平安畅通县市""平安农机示范县""平安渔业示范县""文明渔港""平安村镇""平安校园"等建设，创建若干安全发展示范城市，倡导以人为本、关注安全、关爱生命的安全文化。

**四、重点工程**

（一）企业安全生产标准化达标工程

开展企业安全生产标准化创建工作。到2011年，煤矿企业全部达到安全标准化三级以上；到2013年，非煤矿山、危险化学品、烟花爆竹以及冶金、有色、建材、机械、轻工、纺织、烟草和商贸8个工贸行业规模以上企业全部达到安全标准化三级以上；到2015年，交通运输、建筑施工等行业（领域）及冶金等8个工贸行业规模以下企业全部实现安全标准化达标。

（二）煤矿安全生产水平提升工程

开展煤矿瓦斯综合治理示范工程和煤层气地面开发利用示范工程建设，在瓦斯灾害严重矿区建成一批理念先进、技术领先、治理达标、管理到位的煤矿瓦斯治理示范矿井，开展矿井通风和瓦斯抽采利用系统更新改造。实施煤矿开采、供电、井下运输、排水、提升等系统安全技术及防灭火工程技术改造。开展煤矿水文地质和老空区普查，实施矿井水害治理工程。推进煤矿机械化和兼并重组小煤矿安全改造工程建设。完成煤矿井下安全避险"六大系统"工程建设。

（三）道路交通安全生命保障工程

实施客货运输车辆运行安全保障工程，强制推动重点客货运输车辆全面安装具有卫星定位功能的行驶记录仪，推广使用货运车辆限载、限速等装置。实施公路安全保障工程，完善道路标志标线，增设道路安全防护设施。实施农村交通安全管理与服务体系建设工程，建立健全农村地区交通安全管理网络。实施国家主干高速公路网交通安全管控工程，建立完善全程联网监控、交通违法行为监测查处和机动车查缉布控等系统。建设国家、省两级高速公路联网监控平台及气象预警系统、交通事故自动检测系统和交通引导系统。

（四）非煤矿山及危险化学品等隐患治理与监控工程

推进高危行业企业建设完善重大危险源安全监控系统。实施非煤矿山尾矿库、大型采空区、露天采场边坡、排土场、水害及高含硫油气田、报废油气生产设施等事故隐患综合治理。建设金属非金属矿山井下安全避险"六大系统"。加快实施城区内安全距离不达标的危险化学品生产、储存企业搬迁工程。开展城市燃气与化学品输送管网隐患治理。建设化工园区安全监管和危险化学品交易市场示范工程。建设重点危险化学品道路运输全程监控系统。开展建设工程起重机械事故隐患专项整治。

（五）职业危害防治工程

开展全国性职业危害状况普查。建立全国职业危害数据库和国家职业危害因素检测分析实验室与技术支撑平台。以防治矿工尘肺、矽肺、石棉肺为重点，实施粉尘危害综合治理工程。以防治高毒物质与重金属职业危害为重点，实施苯、甲醛等高毒物质和铅、镉等重金属重大职业危害隐患防范治理工程。建立健全职业危害防治技术支撑体系，建设一批尘肺病治疗康复中心。

（六）监管监察能力建设工程

完善省、市、县三级安全监管部门基础设施，补充配备现场监管执法装备。完善现有煤矿安全监察机构工作条件，改造煤矿安全监察机构基础设施，更新补充煤矿执法监察装备。加强水上交通安全监管和港口保安设施建设。实施安全生产监管监察信息化工程。建设若干国家安全生产监管监察执法人员综合实训基地。实施航空安全体系建设工程。建立民爆行业、特种设备、航空安全监管和农业机械等安全生产信息系统。

完善国家监管监察技术支撑体系，建设矿用新装备、新材料安全性分析和煤矿职业危害防治实验室。完善事故鉴定分析技术支撑平台；建设非煤矿山、职业危害、危险化学品、热防护和公共安全等国家安全科技研发与实验基地。实施重大危险源普查和安全监控。完善省级安全监管部门和煤矿安全监察机构直属技术支撑与业务保障单位工作条件。

（七）安全科技研发与技术推广工程

实施安全生产典型关键技术和安全产业园区示范工程。开发深部矿井热害和瓦斯防治、顶板维护、水灾预防、通信传感等关键设备。研究开发非煤矿山动力性灾害监测及预防控制、尾矿库在线监测、高含硫气田井喷事故监测预警、深海石油开采远程监控、化工园区安全规划布局优化等技术装备以及大型起重机械安全监控管理系统。60马力以上机动渔船全部安装防碰撞设备。到2012年，运输危险化学品、烟花爆竹、民用爆炸物品道路专用车辆，旅游包车和三类以上班线客车全部安装使用具有行驶记录功能的卫星定位装置。

（八）应急救援体系建设工程

建设7个国家矿山应急救援队、14个区域矿山应急救援队和1个实训演练基地。建设公路交通、铁路运输、水上搜救、紧急医学救援、船舶溢油等行业（领域）国家救援基地和队伍。依托大型企业和专业救援力量，建设服务周边的区域性应急救援队伍。建设一批国家危险化学品应急救援队和区域危险化学品、油气田应急救援队。建设矿山、矿山医学救护、危险化学品等救援骨干队伍和国家矿山医学救护基地。建设一批区域性国家公路应急保障中心。实施中央企业安全生产保障及应急救援能力工程。

（九）安全教育培训及安全社区和安全文化建设工程

建设完善一批煤矿安全警示教育基地。建设一批安全综合教育培训、特种设备实训、交通安全宣传教育、职业健康教育和安全文化示范基地。实施企业工程技术人员和班组安全培训工程。推进安全社区建设，实施安全促进项目示范工程，建设地区安全社区支持中心和一批国家安全示范社区。建设完善若干安全发展示范城市。

### 五、规划实施与评估

（一）加强规划实施与考核

各地区、各有关部门要按照职责分工，制定具体实施方案，逐级分解落实规划主要任务、政策措施和目标指标，加快启动规划重点工程，积极推动本规划实施，并推动和引导生产经营单位全面落实安全生产主体责任，确保规划主要任务和目标如期完成。要健全完善有利于加强安全生产、推动安全发展的控制考核指标体系、绩效评价体系，实施严格细致的监督检查。本规划确定的各项约束性指标，要纳入各地区、各有关部门经济社会发展综合评价和绩效考核范畴。

（二）加强政策支持保障。

完善有利于安全生产的财政、税收、信贷政策，健全安全生产投入保障机制，强化政府投资对安全生产投入的引导和带动作用。加大国家安全生产监管监察技术支撑体系和中西部安全生产监管监察能力建设投入。各级人民政府要继续加强对尾矿库治理、煤矿安全技改、小煤矿机械化改造、瓦斯防治和小煤矿整顿关闭等的支持，引导企业加大安全投入。鼓励银行对安全生产基础设施和技术改造项目给予贷款支持。健全完善企业安全生产费用提取和使用监督机制，适当扩大安全生产费用使用范围，提高安全生产费用提取下限标准。推动高危行业企业风险抵押金与安全生产责任保险制度相衔接。推进安全生产监管监察经济处罚收入管理制度以及煤矿重大隐患和违法行为举报奖励制度建设。落实煤层气开发利用税收优惠政策，适时调整和完善安全生产专用设备企业所得税优惠目录，支持引导矿山安全避险"六大系统"建设。建立健全涉及公众安全的特种设备第三者强制责任险制度。建立非煤矿山闭坑和尾矿库闭库安全保证金制度。规范和统一道路交通安全管理经费投入渠道，实行道路交通社会救助基金制度。实行农机定期免费检验制度，将农机安全检验、牌证发放等属于公共财政保障范围的工作经费纳入财政预算，鼓励有条件的地方对农机安全保险和渔业保险进行保费补贴。

（三）加强规划实施评估

国务院有关部门要加强对规划实施情况的动态监测，定期形成规划实施进展情况分析报告。在规划实施中期阶段开展全面评估，经中期评估确定需要对规划进行调整时，由规划编制部门提出调整方案，报规划发布部门批准。规划编制部门要对规划最终实施总体情况进行评估并向社会公布。

（四）加强相关规划衔接

国务院有关部门要按照本规划的要求，组织编制安全生产专项规划，分解细化和扩充完善规划任务。规划实施的责任主体要对本规划确定的重点工程编制工程专项规划，提出建设目标、建设内容、进度安排，以及国家、地方和企业分别承担的资金筹措方案。加强国家、地区经济和社会发展年度计划及部门年度工作计划与本规划的衔接。各地区要做好区域安全生产规划与国家安全生产规划目标指标和重点工程的衔接，并针对本地区安全生产实际，确定规划主要任务和保障措施。

# 5. 国务院安委会关于深入开展企业安全生产标准化建设的指导意见

安委〔2011〕4 号

各省、自治区、直辖市人民政府,新疆生产建设兵团,国务院安全生产委员会各有关成员单位:

为深入贯彻落实《国务院关于进一步加强企业安全生产工作的通知》(国发〔2010〕23号,以下简称《国务院通知》)和《国务院办公厅关于继续深化"安全生产年"活动的通知》(国办发〔2011〕11号,以下简称《国办通知》)精神,全面推进企业安全生产标准化建设,进一步规范企业安全生产行为,改善安全生产条件,强化安全基础管理,有效防范和坚决遏制重特大事故发生,经报国务院领导同志同意,现就深入开展企业安全生产标准化建设提出如下指导意见:

## 一、充分认识深入开展企业安全生产标准化建设的重要意义

(一)是落实企业安全生产主体责任的必要途径。国家有关安全生产法律法规和规定明确要求,要严格企业安全管理,全面开展安全达标。企业是安全生产的责任主体,也是安全生产标准化建设的主体,要通过加强企业每个岗位和环节的安全生产标准化建设,不断提高安全管理水平,促进企业安全生产主体责任落实到位。

(二)是强化企业安全生产基础工作的长效制度。安全生产标准化建设涵盖了增强人员安全素质、提高装备设施水平、改善作业环境、强化岗位责任落实等各个方面,是一项长期的、基础性的系统工程,有利于全面促进企业提高安全生产保障水平。

(三)是政府实施安全生产分类指导、分级监管的重要依据。实施安全生产标准化建设考评,将企业划分为不同等级,能够客观真实地反映出各地区企业安全生产状况和不同安全生产水平的企业数量,为加强安全监管提供有效的基础数据。

(四)是有效防范事故发生的重要手段。深入开展安全生产标准化建设,能够进一步规范从业人员的安全行为,提高机械化和信息化水平,促进现场各类隐患的排查治理,推进安全生产长效机制建设,有效防范和坚决遏制事故发生,促进全国安全生产状况持续稳定好转。

各地区、各有关部门和企业要把深入开展企业安全生产标准化建设的思想行动统一到《国务院通知》的规定要求上来,充分认识深入开展安全生产标准化建设对加强安全生产工作的重要意义,切实增强推动企业安全生产标准化建设的自觉性和主动性,确保取得实效。

## 二、总体要求和目标任务

（一）总体要求。深入贯彻落实科学发展观，坚持"安全第一、预防为主、综合治理"的方针，牢固树立以人为本、安全发展理念，全面落实《国务院通知》和《国办通知》精神，按照《企业安全生产标准化基本规范》（AQ/T 9006—2010，以下简称《基本规范》）和相关规定，制定完善安全生产标准和制度规范。严格落实企业安全生产责任制，加强安全科学管理，实现企业安全管理的规范化。加强安全教育培训，强化安全意识、技术操作和防范技能，杜绝"三违"。加大安全投入，提高专业技术装备水平，深化隐患排查治理，改进现场作业条件。通过安全生产标准化建设，实现岗位达标、专业达标和企业达标，各行业（领域）企业的安全生产水平明显提高，安全管理和事故防范能力明显增强。

（二）目标任务。在工矿商贸和交通运输行业（领域）深入开展安全生产标准化建设，重点突出煤矿、非煤矿山、交通运输、建筑施工、危险化学品、烟花爆竹、民用爆炸物品、冶金等行业（领域）。其中，煤矿要在2011年底前，危险化学品、烟花爆竹企业要在2012年底前，非煤矿山和冶金、机械等工贸行业（领域）规模以上企业要在2013年底前，冶金、机械等工贸行业（领域）规模以下企业要在2015年前实现达标。要建立健全各行业（领域）企业安全生产标准化评定标准和考评体系；进一步加强企业安全生产规范化管理，推进全员、全方位、全过程安全管理；加强安全生产科技装备，提高安全保障能力；严格把关，分行业（领域）开展达标考评验收；不断完善工作机制，将安全生产标准化建设纳入企业生产经营全过程，促进安全生产标准化建设的动态化、规范化和制度化，有效提高企业本质安全水平。

## 三、实施方法

（一）打基础，建章立制。按照《基本规范》要求，将企业安全生产标准化等级规范为一、二、三级。各地区、各有关部门要分行业（领域）制定安全生产标准化建设实施方案，完善达标标准和考评办法，并于2011年5月底以前将本地区、本行业（领域）安全生产标准化建设实施方案报国务院安委会办公室。企业要从组织机构、安全投入、规章制度、教育培训、装备设施、现场管理、隐患排查治理、重大危险源监控、职业健康、应急管理以及事故报告、绩效评定等方面，严格对应评定标准要求，建立完善安全生产标准化建设实施方案。

（二）重建设，严加整改。企业要对照规定要求，深入开展自检自查，建立企业达标建设基础档案，加强动态管理，分类指导，严抓整改。对评为安全生产标准化一级的企业要重点抓巩固、二级企业着力抓提升、三级企业督促抓改进，对不达标的企业要限期抓整顿。各地区和有关部门要加强对安全生产标准化建设工作的指导和督促检查，对问题集中、整改难度大的企业，要组织专业技术人员进行"会诊"，提出具体办法和措施，集中力量，重点解决；要督促企业做到隐患排查治理的措施、责任、资金、时限和预案"五到位"，对存在重大隐患的企业，要责令停产整顿，并跟踪督办。对发生较大以上生产安全事故、存在非法违法生产经营建设行为、重大隐患限期整顿仍达不到安全要求，以及未按规定要求开展安全生产标准化建设且在规定限期内未及时整改的，取消其安全生产标准化达标参评资格。

（三）抓达标，严格考评。各地区、各有关部门要加强对企业安全生产标准化建设的督促检查，严格组织开展达标考评。对安全生产标准化一级企业的评审、公告、授牌等有关事项，由国家有关部门或授权单位组织实施；二级、三级企业的评审、公告、授牌等具体办法，由省级有关部门制定。各地区、各有关部门在企业安全生产标准化创建中不得收取费用。要严格达标等级考评，明确企业的专业达标最低等级为企业达标等级，有一个专业不达标则该企业不达标。

各地区、各有关部门要结合本地区、本行业（领域）企业的实际情况，对安全生产标准化建设工作作出具体安排，积极推进，成熟一批、考评一批、公告一批、授牌一批。对在规定时间内经整改仍不具备最低安全生产标准化等级的企业，地方政府要依法责令其停产整改直至依法关闭。各地区、各有关部门要将考评结果汇总后报送国务院安委会办公室备案，国务院安委会办公室将适时组织抽检。

**四、工作要求**

（一）加强领导，落实责任。按照属地管理和"谁主管、谁负责"的原则，企业安全生产标准化建设工作由地方各级人民政府统一领导，明确相关部门负责组织实施。国家有关部门负责指导和推动本行业（领域）企业安全生产标准化建设，制订实施方案和达标细则。企业是安全生产标准化建设工作的责任主体，要坚持高标准、严要求，全面落实安全生产法律法规和标准规范，加大投入，规范管理，加快实现企业高标准达标。

（二）分类指导，重点推进。对于尚未制定企业安全生产标准化评定标准和考评办法的行业（领域），要抓紧制定；已经制定的，要按照《基本规范》和相关规定进行修改完善，规范已达标企业的等级认定。要针对不同行业（领域）的特点，加强工作指导，把影响安全生产的重大隐患排查治理、重大危险源监控、安全生产系统改造、产业技术升级、应急能力提升、消防安全保障等作为重点，在达标建设过程中切实做到"六个结合"，即与深入开展执法行动相结合，依法严厉打击各类非法违法生产经营建设行为；与安全专项整治相结合，深化重点行业（领域）隐患排查治理；与推进落实企业安全生产主体责任相结合，强化安全生产基层和基础建设；与促进提高安全生产保障能力相结合，着力提高先进安全技术装备和物联网技术应用等信息化水平；与加强职业安全健康工作相结合，改善从业人员的作业环境和条件；与完善安全生产应急救援体系相结合，加快救援基地和相关专业队伍标准化建设，切实提高实战救援能力。

（三）严抓整改，规范管理。严格安全生产行政许可制度，促进隐患整改。对达标的企业，要深入分析二级与一级、三级与二级之间的差距，找准薄弱点，完善工作措施，推进达标升级；对未达标的企业，要盯住抓紧，督促加强整改，限期达标。通过安全生产标准化建设，实现"四个一批"：对在规定期限内仍达不到最低标准、不具备安全生产条件、不符合国家产业政策、破坏环境、浪费资源，以及发生各类非法违法生产经营建设行为的企业，要依法关闭取缔一批；对在规定时间内未实现达标的，要依法暂扣其生产许可证、安全生产许可证，责令停产整顿一批；对具备基本达标条件，但安全技术装备相对落后的，要促进达标升级，改造提升一批；对在本行业（领域）具有示范带动作用的企业，要加大支持力度，巩固发展一批。

（四）创新机制，注重实效。各地区、各有关部门要加强协调联动，建立推进安全生产标准化建设工作机制，及时发现解决建设过程中出现的突出矛盾和问题，对重大问题要组织相关部门开展联合执法，切实把安全生产标准化建设工作作为促进落实和完善安全生产法规章、推广应用先进技术装备、强化先进安全理念、提高企业安全管理水平的重要途径，作为落实安全生产企业主体责任、部门监管责任、属地管理责任的重要手段，作为调整产业结构、加快转变经济发展方式的重要方式，扎实推进。要把安全生产标准化建设纳入安全生产"十二五"规划及有关行业（领域）发展规划。要积极研究采取相关激励政策措施，将达标结果向银行、证券、保险、担保等主管部门通报，作为企业绩效考核、信用评级、投融资和评先推优等的重要参考依据，促进提高达标建设的质量和水平。

（五）严格监督，加强宣传。各地区、各有关部门要分行业（领域）、分阶段组织实施，加强对安全生产标准化建设工作的督促检查，严格对有关评审和咨询单位进行规范管理。要深入基层、企业，加强对重点地区和重点企业的专题服务指导。加强安全专题教育，提高企业安全管理人员和从业人员的技能素质。充分利用各类舆论媒体，积极宣传安全生产标准化建设的重要意义和具体标准要求，营造安全生产标准化建设的浓厚社会氛围。国务院安委会办公室以及各地区、各有关部门要建立公告制度，定期发布安全生产标准化建设进展情况和达标企业、关闭取缔企业名单；及时总结推广有关地区、有关部门和企业的经验做法，培育典型，示范引导，推进安全生产标准化建设工作广泛深入、扎实有效开展。

国务院安全生产委员会
二〇一一年五月三日

# 6. 国务院安委会关于进一步加强生产安全事故应急处置工作的通知

安委〔2013〕8号

各省、自治区、直辖市人民政府，新疆生产建设兵团，国务院安委会各成员单位：

近年来，全国安全生产应急管理工作不断加强，生产安全事故（以下简称事故）应急处置能力不断提高，但在一些地方和行业领域仍存在应急主体责任不落实、救援指挥不科学、救援现场管理混乱等突出问题。为进一步加强事故应急处置工作，经国务院同意，现将有关事项通知如下：

## 一、高度重视事故应急处置工作

各地区、各部门和单位要始终把人民生命安全放在首位，以对党和人民高度负责的精神，进一步加强事故应急处置工作，最大程度地减少人员伤亡。要牢固树立"以人为本、安全第一、生命至上"和"不抛弃、不放弃"的理念，坚持"属地为主、条块结合、精心组织、科学施救"的原则，在确保救援人员安全的前提下实施救援，全力以赴搜救遇险人员，精心救治受伤人员，妥善处理善后，有效防范次生衍生事故。

## 二、严格落实事故应急处置责任

生产经营单位（以下统称企业）必须认真落实安全生产主体责任，严格按照相关法律法规和标准规范要求，建立专兼职救援队伍，做好应急物资储备，完善应急预案和现场处置措施，加强从业人员应急培训，组织开展演练，不断提高应急处置能力。

地方人民政府负责本行政区域内事故应急处置工作，负责制定与实施救援方案，组织开展应急救援，核实遇险、遇难及受伤人数，协调与调动应急资源，维护现场秩序，疏散转移可能受影响人员，开展医疗救治和疫情防控，并组织做好伤亡人员赔偿和安抚善后、救援人员抚恤和荣誉认定、应急处置信息发布及维护社会稳定等工作。

地方人民政府安全生产监管部门和负有安全生产监督管理职责的有关部门应进一步加强机构和队伍建设，配备专职的安全生产应急处置工作机构和工作人员。

## 三、进一步规范事故现场应急处置

（一）做好企业先期处置。发生事故或险情后，企业要立即启动相关应急预案，在确保安全的前提下组织抢救遇险人员，控制危险源，封锁危险场所，杜绝盲目施救，防止事态扩大；要明确并落实生产现场带班人员、班组长和调度人员直接处置权和指挥权，在遇到险情或事故征兆时立即下达停产撤人命令，组织现场人员及时、有序撤离到安全地点，减少人员伤亡。

要依法依规及时、如实向当地安全生产监管监察部门和负有安全生产监督管理职责的有关部门报告事故情况，不得瞒报、谎报、迟报、漏报，不得故意破坏事故现场、毁灭证据。

（二）加强政府应急响应。事故发生地人民政府及有关部门接到事故报告后，相关负责同志要立即赶赴事故现场，按照有关应急预案规定，成立事故应急处置现场指挥部（以下简称指挥部），代表本级人民政府履行事故应急处置职责，组织开展事故应急处置工作。

指挥部是事故现场应急处置的最高决策指挥机构，实行总指挥负责制。总指挥要认真履行指挥职责，明确下达指挥命令，明确责任、任务、纪律。指挥部会议、重大决策事项等要指定专人记录，指挥命令、会议纪要和图纸资料等要妥善保存。事故现场所有人员要严格执行指挥部指令，对于延误或拒绝执行命令的，要严肃追究责任。

按照事故等级和相关规定，上一级人民政府成立指挥部的，下一级人民政府指挥部要立即移交指挥权，并继续配合做好应急处置工作。

事故发生地有关单位、各类安全生产应急救援队伍接到地方人民政府及有关部门的应急救援指令或有关企业的请求后，应当及时出动参加事故救援。

（三）强化救援现场管理。指挥部要充分发挥专家组、企业现场管理人员和专业技术人员以及救援队伍指挥员的作用，实行科学决策。要根据事故救援需要和现场实际需要划定警戒区域，及时疏散和安置事故可能影响的周边居民和群众，疏导劝离与救援无关的人员，维护现场秩序，确保救援工作高效有序。必要时，要对事故现场实行隔离保护，尤其是矿井井口、危险化学品处置区域、火区灾区入口等重要部位要实行专人值守，未经指挥部批准，任何人不准进入。要对现场周边及有关区域实行交通管制，确保应急救援通道畅通。

（四）确保安全有效施救。救援过程中，要严格遵守安全规程，及时排除隐患，确保救援人员安全。救援队伍指挥员应当作为指挥部成员，参与制订救援方案等重大决策，并根据救援方案和总指挥命令组织实施救援；在行动前要了解有关危险因素，明确防范措施，科学组织救援，积极搜救遇险人员。遇到突发情况危及救援人员生命安全时，救援队伍指挥员有权作出处置决定，迅速带领救援人员撤出危险区域，并及时报告指挥部。

（五）适时把握救援暂停和终止。对于继续救援直接威胁救援人员生命安全、极易造成次生衍生事故等情况，指挥部要组织专家充分论证，作出暂停救援的决定；在事故现场得以控制、导致次生衍生事故隐患消除后，经指挥部组织研究，确认符合继续施救条件时，再行组织施救，直至救援任务完成。因客观条件导致无法实施救援或救援任务完成后，在经专家组论证并做好相关工作的基础上，指挥部要提出终止救援的意见，报本级人民政府批准。

**四、加强事故应急处置相关工作**

（一）全力强化应急保障。地方人民政府要对应急保障工作总负责，统筹协调，全力保证应急救援工作的需要；要采取财政措施，保障应急处置工作所需经费。政府有关部门要按照国家有关规定和指挥部的需要，在各自职责范围内做好应急保障工作，确保交通、通信、供电、供水、气象服务以及应急救援队伍、装备、物资等救援条件。

（二）及时发布有关信息。指挥部应当按照有关规定及时发布事故应急处置工作信息；设立举报电话、举报信箱，登记、核实举报情况，接受社会监督。有关各方要引导各类新闻媒体客观、公正、及时报道事故信息，不得编造、发布虚假信息。

（三）精心组织医疗卫生服务。事故发生地卫生行政主管部门要按照指挥部的要求，组织做好紧急医疗救护和现场卫生处置工作，协调有关专家、特种药品和特种救治装备，全力救治事故受伤人员，并按照专业规程做好现场防疫工作。必要时，由指挥部向上级卫生行政主管部门提出调配医疗专家和药品及转治伤员等相关请求。

（四）稳妥做好善后处置工作。地方人民政府和事故发生单位要组织妥善安置和慰问受害及受影响人员，组织开展遇难人员善后和赔偿、征用物资补偿、协调应急救援队伍补偿、污染物收集清理与处理等工作，尽快消除事故影响，恢复正常秩序，保证社会稳定。

**五、建立健全事故应急处置制度**

（一）建立分级指导配合制度。县级以上人民政府及其有关部门要建立事故应急处置分级指导配合制度。事故发生后，县级以上人民政府及其有关部门要根据事故等级和相关规定派出工作组，赶赴事故现场指导配合事发地开展工作。国务院安全生产监管监察部门和国务院负有安全生产监督管理职责的有关部门要对重特大事故或全国社会影响大的事故应急处置工作进行指导；省级安全生产监管监察部门和负有安全生产监督管理职责的有关部门要对重大、较大事故或本省(区、市)社会影响大的事故应急处置工作进行指导；市(地)级安全生产监管监察部门和负有安全生产监督管理职责的有关部门要对较大、一般事故或本市(地)社会影响大的事故应急处置工作进行指导。

工作组的主要任务是：了解掌握事故基本情况和初步原因；督促地方人民政府和相关部门及企业核查核实并如实上报事故遇险、遇难、受伤人员情况；根据前期处置情况对救援方案提出建议，协调调动外部应急资源，指导事故应对处置工作，但不替代地方指挥部的指挥职责；指导当地做好舆论引导和善后处理工作；起草事故情况报告，并及时向派出单位或上级单位报告有关工作情况。

（二）完善总结和评估制度。地方人民政府及其有关部门要建立健全事故应急处置总结和评估制度。指挥部要对事故应急处置工作进行总结并将总结报告报事故调查组和上级安全生产监管监察部门。事故应急处置工作总结报告的主要内容包括：事故基本情况、事故信息接收与报送情况、应急处置组织与领导、应急预案执行情况、应急救援队伍工作情况、主要技术措施及其实施情况、救援成效、经验教训、相关建议等。

事故调查组负责事故应急处置评估工作，并在事故调查报告中对应急处置作出评估结论。

（三）落实应急奖惩制度。各地区、各部门要落实事故应急处置奖励与责任追究制度。要根据有关法律法规和事故应急处置评估结论，对事故应急处置工作中表现突出的单位和个人给予奖励。对影响和妨碍事故应急处置工作的有关单位和人员，视情节和危害后果依法依规追究责任。

国务院安委会

二〇一三年十一月十五日

# 7. 国务院安委会办公室关于进一步加强危险化学品安全生产工作的指导意见

安委办〔2008〕26号

各省、自治区、直辖市及新疆生产建设兵团安全生产委员会，有关中央企业：

近年来，各地区、各部门、各单位高度重视危险化学品安全生产工作，采取了一系列强化安全监管的措施，全国危险化学品安全生产形势呈现稳定好转的发展态势。但是，我国部分危险化学品从业单位工艺落后，设备简陋陈旧，自动控制水平低，本质安全水平低，从业人员素质低，安全管理不到位；有关危险化学品安全管理的法规和标准不健全，监管力量薄弱，危险化学品事故总量大，较大、重大事故时有发生，安全生产形势依然严峻。为深入贯彻党的十七大精神，全面落实科学发展观，坚持安全发展的理念和"安全第一、预防为主、综合治理"的方针，按照"合理规划、严格准入，改造提升、固本强基，完善法规、加大投入，落实责任、强化监管"的要求，构建危险化学品安全生产长效机制，实现危险化学品安全生产形势明显好转，现就加强危险化学品安全生产工作提出以下指导意见：

## 一、科学制定发展规划，严格安全许可条件

1. 合理规划产业安全发展布局。县级以上地方人民政府要制定化工行业安全发展规划，按照"产业集聚"与"集约用地"的原则，确定化工集中区域或化工园区，明确产业定位，完善水电气风、污水处理等公用工程配套和安全保障设施。2009年底前，完成化工行业安全发展规划编制工作，确定危险化学品生产、储存的专门区域。从2010年起，危险化学品生产、储存建设项目必须在依法规划的专门区域内建设，负责固定资产投资管理部门和安全监管部门不再受理没有划定危险化学品生产、储存专门区域的地区提出的立项申请和安全审查申请。要通过财政、税收、差别水电价等经济手段，引导和推动企业结构调整、产业升级和技术进步。新的化工建设项目必须进入产业集中区或化工园区，逐步推动现有化工企业进区入园。

2. 严格危险化学品安全生产、经营许可。危险化学品安全生产、经营许可证发证机关要严格按照有关规定，认真审核危险化学品企业安全生产、经营条件。对首次申请安全生产许可证或申请经营许可证且带有储存设施的企业，许可证发证机关要组织专家进行现场审核，符合条件的，方可颁发许可证。申请延期换发安全生产许可证的一级或二级安全生产标准化的企业，许可证发证机关可直接为其办理延期换证手续，并提出该企业下次换证时的安全生产条件。要把涉及硝化、氧化、磺化、氯化、氟化或重氮化反应等危险工艺（以下统称危险工艺）的生产装置实现自动控制，纳入换（发）安全生产许可证的条件。地方各级安全监管部门要结合本地区实际，制定工作计划，指导和督促企业开展涉及危险工

艺的生产装置自动化改造工作，在 2010 年底前必须完成，否则一律不予换（发）安全生产许可证。

要规范危险化学品生产企业人员从业条件。各省（自治区、直辖市）安全监管部门要会同行业主管部门研究制定本地区危险化学品生产企业人员从业条件，提高从业人员的准入门槛。从 2009 年起，安全监管部门要把从业人员是否达到从业条件纳入危险化学品生产企业行政许可条件。

3. 严格建设项目安全许可。地方各级人民政府投资管理部门要把危险化学品建设项目设立安全审查纳入建设项目立项审批程序，建立由投资管理部门牵头、安全监管等部门参加的危险化学品建设项目会审制度。危险化学品建设项目未经安全监管部门安全审查通过的，投资管理部门不予批准。

要从严审批剧毒化学品、易燃易爆化学品、合成氨和涉及危险工艺的建设项目，严格限制涉及光气的建设项目。安全监管部门组织建设项目安全设施设计审查时，要严格审查高温、高压、易燃、易爆和使用危险工艺的新建化工装置是否设计装备集散控制系统，大型和高度危险的化工装置是否设计装备紧急停车系统；进行建设项目试生产（使用）方案备案时，要认真了解试生产装置生产准备和应急措施等情况，必要时组织有关专家对试生产方案进行审查；组织建设项目安全设施验收时，要同时验收安全设施投入使用情况与装置自动控制系统安装投入使用情况。

4. 继续关闭工艺落后、设备设施简陋、不符合安全生产条件的危险化学品生产企业。安全监管部门检查发现不符合安全生产条件的危险化学品企业，要责令其限期整改；整改不合格或在规定期限内未进行整改的，应依法吊销许可证并提请企业所在地人民政府依法予以关闭。对使用淘汰工艺和设备、不符合安全生产条件的危险化学品生产企业，企业所在地设区的市级安全监管部门要提请同级或县级人民政府依法予以关闭，有关人民政府要组织限期予以关闭。

## 二、加强企业安全基础管理，提高安全管理水平

5. 完善并落实安全生产责任制。危险化学品从业单位主要负责人要认真履行安全生产第一责任人职责，完善全员安全生产责任制、安全生产管理制度和岗位操作规程，健全安全生产管理机构，保障安全投入，建立内部监督机制，确保企业安全生产主体责任落实到位。

6. 严格执行建设项目安全设施"三同时"制度。企业要加强建设项目特别是改扩建项目的安全管理，安全设施要与主体工程同时设计、同时施工、同时投入使用，确保采用安全、可靠的工艺技术和装备，确保建设项目工艺可靠、安全设施齐全有效、自动化控制水平满足安全生产需要。要严格遵守设计规范、标准和有关规定，委托具备相应资质的单位负责设计、施工、监理。建设项目试生产前，要组织设计、施工、监理和建设单位的工程技术人员进行"三查四定"（查设计漏项、查工程质量、查工程隐患，定任务、定人员、定时间、定整改措施），制定试车方案，严格按试车方案和有关规范、标准组织试生产。操作人员经上岗考核合格，方可参加试生产操作。工程项目验收时，要同时验收安全设施。

7. 全面开展安全生产标准化工作。要按照《危险化学品从业单位安全标准化规范》，全面开展安全生产标准化工作，规范企业安全生产管理。要将安全生产标准化工作与贯彻落实安全生产法律法规、深化安全生产专项整治相结合，纳入企业安全管理工作计划和目标考核，通过实施安全生产标准化工作，强化企业安全生产"双基"工作，建立企业安全生产长效机制。剧毒化学品、易燃易爆化学品生产企业和涉及危险工艺的企业（以下称重点企业）要在 2010 年底前，实现安全生产标准化全面达标。

8. 建立规范化的隐患排查治理制度。危险化学品从业单位要建立健全定期隐患排查制度，把隐患排查治理纳入企业的日常安全管理，形成全面覆盖、全员参与的隐患排查治理工作机制，使隐患排查治理工作制度化和常态化。

危险化学品从业单位要根据生产特点和季节变化，组织开展综合性检查、季节性检查、专业性检查、节假日检查以及操作工和生产班组的日常检查。对检查出的问题和隐患，要及时整改；对不能及时整改的，要制定整改计划，采取防范措施，限期解决。

9. 认真落实危险化学品登记制度。危险化学品生产、储存、使用单位应做好危险化学品普查工作，向所在省（自治区、直辖市）危险化学品登记机构提交登记材料，办理登记手续，取得危险化学品登记证书，在 2009 年底前完成危险化学品登记工作。危险化学品生产单位必须向用户提供危险化学品"一书一签"（安全技术说明书和安全标签）。

10. 提高事故应急能力。危险化学品从业单位要按照有关标准和规范，编制危险化学品事故应急预案，配备必要的应急装备和器材，建立应急救援队伍。要定期开展事故应急演练，对演练效果进行评估，适时修订完善应急预案。中小危险化学品从业单位应与当地政府应急管理部门、应急救援机构、大型石油化工企业建立联系机制，通过签订应急服务协议，提高应急处置能力。

11. 建立安全生产情况报告制度。每年第一季度，重点企业要向当地县级安全监管部门、行业主管部门报告上年度安全生产情况，有关中央企业要向所在地设区的市级安全监管部门、行业主管部门报告上年度安全生产情况，并接受有关部门的现场核查。企业发生伤亡事故时，要按有关规定及时报告。受县级人民政府委托组织一般危险化学品事故调查的企业，调查工作结束后要向县级人民政府及其安全监管、行业主管部门报送事故调查报告。

12. 加强安全生产教育培训。要按照《安全生产培训管理办法》（原国家安全监管局令第 20 号）、《生产经营单位安全培训规定》（国家安全监管总局令第 3 号）的要求，健全并落实安全教育培训制度，建立安全教育培训档案，实行全员培训，严格持证上岗。要制定切实可行的安全教育培训计划，采取多种有效措施，分类别、分层次开展安全意识、法律法规、安全管理规章制度、操作规程、安全技能、事故案例、应急管理、职业危害与防护、遵章守纪、杜绝"三违"（违章指挥、违章操作、违反劳动纪律）等教育培训活动。企业每年至少进行一次全员安全培训考核，考核成绩记入员工教育培训档案。

**三、加大安全投入，提升本质安全水平**

13. 建立企业安全生产投入保障机制。要严格执行财政部、国家安全监管总局《高危行业企业安全生产费用财务管理暂行办法》（财企〔2006〕478 号），完善安全投入保障制度，足额提取安全费用，保证用于安全生产的资金投入和有效实施，通过技术改造，不断提高企业本质安全水平。

14. 改造提升现有企业，逐步提高安全技术水平。重点企业要积极采用新技术改造提升现有装置以满足安全生产的需要。工艺技术自动控制水平低的重点企业要制定技术改造计划，加大安全生产投入，在 2010 年底前，完成自动化控制技术改造，通过装备集散控制和紧急停车系统，提高生产装置自动化控制水平。新开发的危险化学品生产工艺必须在小试、中试、工业化试验的基础上逐步放大到工业化生产。

新建的涉及危险工艺的化工装置必须装备自动化控制系统，选用安全可靠的仪表、联锁控制系统，配备必要的有毒有害、易燃易爆气体泄漏检测报警系统和火灾报警系统，提高装置安全可靠性。

15. 加强重大危险源安全监控。危险化学品生产、经营单位要定期开展危险源识别、检查、评估工作，建立重大危险源档案，加强对重大危险源的监控，按照有关规定或要求做好重大危险源备案工作。

重大危险源涉及的压力、温度、液位、泄漏报警等要有远传和连续记录，液化气体、剧毒液体等重点储罐要设置紧急切断装置。要建立并严格执行重大危险源安全监控责任制，定期检查重大危险源压力容器及附件、应急预案修订及演练、应急器材准备等情况。

16. 积极推动安全生产科技进步工作。鼓励和支持科研机构、大专院校和有关企业开发化工安全生产技术和危险化学品储存、运输、使用安全技术。在危险化学品槽车充装环节，推广使用万向充装管道系统代替充装软管，禁止使用软管充装液氯、液氨、液化石油气、液化天然气等液化危险化学品。指导有关中央企业开展风险评估，提高事故风险控制管理水平；组织有条件的中央企业应用危险与可操作性分析技术（HAZOP），提高化工生产装置潜在风险辨识能力。

**四、深化专项整治，完善法规标准**

17. 深化危险化学品安全生产专项整治。各地区要继续开展化工企业安全生产整治工作，通过相关部门联合执法，运用法律、行政、经济等手段，采取鼓励转产、关闭、搬迁、部门托管或企业兼并等多种措施，进一步淘汰不符合产业规划、周边安全防护距离不符合要求、能耗高、污染重和安全生产没有保障的化工企业。化工企业搬迁任务重的地区要研究制定化工企业搬迁政策，对周边安全防护距离不符合要求和在城区的化工企业搬迁给予政策扶持。

18. 加强危险化学品道路运输安全监控和协查。各省（自治区、直辖市）交通管理部门要统筹规划并在 2009 年 6 月底前完成本地区危险化学品道路运输安全监控平台建设工作，保证监控覆盖范围，减少监管盲点，共享监控资源，实时动态监控危险化学品运输车辆运行安全状况。在 2009 年底前，危险化学品道路运输车辆都要安装符合标准规范要求的车载监控终端。

推进危险化学品道路运输联合执法和协查机制。县级以上地方人民政府要建立和完善本地区公安、交通、环保、质监、安全监管等部门联合执法工作制度，形成合力，提高监督检查效果。要针对危险化学品道路运输活动跨行政区的特点，建立地区间有关部门的协查机制，认真查处危险化学品违法违规运输活动和道路运输事故。要在危险化学品主要运输道路沿线建立重点危险化学品超载车辆卸载基地。

19. 推进危险化学品经营市场专业化。贸易管理、安全监管部门要积极推广建立危险化学品集中交易市场的成功经验，推进集仓储、配送、物流、销售和商品展示为一体的危险化学品交易市场建设，指导企业完善危险化学品集中交易、统一管理、指定储存、专业配送、信息服务。

20. 加强危险化学品安全生产法制建设。加强调查研究，进一步完善危险化学品安全管理部门规章和规范性文件，健全危险化学品安全生产法规体系。各省（自治区、直辖市）安全监管部门要认真总结近年来危险化学品安全管理工作的经验和教训，以《危险化学品安全管理条例（修订）》即将发布施行为契机，积极通过地方立法，结合本地区实际，制定和完善危险化学品安全生产地方性法规和规章，提高危险化学品领域安全生产准入条件，完善安全管理体制、机制，保障危险化学品安全生产有法可依。

21. 加快制修订安全技术标准。全国安全生产标准化技术委员会要组织研究、规划我国危险化学品安全技术标准体系，优先制定和修订当前亟需的危险化学品安全技术标准。有关部门和单位要制定工作计划，组织修订现行的化工行业与石油、石化行业建设标准，提高新建化工装置安全设防水平。

**五、落实监管责任，提高执法能力**

22. 加强安全生产执法检查，规范执法工作。各省（自治区、直辖市）安全监管部门、行业主管部门要结合本地区危险化学品从业单位实际，制定年度执法检查工作计划，明确检查频次、程序、内容、标准、要求。要重点检查企业主要负责人组织制定安全生产责任制、安全生产管理规章制度和应急预案并监督执行的情况，企业员工安全教育培训、重大危险源监控、安全生产隐患排查治理、安全费用提取与有效使用、安全生产标准化实施等情况。

安全生产执法机构要严格按照安全生产法律法规和有关标准规范，开展执法检查工作。要提高执法检查的能力，保证执法检查的客观性，严格规范执法检查工作，提高执法的权威性。要充分发挥专业应急救援队伍和专家的作用，提高事故应急救援能力和应急管理水平，参与安全监管、行业主管部门组织的执法检查工作。要加大对违法违规企业处罚的力度，推动企业进一步落实安全生产主体责任。

23. 严格执行事故调查处理"四不放过"原则，加强对事故调查工作的监督检查。发生生产安全事故的企业所在地县级以上地方人民政府要严格按照《生产安全事故报告和调查处理条例》的规定，认真履行职责，做好事故调查处理工作，查清事故原因，制定防范措施，严格责任追究，开展警示教育。安全监管部门、行业主管部门要加强对企业受县级人民政府委托组织的一般危险化学品事故调查处理工作的监督，检查防范措施和责任人处理意见落实情况。

县级以上安全监管部门要在每年3月底以前，向上一级安全监管部门报送本地区上年度危险化学品死亡事故的调查报告、负责事故调查的人民政府批复文件（复印件）；省级安全监管部门要将一次死亡6人以上的危险化学品事故调查报告、负责事故调查的人民政府批复文件(复印件)报送国家安全监管总局。

24. 加强事故统计分析,及时通报典型事故。各级安全监管部门要认真做好危险化学品事故统计工作,按时逐级上报统计数据;同时收集没有造成人员伤亡的危险化学品事故及其他行业、领域发生的危险化学品事故信息;定期分析本地区危险化学品事故的特点和规律,更好地指导安全监管工作。安全监管、行业主管等部门对典型危险化学品事故,要及时向相关企业和部门发出事故通报,吸取事故教训,举一反三,防止发生同类事故。

25. 加强安全监管队伍建设,提高执法水平。地方各级人民政府要加强安全监管机构和监管队伍建设,重点地区要在安全监管部门设立危险化学品安全监管机构,专门负责本行政区危险化学品安全监督管理工作;要结合本地区危险化学品从业单位的数量和分布情况,为危险化学品安全监管机构配备相应的专业人员和技术装备;要加强业务培训,提高危险化学品安全监管人员依法行政能力和执法水平。

26. 进一步发挥中介组织和专家作用。各级安全监管部门要指导专业协会、中介组织积极开展危险化学品安全管理咨询服务,帮助指导危险化学品从业单位健全安全生产责任制、安全生产管理制度,加强基础管理,提高安全管理水平。有条件的地方可依法成立注册安全工程师事务所,为中小化工企业安全生产提供咨询服务。

各级安全监管部门要建立危险化学品安全生产专家数据库,为专家参与危险化学品安全生产工作创造条件;建立重大问题研究和重要制度、措施实施前的专家咨询制度;鼓励和督促中小化工企业聘请专家(注册安全工程师)指导,加强企业安全生产工作。

**六、加强组织领导,着力建立危险化学品安全生产长效机制**

27. 加强对危险化学品安全生产工作的领导。地方各级人民政府及其有关部门要从建设社会主义和谐社会、维护社会稳定、保障人民群众安全健康的高度,在地方党委的领导下,发挥政府监督管理作用,加强对危险化学品安全生产工作的领导,把危险化学品安全生产纳入本地区经济社会发展规划,定期研究危险化学品安全生产工作,协调解决危险化学品安全生产工作中的重大问题,构建党委领导、政府监管、企业负责的危险化学品安全生产长效机制。

28. 建立和完善危险化学品安全监管部门联席会议制度。危险化学品安全监管涉及部门多、环节多。县级以上地方人民政府要建立并逐步完善由负有危险化学品安全监管责任的单位参加的部门联席会议制度,进一步加强对本地区危险化学品安全生产工作的协调,研究解决危险化学品安全管理的深层次问题;督促各相关部门相互配合,密切协作,提高执法检查效果。

29. 加强危险化学品安全监督管理综合工作。各级安全监管部门要加强综合监管职能,协调负有危险化学品安全监管职责的各个部门,各负其责、通力协作,强化危险化学品生产、储存、经营、运输、使用、处置废弃各个环节的安全监管。上级安全监管部门要指导、协调下级安全监管部门充分发挥危险化学品综合监管职能的作用,构建管理有力、监督有效的危险化学品综合监管网络。

　　各省、自治区、直辖市及新疆生产建设兵团安全生产委员会要迅速把本指导意见转发给本辖区各相关部门和单位，结合本地区情况制定实施意见，认真组织贯彻落实；加强综合协调，开展现状调研，注意树立典型，推广先进经验，把指导意见提出的各项措施落到实处，取得实效，推动危险化学品安全生产形势稳定好转。

国务院安全生产委员会办公室

二〇〇八年九月十四日

# 8. 国务院安委会办公室关于建立安全隐患排查治理体系的通知

安委办〔2012〕1 号

各省、自治区、直辖市及新疆生产建设兵团安全生产委员会，有关中央企业：

为认真贯彻落实《国务院关于进一步加强企业安全生产工作的通知》（国发〔2010〕23号）和《国务院关于坚持科学发展安全发展促进安全生产形势持续稳定好转的意见》（国发〔2011〕40号）精神，坚持"安全第一、预防为主、综合治理"的方针，探索创新政府和部门安全监管机制，强化和落实企业安全生产主体责任，打好安全隐患排查治理攻坚战，促进全国安全生产形势持续稳定好转，国务院安委会办公室决定在全国推广北京市顺义区等地区深入开展安全隐患排查治理、有效防范事故的先进经验和做法，争取用 2～3 年时间，在全国基本建立先进适用的安全隐患排查治理体系。现就有关要求通知如下：

## 一、深刻认识建立安全隐患排查治理体系的重大意义

安全隐患排查治理体系，是以企业分级分类管理系统为基础，以企业安全隐患自查自报系统为核心，以完善安全监管责任机制和考核机制为抓手，以制定安全标准体系为支撑，以广泛开展安全教育培训为保障的一项系统工程，包涵了完善的隐患排查治理信息系统、明确细化的责任机制、科学严谨的查报标准及重过程、可量化的绩效考核机制等内容。

安全生产的理论和实践证明，只有把安全生产的重点放在建立事故预防体系上，超前采取措施，才能有效防范和减少事故，最终实现安全生产。建立安全隐患排查治理体系，是安全生产管理理念、监管机制、监管手段的创新和发展，对于促进企业由被动接受安全监管向主动开展安全管理转变，由政府为主的行政执法排查隐患向企业为主的日常管理排查隐患转变，从治标的隐患排查向治本的隐患排查转变，实现安全隐患排查治理常态化、规范化、法制化，推动企业安全生产标准化建设工作，建立健全安全生产长效机制，把握事故防范和安全生产工作的主动权具有重大意义。

## 二、建立安全隐患排查治理体系的主要内容

（一）掌握企业底数和基本情况。根据企业规模、管理水平、技术水平和危险因素等条件，掌握企业底数和基本情况，对企业进行分类分级，建立"按类分级、依级监管"的模式。

（二）制定隐患排查标准。依据有关法律法规、标准规程和安全生产标准化建设的要求，结合各地区、各行业（领域）实际，以安全生产标准化建设评定标准为基础，细化隐患排查标准，明确各类企业每项安全生产工作的具体标准和要求，使企业知道"做什么、怎

么做"，使监管部门知道"管什么、怎么管"，实现安全隐患排查治理工作有章可循、有据可依。

（三）建立隐患排查治理信息系统。包括企业隐患自查自报系统、安全隐患动态监管统计分析评价系统等内容，形成既有侧重又统一衔接的综合监管服务平台，实现安全隐患排查治理工作全过程记录和管理。利用该系统，企业对自查隐患、上报隐患、整改隐患、接受监督指导等工作进行管理；安全监管部门对企业自查自报隐患数据、日常执法检查数据和监管措施执行到位等情况进行统计分析，对重大隐患治理实施有效监管。

（四）明确安全监管职责。在地方党委、政府的统一领导下，进一步理顺和细化有关部门和属地的安全监管职责，明确"管什么、谁来管"。一是要明确安全监管部门组织、协调、监督、考核各行业主管部门和属地政府的综合安全监管职责。二是要明确行业主管部门的监督、指导、协调和服务职能，有安全监管行政处罚权的行业主管部门依法承担包括行政处罚在内的安全监督管理职责，没有安全监管行政处罚权的行业主管部门承担对有关行业或领域安全生产工作的日常指导、管理职责。三是要明确消防、质监等专项监管部门及时处理属地和行业主管部门移送的安全隐患的监管职责。

（五）明确监管监察方式。在分类分级的基础上，对企业在监管频次、监管内容等方面实行差异化监管监察，提高监管工作的针对性和有效性。

（六）制定安全生产工作考核办法。突出工作过程和结果量化，将有关部门和企业建立安全隐患排查治理体系、日常执法检查等相关工作完成情况的过程管理指标，纳入安全生产工作年终考核，提高安全监管的约束力和公信力。

### 三、完善工作机制，狠抓责任落实，确保安全隐患排查治理体系建设取得实效

（一）加强组织领导，统筹安排部署。各地区要切实加强对深化安全隐患排查治理工作的组织领导，紧密结合本地区实际，制定切实可行的安全隐患排查治理体系建设方案，周密安排，科学实施。要充分发挥地方各级安委会的组织、协调和指导作用，调动各职能部门、行业主管部门等方面的积极性，全面推进安全隐患排查治理工作。

（二）落实安全责任，完善考核机制。一是地方各级安委会要积极推动出台相关规定和办法，进一步理顺部门、属地的安全监管职责，明确职责范围、内容和要求，各司其职，各负其责，齐抓共管，实现安全隐患排查治理工作的全覆盖和无缝化管理。二是要进一步完善安全生产目标考核制度，突出工作过程和结果量化，将安全隐患排查治理等过程管理的内容纳入年度考核指标，提高绩效考核的科学性和约束力。三是要严格绩效考核和责任追究，对责任不落实、考核不达标的单位或个人，要给予通报、严肃处理；对在深化隐患排查治理工作中成绩突出的，要予以公开表彰和奖励。

（三）创建典型示范，发挥榜样作用。一是各地区要积极发现、培养和树立深化安全隐患排查治理工作的典型地区、典型企业和先进事例，在隐患排查治理体制机制、法规制度、标准规程、方式方法、程序内容等方面形成可学、好学和管用的经验做法。二是通过组织召开先进典型经验交流会、座谈会和加强宣传报道等形式，广泛推广典型经验，全面深化安全隐患排查治理工作。三是要把安全隐患排查治理的示范地区和典型企业与安全生产标准化建设的示范地区和典型企业有机结合起来，互相促进，共同提高。四是要加强对

建立安全隐患排查治理体系进展情况的检查和指导，确保工作有部署、抓落实、见实效，提高安全隐患的整改率。

（四）注重统筹兼顾，构建长效机制。一是各地区要将深化安全隐患排查治理工作与日常安全监管、"打非治违"专项行动、安全专项整治、安全生产标准化建设、安全责任保险、"金安"工程等工作有机结合起来，统一部署，协同推进。二是要以建立安全隐患排查治理体系为契机，实现安全隐患排查、登记、上报、监控、整改、评价、销号、统计、检查和考核的全过程管理。三是要将安全隐患排查治理工作积极纳入本地区安全生产立法和规划中，以法规或规范性文件的方式明确有关制度，推动安全隐患排查治理长效机制建设。四是要优先制定急需的安全生产标准，及时修订或废止过时的标准，促进安全隐患排查治理工作科学化、规范化。

（五）加强舆论宣传，广泛发动群众。一是要充分利用广播、电视、报纸、互联网等新闻媒体，加大宣传力度，营造有利的社会舆论氛围，引导各有关单位深刻认识建立安全隐患排查治理体系的重要性、必要性和紧迫性，增强做好安全隐患排查治理工作的主动性和自觉性。二是要加强职工安全培训，提高职工排查事故隐患的意识和能力；建立健全监督和激励机制，组织和鼓励职工结合本职工作查找各类事故隐患。三是对安全隐患排查治理不认真、走过场的单位，要予以公开曝光，督促其抓紧整改。

各省级安委会要按照本通知要求，结合本地区实际，抓紧安排部署，积极开展工作，并于2012年2月底前将本省（区、市）建立安全隐患排查治理体系工作方案报国务院安委会办公室。

国务院安全生产委员会办公室
二〇一二年一月五日

# 9. 国务院安委会办公室关于大力推进安全生产文化建设的指导意见

安委办〔2012〕34 号

各省、自治区、直辖市及新疆生产建设兵团安全生产委员会，国务院安委会各成员单位，有关中央企业：

为深入贯彻落实《中共中央关于深化文化体制改革推动社会主义文化大发展大繁荣若干重大问题的决定》（以下简称《决定》）精神，进一步加强安全生产文化（以下简称安全文化）建设，强化安全生产思想基础和文化支撑，大力推进实施安全发展战略，根据《国务院关于坚持科学发展安全发展促进安全生产形势持续稳定好转的意见》（国发〔2011〕40 号，以下简称国务院《意见》）和《安全文化建设"十二五"规划》（安监总政法〔2011〕172 号），现提出以下指导意见：

## 一、充分认识推进安全文化建设的重要意义

（一）推进安全文化建设是社会主义文化大发展大繁荣的必然要求。坚持以人为本，更加关注和维护经济社会发展中人的生命安全和健康，是安全文化建设的主旨目标，体现了社会主义文化核心价值的基本要求。党的十七届六中全会《决定》，为我们加强安全文化建设提供了坚强有力的指导方针、工作纲领和努力方向。各地区、各有关部门和单位要自觉地把安全文化建设纳入社会主义文化建设总体布局，准确把握经济社会发展对安全生产工作的新要求，准确把握推动安全文化事业繁荣发展的新任务，准确把握广大人民群众对安全文化需要的新期待，紧密结合安全生产工作实际，抓住机遇，乘势而上，不断把安全文化建设推向深入。

（二）推进安全文化建设是实施安全发展战略的必然要求。从"安全生产"到"安全发展"、从"安全发展理念"到"安全发展战略"，充分表明了党中央、国务院对保障人民群众生命财产安全的坚强决心，反映了经济社会发展的客观规律和内在要求。各地区、各有关部门和单位要围绕安全发展战略的本质要求、原则目标、工程体系和保障措施，加强培训教育和宣传推动，既要强化安全发展的思想基础和文化环境，更要强化必须付诸实践的精神动力和战略行动，切实做到在谋划发展思路、制定发展目标、推进发展进程时以安全为前提、基础和保障，实现安全与速度、质量、效益相统一，确保人民群众平安幸福享有改革发展和社会进步的成果。

（三）推进安全文化建设是汇集参与和支持安全生产工作力量的必然要求。目前，我国正处于生产安全事故易发多发的特殊阶段，安全基础依然比较薄弱，重特大事故尚未得到有效遏制，职业病多发，非法违法、违规违章行为屡禁不止等问题在一些地方和企业还比较突出。进一步加强安全生产工作，需要着力推进安全文化建设，创新方式方法，积极

培育先进的安全文化理念,大力开展丰富多彩的安全文化建设活动,注重用文化的力量凝聚共识、集中智慧,齐心协力、持之以恒,推动社会各界重视、参与和支持安全生产工作,不断促进安全生产形势持续稳定好转。

### 二、安全文化建设的指导思想和总体目标

(四)指导思想。以邓小平理论和"三个代表"重要思想为指导,深入贯彻落实科学发展观,坚持社会主义先进文化前进方向,牢固树立科学发展、安全发展理念,紧紧围绕贯彻党的十七届六中全会《决定》和国务院《意见》精神,全面落实《安全文化建设"十二五"规划》,以"以人为本、关爱生命、安全发展"为核心,以促进企业落实安全生产主体责任、提高全民安全意识为重点,以改革创新为动力,坚持"安全第一、预防为主、综合治理"的方针,围绕中心、服务大局,不断提升安全文化建设水平,切实发挥安全文化对安全生产工作的引领和推动作用,为促进全国安全生产形势持续稳定好转,提供坚强的思想保证、强大的精神动力和有力的舆论支持。

(五)总体目标。大力开展安全文化建设,坚持科学发展、安全发展,全面实施安全发展战略的主动性明显提高;安全生产法制意识不断强化,依法依规从事生产经营建设行为的自觉性明显增强;安全生产知识得到广泛普及,全民安全素质和防灾避险能力明显提升;安全发展理念深入人心,有利于安全生产工作的舆论氛围更加浓厚;安全生产管理和监督的职业道德精神切实践行,科学、公正、严格、清廉的工作作风更加强化;反映安全生产的精品力作不断涌现,安全文化产业发展更加充满活力;高素质的安全文化人才队伍发展壮大,自我约束和持续改进的安全文化建设机制进一步完善,安全生产工作的保障基础更加坚实。

### 三、切实强化科学发展、安全发展理念

(六)加强安全生产宣传工作。广泛深入宣传科学发展、安全发展理念,积极组织各方力量,通过多种形式和有效途径,大力宣传、全面落实党中央、国务院关于加强安全生产工作的方针政策和决策部署。积极营造关爱生命、关注安全的社会舆论氛围,宣传推动将科学发展、安全发展作为衡量各地区、各行业领域、各生产经营单位安全生产工作的基本标准,实现安全生产与经济社会发展有机统一。

(七)深入开展群众性安全文化活动。坚持贴近实际、贴近生活、贴近群众,认真组织开展好全国"安全生产月""安全生产万里行""安康杯""青年示范岗"等主题实践活动,增强活动实效。广泛组织安全发展公益宣传活动,充分利用演讲、展览、征文、书画、歌咏、文艺汇演、移动媒体等群众喜闻乐见的形式,加强安全生产理念和知识、技能的宣传,提高城市、社区、村镇、企业、校园安全文化建设水平,不断强化安全意识。

(八)着力提高全民安全素质。加强安全教育培训法规标准、基地、教材和信息化建设,加强地方政府分管安全生产工作的负责人、安全监管监察人员及企业"三项岗位"人员、班组长和农民工安全教育培训。积极开展全民公共安全教育、警示教育和应急避险教育。探索在中小学开设安全知识和应急防范课程,在高等院校开设选修课程。

（九）加强安全文化理论研究。充分发挥安全生产科研院所和高等院校的作用，加强安全学科建设，以安全发展为核心，组织研究、推出一批有价值和广泛社会影响力的安全文化理论成果。鼓励各地区和企业单位结合自身特点，探索安全文化建设的新方法、新途径，加大安全文化理论成果转化力度，更好地服务安全生产工作。

**四、大力推动安全生产职业道德建设**

（十）强化安全生产法制观念。结合中宣部、司法部和全国普法办联合开展的"法律六进"主题活动，深入开展安全生产相关法律法规、规章标准的宣传，坚持以案说法，加强安全生产法制教育，切实增强各类生产经营单位和广大从业人员的安全生产法律意识，推进"依法治安"。进一步加强安全生产综合监管、安全监察、行业主管等部门领导干部的法制教育，推进依法行政。

（十一）弘扬高尚的安全监管监察职业精神。以忠于职守、公正廉明、执法为民、甘于奉献为核心内容，深入宣传全国安全监管监察系统先进单位和先进个人的典型事迹，进一步激发各级党员干部立足岗位、牢记宗旨、爱党奉献的工作热情，坚定做好安全生产工作、维护人民群众生命财产安全的信心和决心，建设一支政治坚定、业务精通、作风过硬、执法公正的安全监管监察队伍，争做安全发展忠诚卫士。

（十二）增强全民安全自觉性。以"不伤害自己、不伤害他人、不被别人伤害、不使他人受到伤害"为主要内容，将安全生产价值观、道德观教育纳入思想政治工作和精神文明建设内容，注重加强日常性的安全教育，强化安全自律意识，使尊重生命价值、维护职业安全与健康成为广大职工群众生产生活中的精神追求和基本行为准则。

（十三）继续开展企业安全诚信建设。把安全诚信建设纳入社会诚信建设重要内容，形成安全生产守信光荣、失信可耻的氛围，促进企业自觉主动地践行安全生产法律法规和规章制度，强化企业安全生产主体责任落实。健全完善安全生产失信惩戒制度，及时公布生产安全事故责任企业"黑名单"，督促各行业领域企业全面履行安全生产法定义务和社会责任，不断完善自我约束、持续改进的安全生产长效机制。

**五、深入开展安全文化创建活动**

（十四）大力推进企业安全文化建设。坚持与企业安全生产标准化建设、职业病危害治理工作相结合，完善安全文化创建评价标准和相关管理办法，严格规范申报程序。"全国安全文化建设示范企业"申报工作统一由省级安全监管监察机构负责，凡未取得省级安全文化建设示范企业称号、未达到安全生产标准化一级企业的，不得申报。积极开展企业安全文化建设培训，加强基层班组安全文化建设，提高一线职工自觉抵制"三违"行为和应急处置的能力。

（十五）扎实推进安全社区建设。积极倡导"安全、健康、和谐"的理念，健全安全社区创建工作机制，逐步由经济发达地区向中西部地区推进，进一步扩大建设成果。大力推动工业园区和经济技术开发区等安全社区建设，继续推进企业主导型社区以及国家级和省级经济开发区、工业园区安全社区建设。

（十六）积极推进城市安全文化建设。充分发挥政府的主导推动作用，将安全生产与城市规划、建设和管理密切结合，研究制定安全发展示范城市创建标准、评价机制和工作方案，积极推进创建工作。创新城市安全管理模式，加强社会公众安全教育，完善应急防范机制，有效化解人民群众生命健康和财产安全风险，提高城市整体安全水平。

**六、加快推进安全文化产业发展**

（十七）深化相关事业单位改革。以突出公益、强化服务、增强活力为重点，大力发展公益性安全文化事业，探索建立事业单位法人治理结构。按有关规定要求，加快推进安全监管监察系统的文艺院团、非时政类报刊社、新闻网站等转企改制，拓展有关出版、发行、影视企业改革成果，鼓励经营性文化单位建立现代企业制度，形成面向市场、体现安全文化价值的经营机制。支持有实力的安全文化单位进行重组改制，引导社会资本进入，着力发展主业突出、核心竞争力强的骨干安全文化企业。

（十八）鼓励创作安全文化精品。坚持以宣传安全发展、强化安全意识为中心的创作导向，面向社会推出一批优秀安全生产宣传产品，满足人民群众对安全生产多方面、多层次、多样化的精神文化需求。调动文艺创作的积极性和创造性，鼓励社会各界参与创作更多反映安全生产工作、倡导科学发展安全发展理念的优秀剧目、图书、影视片、宣传画、音乐作品及公益广告等，丰富群众性安全文化，增强安全文化产品的影响力和渗透力。

（十九）支持安全文化产业发展。协调社会安全文化资源，参与安全文化开发建设，提高新闻媒体、行业协会、科研院所、文艺团体、中介机构、文化公司等参与安全文化产业的积极性，加快发展出版发行、影视制作、印刷、广告、演艺、会展、动漫等安全文化产业。充分发挥文化与科技相互促进的作用，利用数字、移动媒体、微博客等新兴渠道，加快安全文化产品推广。

**七、切实提高安全生产舆论引导能力**

（二十）把握正确的舆论导向。坚持马克思主义新闻观，贯彻团结稳定鼓劲、正面宣传为主的方针，广泛宣传有关安全生产重大政策措施、重大理论成果、典型经验和显著成效。准确把握新形势下安全宣传工作规律，完善政府部门、企业与新闻单位的沟通机制，有力引导正确的社会舆论。进一步加强安全生产信息化建设，推进舆情分析研判，提高网络舆论引导能力。

（二十一）规范信息发布制度。严格执行安全生产信息公开制度，不断拓宽渠道，公开透明、实事求是、及时主动地做好事故应急处置和调查处理情况、打击非法违法生产经营建设行为、隐患排查治理、安全生产标准化建设以及安全生产重点工作进展等情况的公告发布，对典型非法违法、违规违章行为进行公开曝光。完善安全生产新闻发言人制度，健全突发生产安全事故新闻报道应急工作机制，增强安全生产信息发布的权威性和公信力。

（二十二）加强社会舆论和群众监督。健全安全生产社会监督网络，扩大全国统一的"12350"安全生产举报电话覆盖面，通过设立电子信箱和网络微博客等方式，拓宽监督举报途径。健全新闻媒体和社会公众广泛参与的安全生产监督机制，落实安全生产举报奖励制度，保障公众的知情权和监督权。建立监督举报事项登记制度，及时回复查处整改情况，切实增强安全生产社会监督、舆论监督和群众监督效果。

### 八、全面加强安全文化宣传阵地建设

（二十三）加强新闻媒体阵地建设。以安全监管监察系统专业新闻媒体为主体，加强与主流媒体深度合作，形成中央、地方和安全监管监察系统内媒体，以及传统媒体与新兴媒体、平面媒体与立体媒体的宣传互动，构建功能互补、影响广泛、富有效率的安全文化传播平台，提高安全文化传播能力。

（二十四）加强互联网安全文化阵地建设。按照"积极利用、科学发展、依法管理、确保安全"的方针，开展具有网络特点的安全文化建设。结合安全生产的新形势、新任务，大力发展数字出版、手机报纸、手机网络、移动多媒体等新兴传播载体，拓展传播平台，扩大安全文化影响覆盖面。

（二十五）加强安全监管监察系统宣传阵地建设。加快建立健全国家、省、市、县四级安全生产宣传教育工作体系，推动安全文化工作日常化、制度化建设，着力提高安全宣传教育能力。加强安全监管监察机构与相关部门间的沟通协作，充分利用思想文化资源，协调各方面力量，形成统一领导、组织协调、社会力量广泛参与的安全文化建设工作格局。

（二十六）加强安全文化教育基地建设。推进国家和地方安全教育（警示）基地，以及安全文化主题公园、主题街道建设。积极应用现代科技手段，融知识性、直观性、趣味性为一体，鼓励推动各地区、各行业领域及企业建设特色鲜明、形象逼真、触动心灵、效果突出的安全生产宣传教育展馆，提高社会公众对安全知识的感性认识，增强安全防范意识和技能。

### 九、强化安全文化建设保障措施

（二十七）加强组织领导。各地区、各有关部门和单位领导干部要从贯彻落实党的十七届六中全会《决定》精神的政治高度、从提高安全生产水平的实际需要出发，研究制定安全文化建设规划和政策措施，明确职能部门，完善支撑体系。扩大社会资源进入安全文化建设的有效途径，动员全社会力量参与安全文化建设。

（二十八）加大安全文化建设投入。加强与相关部门的沟通协调，完善有利于安全文化的财政政策，将公益性安全文化活动纳入公共财政经常性支出预算；认真执行新修订的安全生产费用提取使用管理办法，加强安全宣传教育培训投入；推动落实从安全生产责任险、工伤保险基金中支出适当费用，支持安全文化研究、教育培训、传播推广等活动的开展。

（二十九）加强安全文化人才队伍建设。加大安全生产宣传教育人员的培训力度，提升安全文化建设的业务水平。加强安全文化建设人才培养，提高组织协调、宣传教育和活动策划的能力，造就高层次、高素质的安全文化建设领军人才。建立安全文化建设专家库，加强基层安全文化队伍建设。

（三十）加大安全文化建设成果交流推广。深入开展地区间、行业领域及企业间的安全文化建设成果推广，提高安全文化对安全生产的促进作用，激励全社会积极参与安全文化建设。积极开展多渠道多层次的安全文化建设对外交流，加强安全文化建设成果的对外宣传，鼓励相关单位与国际组织、外国政府和民间机构等进行项目合作，学习借鉴和运用国际先进的安全文化推动安全生产工作。

国务院安委会办公室
二〇一二年七月三十日

# 10. 关于开展安全质量标准化活动的指导意见

安监管政法字〔2004〕62 号

各省、自治区、直辖市及新疆生产建设兵团安全生产监督管理部门，各煤矿安全监察局及北京、新疆生产建设兵团煤矿安全监察办事处：

为贯彻落实《国务院关于进一步加强安全生产工作的决定》（国发〔2004〕2 号，以下简称《决定》），切实加强基层和基础"双基"工作，强化企业安全生产主体责任，促使各类企业加强安全质量工作，建立起自我约束、持续改进的安全生产长效机制，提高企业本质安全水平，推动安全生产状况的进一步稳定好转，现就开展安全质量标准化活动提出以下指导意见：

## 一、提高认识，增强抓好安全质量标准化工作的自觉性

一个时期以来，广大企业认真贯彻《安全生产法》，执行关于生产经营单位安全保障的各项规定，不断加强安全生产工作。但由于基础工作薄弱，一些企业安全管理水平低，安全投入不足，责任措施不到位，规章制度不健全，从业人员安全意识淡薄等，致使各类事故多发，安全生产形势依然严峻。

煤炭行业近年来的实践表明，开展安全质量标准化活动，是加强安全生产"双基"工作、建立安全生产长效机制的一种有效方法。安全质量标准化借鉴了以往开展质量标准化活动的经验，同时又赋予了新的内涵，是新形势下安全生产工作方式方法的创新和发展。安全质量标准化就是企业各个生产岗位、生产环节的安全质量工作，必须符合法律、法规、规章、规程等规定，达到和保持一定的标准，使企业生产始终处于良好的安全运行状态，以适应企业发展需要，满足职工群众安全、文明生产的愿望。

安全质量标准化突出了安全生产工作的重要地位。强调安全生产始终是企业头等重要的工作任务，要求自觉坚持"安全第一"的方针。安全质量标准化强调安全生产工作的规范化和标准化。要求企业的安全生产行为必须合法、规范，安全生产各项工作必须符合《安全生产法》等法律法规和规章、规程以及技术标准。

要正确把握安全质量标准化的实质，提高对开展这项活动重要性的认识，增强抓好企业安全质量工作的自觉性，把安全质量标准化活动当作关乎企业生存发展和职工群众安全利益的"生命工程"、"民心工程"，采取得力措施，把这项活动广泛开展起来，深入持久地坚持下去。

## 二、明确安全质量标准化的指导思想和工作目标

指导思想是：以"三个代表"重要思想为指导，认真贯彻落实《决定》，落实企业安全生产主体责任，坚持"安全第一、预防为主"，全面加强企业安全质量工作，突出重点，狠

抓关键，求真务实，讲求实效，以点带面，稳步推进，通过开展安全质量标准化活动，促使各类企业建立自我约束、不断完善的安全生产长效机制，提高本质安全水平，促进安全生产状况的稳定好转。

按照这一指导思想，当前和今后一段时间的工作目标是：一年打基础，两年基本完善，三年初步规范，力争到 2007 年，煤矿、非煤矿山、危险化学品、交通运输、建筑施工等重点行业和领域国有大中型企业全部达到国家规定的安全质量标准，各类小企业达标率在 50% 以上；到 2010 年，各类企业都达到国家规定的标准，企业安全生产基础工作得到全面加强，安全生产面貌从根本上得到改善。

### 三、建立健全安全质量标准化工作体系

安全质量标准化是安全生产的重要基础性工作。要从标准、目标、责任、控制、考核、信息等环节着手，逐步健全完善安全质量标准化工作体系。

一是制定安全质量标准。国家煤矿安全监察局已经颁布了《煤矿安全质量标准化标准及考核评级办法(试行)》(煤安监办字〔2004〕24 号)，这是煤矿安全质量标准化的全国性标准，各类煤矿企业要按照要求抓好质量标准化工作。同时，要尽快制定其他重点行业、重点领域安全质量标准化的全国性标准。在实践中不断修订各项标准，逐步形成全面完善的安全质量标准体系。

二是明确安全质量标准化工作目标。要按照国家安全生产监督管理局(国家煤矿安全监察局)(以下简称国家局)提出的工作目标和总体要求，研究制定符合本地区、本单位特点的工作目标和措施，提出年度达标计划和中长期达标规划。

三是分解落实安全质量标准化责任。把安全质量标准化工作目标进行层层分解，落实到各企业和企业的各个岗位，形成层层把关负责、配套联动的责任体系。

四是建立安全质量标准化工作网络和监控机制。各级安全生产监督管理部门和煤矿安全监察机构要安排专门人员负责此项工作。各企业的车间、班组、岗位都要有专兼职人员，形成完善的安全管理网络，及时发现和处理安全质量标准化活动中遇到的各项问题，做到处处有人抓、事事有人管，使安全质量工作始终处于有效的监督控制状态。

五是完善安全质量标准化考核制度。要制定考核评级办法和实施细则。企业要建立每月检查、每季考评、半年总结、全年评比的安全质量考核制度。考核评价工作可以引入社会中介机构参与，严格考核，增加公正性与可信度。

国家局将定期通报各地开展安全质量标准化工作的情况。各地也要加强安全质量标准化活动信息的交流，及时反映活动进展情况。

### 四、加强宣传教育和培训，增强广大职工遵守标准规程的自觉性

要发挥媒体作用，广造舆论声势。大力宣传党中央、国务院关于加强安全生产工作的一系列方针政策，宣传安全生产工作面临的形势任务，教育广大干部职工正确认识安全质量标准化的重要意义和作用，强化安全质量意识；大力宣传开展安全质量标准化活动的先进典型，认清本地区、本单位的差距，增强紧迫感，坚定信心，为安全质量标准化活动的深入持久开展奠定扎实的思想基础。

要着力抓好安全质量标准化培训工作。开展安全质量标准化活动，对职工队伍素质提出了更高要求。要充分发挥各级培训机构特别是企业安全技术培训中心的作用，组织开展企业领导、中层干部以及安全检查员、质量验收员等特殊岗位和特殊工种的培训。同时利用知识讲座、技术比武、岗位练兵等多种形式，向职工传授安全质量标准化知识，提高安全技术技能；企业聘用新职工，必须先进行培训，达到本岗位应知应会的要求后才能上岗；涉及安全生产的关键岗位和特殊工种，必须经考试合格，持证上岗。通过培训，提高干部职工的业务、技术素质和安全文化素质，为安全质量标准化活动打下良好的基础。

### 五、坚持"三个结合"，促使安全质量标准化与其他各方面工作同步发展

开展安全质量标准化活动，要与深入贯彻《安全生产法》结合起来。通过开展安全质量标准化活动，对照《安全生产法》和《决定》各项条款的规定和要求，对本单位的安全生产工作进行全面整顿规范，健全完善各项规章制度，依法规范安全操作规程(标准)，将企业各方面、各岗位的安全质量行为都纳入法律化、制度化管理轨道。

开展安全质量标准化活动，要与深化安全专项整治结合起来。安全质量标准化活动是安全整治工作发展到一定阶段的必然要求，是安全整治的继续和深入。随着专项整治的深入，各类企业特别是矿山、危险化学品、建筑等高危企业的安全管理，必须提高到一个新的水平。要把规范安全质量工作、创建安全质量标准化企业，作为深入整治的重要内容，从根本上解决企业安全生产工作的基础性、深层次问题，把整治推向一个新的发展阶段。通过专项整治促进标准化建设，通过开展标准化活动推动专项整治向纵深发展。

开展安全质量标准化活动，要与实施"科技兴安"战略结合起来，同步推进。选择基础工作比较扎实、积极性较高的企业，进行安全科技示范工程试点，率先采用科技含量较高、安全性能可靠的新技术、新工艺、新设备和新材料，推行安全质量标准化，提高企业本质安全水平，培育以"科技兴安"推进安全质量标准化的模范企业。

### 六、加强领导，狠抓落实

（一）加强领导，密切配合。按照《决定》提出的关于安全生产工作格局的要求，安全质量标准化活动由地方政府统一领导，相关部门要负责组织，做好规划、制定政策、督促检查等工作。各级安全生产监督管理部门和煤矿安全监察机构要充分发挥作用，搞好协调，并做好监督监察和督促指导工作。各有关方面分工协作，密切配合，齐心协力，共同推进安全质量标准化工作。

（二）突出重点，务求实效。开展安全质量标准化活动是一项长期任务。各地区、各单位要结合实际，按照工作目标的要求，立足建立安全生产长效机制，制定具体实施步骤。要突出重点，抓住关键环节，优先解决严重制约本地区、本单位安全状况稳定好转的问题，真正取得实际效果。

（三）加大安全生产投入，提高企业本质安全水平。开展安全质量标准化活动以及改善安全生产条件所必需的资金投入，依法由生产经营单位决策机构、主要负责人或投资人予以保证。各级安全监管部门要加大对企业安全生产投入情况的督查力度，监督企业按照《安全生产法》和《决定》的要求，足额提取安全生产专项经费，用于开展安全质量标准化

活动，淘汰那些危及安全生产的落后工艺和设备，改善安全生产条件，提升设备安全性能，提高企业本质安全水平。

（四）发挥典型作用，搞好分类指导。要广泛开展安全质量标准化竞赛活动。学习借鉴黑龙江省及其重点煤矿企业的经验，善于采用群众喜闻乐见的形式，广泛开展选树"样板工厂"、"样板矿井"、"样板站段"和"文明岗位"等多种形式的竞赛活动，充分调动企业的积极性，把活动扎扎实实地开展起来。要及时发现和培养安全质量标准化的典型，充分发挥典型的示范引路作用。要建立奖罚制度，把开展安全质量标准化活动与收入分配、干部政绩考核和使用等挂钩，形成强有力的激励约束机制。要深入基层、深入企业，区别不同行业特点，搞好分类指导，及时发现和解决安全质量标准化活动中的问题，在实践中不断丰富安全质量标准化的内涵。

（五）加强督促检查，把活动引向深入。各级安全生产监督管理部门和煤矿安全监察机构要把安全质量标准化作为重要的基础工作和当前的一项重要任务来抓。广大安全监管监察人员要进一步转变作风，深入企业，加强指导监督。对安全质量标准化工作不力、进展缓慢的，要提出监察整改意见，以确保安全质量标准化活动的顺利进行。

二〇〇四年五月十一日

# 11. 国家安全监管总局办公厅关于规范安全生产标准化证书和牌匾式样等有关问题的通知

安监总厅管三〔2008〕148 号

各省、自治区、直辖市及新疆生产建设兵团安全生产监督管理局:

近年来,全国冶金、金属非金属矿山、机械制造企业和危险化学品从业单位等行业分别开展了安全生产标准化工作,取得了一定成效,但仍存在不同行业安全生产标准化证书、牌匾式样不统一等问题。为规范冶金、金属非金属矿山、机械制造企业和危险化学品从业单位安全生产标准化证书、牌匾的颁发工作,统一安全生产标准化证书、牌匾式样,现就有关事项通知如下:

**一、安全生产标准化证书、牌匾式样**

证书式样见附件 1,牌匾式样见附件 2。

**二、安全生产标准化证书编号**

(一)冶金企业:一级企业证书编号为(国)AQBYⅠ××××(注:××××为阿拉伯数字,均从 0001 号起编,下同);二、三级企业证书编号分别为(省、自治区、直辖市简称)AQBYⅡ××××、(省、自治区、直辖市简称)AQBYⅢ××××。

(二)金属非金属矿山:一、二级企业证书编号分别为(国)AQBKⅠ××××、(国)AQBKⅡ××××;三、四、五级企业证书编号分别为(省、自治区、直辖市简称)AQBKⅢ××××、(省、自治区、直辖市简称)AQBKⅣ××××、(省、自治区、直辖市简称)AQBKⅤ××××。

(三)机械制造企业:一级企业证书编号为(国)AQBHⅠ××××;二、三级企业证书编号分别为(省、自治区、直辖市简称)AQBHⅡ××××、(省、自治区、直辖市简称)AQBHⅢ××××。

(四)危险化学品从业单位:一级企业证书编号为(国)AQBWⅠ××××;二级企业证书编号分别为(省、自治区、直辖市简称)AQBWⅡ××××。

**三、安全生产标准化企业公告及证书、牌匾颁发单位**

(一)冶金、机械制造企业、危险化学品从业单位安全生产标准化一级企业和金属非金属矿山安全生产标准化一、二级企业,由国家安全生产监督管理总局公告,证书和牌匾由中国安全生产协会向获级企业颁发。

(二)冶金、机械制造企业、危险化学品从业单位安全生产标准化二级企业和金属非金属矿山安全生产标准化三、四级企业，由各省级安全生产监督管理部门公告，证书和牌匾由各省级安全生产监督管理部门确定的负责省级安全生产标准化工作的相关单位向获级企业颁发。

（三）冶金、机械制造企业安全生产标准化三级企业和金属非金属矿山安全生产标准化五级企业，由各市（地）级安全生产监督管理部门公告，证书和牌匾由各市（地）级安全生产监督管理部门确定的负责市（地）级安全生产标准化工作的相关单位向获级企业颁发。

**四、其他事项**

（一）原金属非金属矿山、机械制造企业和危险化学品从业单位安全标准化（包括安全质量标准化）证书、牌匾式样从 2008 年 12 月 1 日起停止使用。已获级企业，原证书、牌匾在有效期内仍有效。

（二）安全生产标准化证书由中国安全生产协会统一印制，需要的省（区、市）请与中国安全生产协会联系；安全生产标准化牌匾由发证单位按照牌匾式样自行制作。

联系人：侯茜　联系电话：010－64463934

附件：1. 安全生产标准化证书式样

　　　 2. 安全生产标准化牌匾式样

国家安全生产监督管理总局办公厅

二〇〇八年十月十七日

附件 1

附件2

# 安全生产标准化牌匾式样

安全生产标准化

X级企业（炼钢）

发证单位名称

二×××年（有效期三年）

安全生产标准化

X级企业（炼铁）

发证单位名称

二×××年（有效期三年）

# 安全生产标准化
## ×级企业（矿山）

### 发证单位名称

二×××年（有效期三年）

# 安全生产标准化
## ×级企业（尾矿库）

### 发证单位名称

二×××年（有效期三年）

安全生产标准化

X级企业（采石场）

发证单位名称

二×××年（有效期三年）

安全生产标准化

X级企业（机械）

发证单位名称

二×××年（有效期三年）

# 安全生产标准化

# ×级企业（危化）

## 发证单位名称

### 二×××年（有效期三年）

说明：

1. 标志牌材料为弧面不锈钢镀钛板，四周加亮边（亮边宽度 15mm），文字腐蚀，20mm 立墙；

2. 标志牌长 60cm，高 40cm；

3. 字体从上至下依次为华文新魏、小初；宋体、二号；宋体、三号。字间距设为标准，文字居中。从上边缘至第一行字上边的间距为 86mm，第一行与第二行的间距为 45mm，第二行与第三行的间距为 80mm，第四行与下边缘的间距为 55mm。

# 12. 国家安全监管总局关于进一步加强危险化学品企业安全生产标准化工作的指导意见

安监总管三〔2009〕124号

各省、自治区、直辖市及新疆生产建设兵团安全生产监督管理局，有关中央企业，有关单位：

为深入贯彻落实《国务院关于进一步加强安全生产工作的决定》（国发〔2004〕2号）和《国务院安委会办公室关于进一步加强危险化学品安全生产工作的指导意见》（安委办〔2008〕26号），推动和引导危险化学品生产和储存企业、经营和使用剧毒化学品企业、有固定储存设施的危险化学品经营企业、使用危险化学品从事化工或医药生产的企业（以下统称危险化学品企业）全面开展安全生产标准化工作，改善安全生产条件，规范和改进安全管理工作，提高安全生产水平，提出以下指导意见：

## 一、指导思想和工作目标

1. 指导思想。以科学发展观为统领，坚持安全发展理念，全面贯彻"安全第一、预防为主、综合治理"的方针，深入持久地开展危险化学品企业安全生产标准化工作，进一步落实企业安全生产主体责任，强化生产工艺过程控制和全员、全过程的安全管理，不断提升安全生产条件，夯实安全管理基础，逐步建立自我约束、自我完善、持续改进的企业安全生产工作机制。

2. 工作目标。2009年底前，危险化学品企业全面开展安全生产标准化工作。2010年底前，使用危险工艺的危险化学品生产企业，化学制药企业，涉及易燃易爆、剧毒化学品、吸入性有毒有害气体等企业（以下统称重点危险化学品企业）要达到安全生产标准化三级以上水平。2012年底前，重点危险化学品企业要达到安全生产标准化二级以上水平，其他危险化学品企业要达到安全生产标准化三级以上水平。

## 二、把握重点，积极推进安全生产标准化工作

3. 完善和改进安全生产条件。危险化学品企业要根据采用生产工艺的特点和涉及危险化学品的危险特性，按照国家标准和行业标准分类、分级对工艺技术、主要设备设施、安全设施（特别是安全泄放设施、可燃气体和有毒气体泄漏报警设施等），重大危险源和关键部位的监控设施、电气系统、仪表自动化控制和紧急停车系统，公用工程安全保障等安全生产条件进行改造。危险化学品企业安全生产条件达到标准化标准后，本质安全水平要有明显提高，预防事故能力有明显增强。

4. 完善和严格履行全员安全生产责任制。危险化学品企业要建立、完善并严格履行

"一岗一责"的全员安全生产责任制，尤其是要完善并严格履行企业领导层和管理人员的安全生产责任制。岗位安全生产责任制的内容要与本人的职务和岗位职责相匹配。

5. 完善和严格执行安全管理规章制度。危险化学品企业要对照有关安全生产法律法规和标准规范，对企业安全管理制度和操作规程符合有关法律法规标准情况进行全面检查和评估。把适用于本企业的法律法规和标准规范的有关规定转化为本企业的安全生产规章制度和安全操作规程，使有关法律法规标准规范的要求在企业具体化。要建立健全和定期修订各项安全生产管理规章制度，狠抓安全生产管理规章制度的执行和落实。要经常检查工艺和操作规程；设备、仪表自动化、电气安全管理制度；巡回检查制度；定期（专业）检查等制度；安全作业规程，特别是动火、进入受限空间、拆卸设备管道、登高、临时用电等特殊作业安全规程的执行和落实情况。

6. 建立规范的隐患排查治理工作体制机制。危险化学品企业要建立定期开展隐患排查治理工作制度和工作机制，确定排查周期，明确有关部门和人员的责任，定期排查并及时消除安全生产隐患。

7. 加强全员的安全教育和技能培训。危险化学品企业要定期开展全员安全教育，增强从业人员的安全意识，提高从业人员自觉遵守安全生产规章制度的自觉性。要明确规定从业人员上岗资格条件，持续开展从业人员技能培训，使从业人员操作技能能够满足安全生产的实际需要。

8. 加强重大危险源、关键装置、重点部位的安全监控。危险化学品企业要在完善重要工艺参数监控技术措施的基础上，建立并严格执行重大危险源、关键装置、重点部位安全监控责任制，明确责任人和监控内容。尤其要高度重视危险化学品储罐区的安全监控工作，完善应急预案，防范重特大事故。

9. 加强危险化学品企业应急管理工作。危险化学品企业要编制科学实用、针对性强的安全生产应急预案，并通过定期演练，不断予以完善。危险化学品企业的应急预案要与当地政府的相关应急预案相衔接，涉及周边单位和居民的应急预案，还要与周边单位的相关预案相衔接。要做好应急设备设施、应急器材和物资的储备并及时维护和更新。

10. 认真吸取生产安全事故和安全事件教训。危险化学品企业要认真分析生产安全事故和安全事件发生的真实原因，在此基础上完善有关安全生产管理制度，制定和落实有针对性的整改措施，强化安全管理，确保不再发生类似事故。要认真吸取同类企业发生的事故教训，举一反三，改进管理，提高安全生产水平。

11. 中央企业要在推进安全生产标准化工作中发挥表率作用。有关中央企业总部要组织所属危险化学品企业开展安全生产标准化工作。经中央企业总部自行考核达到安全生产标准化一级标准的所属单位，经所在地省级安全监管局和中央企业总部推荐，可以直接申请安全生产标准化一级企业的达标考评。有关中央企业总部要组织所属企业积极开展重点化工生产装置危险与可操作性分析（HAZOP），全面查找和及时消除安全隐患，提高装置本质安全化水平。

**三、建立和完善安全生产标准化工作的标准体系**

12. 分级组织开展安全生产标准化工作。危险化学品企业安全生产标准化企业设一级、二级、三级三个等级。国家安全监管总局负责监督和指导全国危险化学品企业安全生产标准化工作，制定危险化学品企业安全生产标准化标准，公告安全生产标准化一级企业名单。省级安全监管局负责监督和指导本辖区危险化学品企业安全生产标准化工作，制定二级、三级危险化学品企业安全生产标准化实施指南，公告本辖区安全生产标准化二级企业名单。设区的市级安全监管局负责组织实施本辖区危险化学品企业安全生产标准化工作，公告安全生产标准化三级企业名单。安全生产标准化一级企业考评办法另行制定。

13. 要加强危险化学品企业安全生产标准化标准制定工作。安全生产标准化标准既要明确规定企业满足安全生产的基本条件，以此促进企业加大安全投入，改进和完善安全生产条件，提高本质安全水平，又要明确规定企业安全生产管理方面的具体要求，以此规范企业安全生产管理工作，不断提高安全管理水平。要统筹安排安全生产标准化标准制定工作，优先制定危险性大和重点行业的企业安全生产标准化标准，加快危险化学品企业安全生产标准化标准制定工作进程，尽快建立科学完备的危险化学品企业安全生产标准化标准体系。

14. 加快修订完善化工装置工程建设标准。要加大化工装置工程建设标准制定工作的力度，尽快改变我国现行化工装置工程建设标准总体落后的状况，规范和提高新建化工装置的安全生产条件。全面清理现行化工装置工程建设标准，制定修订工作计划，完善我国化工装置工程建设标准体系。

15. 各地要加快制定危险化学品企业安全生产标准化地方标准。各省级安全监管局要根据本地区危险化学品企业的行业特点和产业布局，制定安全生产标准化实施指南，尽快制定本地区危险化学品重点行业的安全生产标准化标准，积极推进本地区危险化学品企业安全生产标准化工作。

**四、切实加强和改进对安全生产标准化工作的组织和领导**

16. 充分认识进一步加强安全生产标准化工作的重要性。危险化学品领域是安全生产监督管理的重点领域，安全生产基础工作比较薄弱，较大以上事故时有发生，安全生产形势依然严峻。全面开展危险化学品企业安全生产标准化工作，是强化危险化学品安全生产基层基础工作、建立安全生产长效机制的重要措施，是加强危险化学品安全生产管理、预防事故的有效途径。各地区要统一思想，提高认识，因地制宜，积极引导危险化学品企业开展安全生产标准化工作，提高安全管理水平。

17. 积极推进危险化学品企业安全生产标准化工作。各地区、各单位要进一步加强组织领导，制定本地区、本单位开展安全生产标准化工作规划，及时协调解决工作中遇到的问题，制定和完善相关配套政策措施，积极推进，务求实效。各省级安全监管局要在2009年9月底前，制定本地区危险化学品安全生产标准化考评工作的程序和办法。

18. 加大危险化学品企业安全生产标准化宣传和培训工作的力度。各级安全监管部门要把危险化学品安全生产标准纳入本地区安全生产培训工作内容，使危险化学品安全监管人员、危险化学品企业负责人和安全管理人员及时了解安全标准变化和更新情况；采取多种形式，广泛宣传国家安全监管总局制定的危险化学品安全生产标准，搞好培训教育，帮助企业正确理解和把握相关标准的内涵和要求。在此基础上，指导危险化学品企业把适合本企业的危险化学品安全生产标准转化为安全管理制度或安全操作规程。

19. 要因地制宜，制定政策措施，激励危险化学品企业积极开展安全生产标准化工作。危险化学品企业在安全生产许可证有效期内，如果严格遵守了有关安全生产的法律法规，未发生死亡事故，并接受了当地安全监管部门监督检查，经安全生产标准化考评确认加强了日常安全生产管理，未降低安全生产条件的，安全生产许可证有效期满需要延期的可直接办理延期手续；企业风险抵押金缴纳可以按照当地规定的最低标准交纳。各地区可以把安全生产标准化考评结果作为危险化学品企业分级监管的重要依据，达到安全生产标准化二级以上可以作为危险化学品企业安全生产评优的重要条件之一，安全生产标准化等级可以作为缴纳安全生产责任险费率的重要参考依据。

20. 切实加强对安全生产标准化工作的督促检查力度。各级安全监管部门要制定本地区开展安全生产标准化的工作方案，将安全生产标准化纳入本地危险化学品安全监管工作计划。

国家安全生产监督管理总局
二〇〇九年六月二十四日

# 13. 国家安全监管总局关于进一步加强企业安全生产规范化建设严格落实企业安全生产主体责任的指导意见

安监总办〔2010〕139 号

各省、自治区、直辖市及新疆生产建设兵团安全生产监督管理局，各省级煤矿安全监察机构，各中央企业：

近年来，随着企业安全生产保障能力不断增强，生产安全事故逐年减少，全国安全生产状况总体稳定、趋于好转。但是，一些企业安全生产主体责任不落实、管理机构不健全、管理制度不完善、基础工作不扎实、安全管理不到位等问题仍然比较突出，生产安全事故总量仍然很大，重特大事故多发频发，安全生产形势依然十分严峻。为认真贯彻落实《国务院关于进一步加强企业安全生产工作的通知》（国发〔2010〕23 号）精神，进一步加强企业安全生产规范化建设，严格落实企业安全生产主体责任，提高企业安全生产管理水平，实现全国安全生产状况持续稳定好转，提出以下指导意见：

## 一、总体要求

深入贯彻落实科学发展观，坚持安全发展理念，指导督促企业完善安全生产责任体系，建立健全安全生产管理制度，加大安全基础投入，加强教育培训，推进企业全员、全过程、全方位安全管理，全面实施安全生产标准化，夯实安全生产基层基础工作，提升安全生产管理工作的规范化、科学化水平，有效遏制重特大事故发生，为实现安全生产提供基础保障。

## 二、健全和完善责任体系

（一）落实企业法定代表人安全生产第一责任人的责任。法定代表人要依法确保安全投入、管理、装备、培训等措施落实到位，确保企业具备安全生产基本条件。

（二）明确企业各级管理人员的安全生产责任。企业分管安全生产的负责人协助主要负责人履行安全生产管理职责，其他负责人对各自分管业务范围内的安全生产负领导责任。企业安全生产管理机构及其人员对本单位安全生产实施综合管理；企业各级管理人员对分管业务范围的安全生产工作负责。

（三）健全企业安全生产责任体系。责任体系应涵盖本单位各部门、各层级和生产各环节，明确有关协作、合作单位责任，并签订安全责任书。要做好相关单位和各个环节安全管理责任的衔接，相互支持、互为保障，做到责任无盲区、管理无死角。

### 三、健全和完善管理体系

（一）加强企业安全生产工作的组织领导。企业及其下属单位应建立安全生产委员会或安全生产领导小组，负责组织、研究、部署本单位安全生产工作，专题研究重大安全生产事项，制订、实施加强和改进本单位安全生产工作的措施。

（二）依法设立安全管理机构并配齐专（兼）职安全生产管理人员。矿山、建筑施工单位和危险物品的生产、经营、储存单位及从业人员超过 300 人的企业，要设置安全生产管理专职机构或者配备专职安全生产管理人员。其他单位有条件的，应设置安全生产管理机构，或者配备专职或兼职的安全生产管理人员，或者委托注册安全工程师等具有相关专业技术资格的人员提供安全生产管理服务。

（三）提高企业安全生产标准化水平。企业要严格执行安全生产法律法规和行业规程标准，按照《企业安全生产标准化基本规范》（AQ/T 9006—2010）的要求，加大安全生产标准化建设投入，积极组织开展岗位达标、专业达标和企业达标的建设活动，并持续巩固达标成果，实现全面达标、本质达标和动态达标。

### 四、健全和完善基本制度

（一）安全生产例会制度。建立班组班前会、周安全生产活动日，车间周安全生产调度会，企业月安全生产办公会、季安全生产形势分析会、年度安全生产工作会等例会制度，定期研究、分析、布置安全生产工作。

（二）安全生产例检制度。建立班组班前、班中、班后安全生产检查（即"一班三检"）、重点对象和重点部位安全生产检查（即"点检"）、作业区域安全生产巡查（即"巡检"），车间周安全生产检查、月安全生产大检查，企业月安全生产检查、季安全生产大检查、复工复产前安全生产大检查等例检制度，对各类检查的频次、重点、内容提出要求。

（三）岗位安全生产责任制。以企业负责人为重点，逐级建立企业管理人员、职能部门、车间班组、各工种的岗位安全生产责任制，明确企业各层级、各岗位的安全生产职责，形成涵盖全员、全过程、全方位的责任体系。

（四）领导干部和管理人员现场带班制度。企业主要负责人、领导班子成员和生产经营管理人员要认真执行现场带班的规定，认真制订本企业领导成员带班制度，立足现场安全管理，加强对重点部位、关键环节的检查巡视，及时发现和解决问题，并据实做好交接。

（五）安全技术操作规程。分专业、分工艺制定安全技术操作规程，并当生产条件发生变化时及时重新组织审查或修订。对实施作业许可证管理的动火作业、受限空间作业、爆破作业、临时用电作业、高空作业等危险性作业，要制定专项安全技术措施，并严格审批监督。企业员工应当熟知并严格执行安全技术操作规程。

（六）作业场所职业安全卫生健康管理制度。积极开展职业健康安全管理体系认证。依照国家有关法律法规及规章标准，完善现场职业安全健康设施、设备和手段。为员工配备合格的职业安全卫生健康防护用品，督促员工正确佩戴和使用，并对接触有毒有害物质的作业人员进行定期的健康检查。

（七）隐患排查治理制度。建立安全生产隐患全员排查、登记报告、分级治理、动态分析、整改销号制度。对排查出的隐患实施登记管理，按照分类分级治理原则，逐一落实整改方案、责任人员、整改资金、整改期限和应急预案。建立隐患整改评价制度，定期分析、评估隐患治理情况，不断完善隐患治理工作机制。建立隐患举报奖励制度，鼓励员工发现和举报事故隐患。

（八）安全生产责任考核制度。完善企业绩效工资制度，加大安全生产挂钩比重。建立以岗位安全绩效考核为重点，以落实岗位安全责任为主线，以杜绝岗位安全责任事故为目标的全员安全生产责任考核办法，加大安全生产责任在员工绩效工资、晋级、评先评优等考核中的权重，重大责任事项实行"一票否决"。

（九）高危行业（领域）员工风险抵押金制度。根据各行业（领域）特点，推广企业内部全员安全风险抵押金制度，加大奖惩兑现力度，充分调动全员安全生产的积极性和主动性。

（十）民主管理监督制度。企业安全生产基本条件、安全生产目标、重大隐患治理、安全生产投入、安全生产形势等情况应以适当方式向员工公开，接受员工监督。充分发挥班组安全管理监督作用。保障工会依法组织员工参加本单位安全生产工作的民主管理和民主监督，维护员工安全生产的合法权益。

（十一）安全生产承诺制度。企业就遵守安全生产法律法规、执行安全生产规章制度、保证安全生产投入、持续具备安全生产条件等签订安全生产承诺书，向企业员工及社会作出公开承诺，自觉接受监督。同时，员工就履行岗位安全责任向企业作出承诺。

各类企业均要建立以上基本制度，同时要依照国家有关法律法规及规章标准规定，结合本单位实际，建立健全适合本单位特点的安全生产规章制度。

**五、加大安全投入**

（一）及时足额提取并切实管好用好安全费用。煤矿、非煤矿山、建筑施工、危险化学品、烟花爆竹、道路交通运输等高危行业（领域）企业必须落实提取安全费用税前列支政策。其他行业（领域）的企业要根据本地区有关政策规定提足用好安全费用。安全费用必须专项用于安全防护设备设施、应急救援器材装备、安全生产检查评价、事故隐患评估整改和监控、安全技能培训和应急演练等与安全生产直接相关的投入。

（二）确保安全设施投入。严格落实企业建设项目安全设施"三同时"制度，新建、改建、扩建工程项目的安全设施投资应纳入项目建设概算，安全设施与建设项目主体工程同时设计、同时施工、同时投入生产和使用。高危行业（领域）建设项目要依法进行安全评价。

（三）加大安全科技投入。坚持"科技兴安"战略。健全安全管理工作技术保障体系，强化企业技术管理机构的安全职能，按规定配备安全技术人员。切实落实企业负责人安全生产技术管理负责制，针对影响和制约本单位安全生产的技术问题开展科研攻关，鼓励员工进行技术革新，积极推广应用先进适用的新技术、新工艺、新装备和新材料，提高企业本质安全水平。

### 六、加强安全教育培训

（一）强化企业人员素质培训。落实校企合作办学、对口单招、订单式培养等政策，大力培养企业专业技术人才。有条件的高危行业企业可通过兴办职业学校培养技术人才。结合本企业安全生产特点，制订员工教育培训计划和实施方案，针对不同岗位人员落实培训时间、培训内容、培训机构、培训费用，提高员工安全生产素质。

（二）加强安全技能培训。企业安全生产管理人员必须按规定接受培训并取得相应资格证书。加强新进人员岗前培训工作，新员工上岗前、转岗员工换岗前要进行岗位操作技能培训，保证其具有本岗位安全操作、应急处置等知识和技能。特种作业人员必须取得特种作业操作资格证书方可上岗。

（三）强化风险防范教育。企业要推进安全生产法律法规的宣传贯彻，做到安全宣传教育日常化。要及时分析和掌握安全生产工作的规律和特点，定期开展安全生产技术方法、事故案例及安全警示教育，普及安全生产基本知识和风险防范知识，提高员工安全风险辨析与防范能力。

（四）深入开展安全文化建设。注重企业安全文化在安全生产工作中的作用，把先进的安全文化融入到企业管理思想、管理理念、管理模式和管理方法之中，努力建设安全诚信企业。

### 七、加强重大危险源和重大隐患的监控预警

（一）实行重大隐患挂牌督办。企业应当实行重大隐患挂牌督办制度，并及时将重大隐患现状、可能造成的危害、消除隐患的治理方案报告企业所在地相关政府有关部门。对政府有关部门挂牌督办的重大隐患，企业应按要求报告治理进展、治理结果等情况，切实落实企业重大隐患整改责任。

（二）加强重大危险源监控。企业应建立重大危险源辨识登记、安全评估、报告备案、监控整改、应急救援等工作机制和管理办法。设立重大危险源警示标志，并将本单位重大危险源及有关管理措施、应急预案等信息报告有关部门，并向相关单位、人员和周边群众公告。

（三）利用科学的方法加强预警预报。企业应定期进行安全生产风险分析，积极利用先进的技术和方法建立安全生产监测监控系统，进行有效的实时动态预警。遇重大危险源失控或重大安全隐患出现事故苗头时，应当立即预警预报，组织撤离人员、停止运行、加强监控，防止事故发生和事故损失扩大。

### 八、加强应急管理，提高事故处置能力

（一）加强应急管理。要针对重大危险源和可能突发的生产安全事故，制定相应的应急组织、应急队伍、应急预案、应急资源、应急培训教育、应急演练、应急救援等方案和应急管理办法，并注重与社会应急组织体系相衔接。加强应急预案演练，及时分析查找应急预案及其执行中存在的问题并有针对性地予以修改完善，防止因撤离不及时或救援不适当造成事故扩大。

（二）提高应急救援保障能力。煤矿、非煤矿山和危险化学品企业，应当依法建立专职或兼职人员组成的应急救援队伍；不具备单独建立专业应急救援队伍的小型企业，除建立兼职应急救援队伍外，还应当与邻近建有专业救援队伍的企业或单位签订救援协议，或者联合建立专业应急救援队伍。根据应急救援需要储备一定数量的应急物资，为应急救援队伍配备必要的应急救援器材、设备和装备。

（三）做好事故报告和处置工作。事故发生后，要按照规定的报告时限、报告内容、报告方式、报告对象等要求，及时、完整、客观地报告事故，不得瞒报、漏报、谎报、迟报。发生事故的企业主要负责人必须坚守岗位，立即启动事故应急救援预案，采取措施组织抢救，防止事故扩大，减少人员伤亡和财产损失。

（四）严肃事故调查处理。企业要认真组织或配合事故调查，妥善处理事故善后工作。对于事故调查报告提出的防范措施和整改意见，要认真吸取教训，按要求及时整改，并把落实情况及时报告有关部门。

各地区要根据本指导意见，结合本地区的实际，制定具体实施办法，进一步强化对企业安全生产规范化建设的指导、督促和检查，严格落实企业安全生产主体责任，促进全国安全生产形势实现根本好转。

国家安全生产监督管理总局

二〇一〇年八月二十日

# 14. 国家安全监管总局 工业和信息化部 关于危险化学品企业贯彻落实《国务院关于进一步加强企业安全生产工作的通知》的实施意见

安监总管三〔2010〕186 号

各省、自治区、直辖市及新疆生产建设兵团安全生产监督管理局、工业和信息化部门，有关中央企业：

为认真贯彻落实《国务院关于进一步加强企业安全生产工作的通知》（国发〔2010〕23号，以下简称国务院《通知》）精神，推动危险化学品企业（指生产、储存危险化学品的企业和使用危险化学品从事化工生产的企业）落实安全生产主体责任，全面加强和改进安全生产工作，建立和不断完善安全生产长效机制，切实提高安全生产水平，结合危险化学品企业（以下简称企业）安全生产特点，制定本实施意见。

## 一、强化安全生产体制、机制建设，建立健全企业全员安全生产责任体系

1. 建立和不断完善安全生产责任体系。坚持"谁主管、谁负责"的原则，明确企业主要负责人、分管负责人、各职能部门、各级管理人员、工程技术人员和岗位操作人员的安全生产职责，做到全员每个岗位都有明确的安全生产职责并与相应的职务、岗位匹配。

企业的主要负责人（包括企业法定代表人等其他主要负责人）是企业安全生产的第一责任人，对安全生产负总责。要认真贯彻落实党和国家安全生产的方针、政策，严格执行国家有关安全生产法律法规和标准，把安全生产纳入企业发展战略和长远规划，领导企业建立并不断完善安全生产的体制机制；建立健全安全生产责任制，建立和不断完善安全生产规章制度和操作规程；保证安全投入满足安全生产的需要；加强全体从业人员的安全教育和技能培训；督促检查安全生产工作，及时消除隐患；制定事故应急救援预案；及时、如实报告生产安全事故；履行安全监督与指导责任；定期听取安全生产工作汇报，研究新情况、解决新问题；大力推进安全管理信息化建设，积极采用先进适用技术。分管负责人要认真履行本岗位安全生产职责。

企业安全生产管理部门要加强对企业安全生产的综合管理，组织贯彻落实国家有关安全生产法律法规和标准；定期组织安全检查，及时排查和治理事故隐患；监督检查安全生产责任制和安全生产规章制度的落实。其他职能部门要按照本部门的职责，在各自的工作范围内，对安全生产负责。

各级管理人员要遵守安全生产规章制度和操作规程，不违章指挥，不违章作业，不强令从业人员冒险作业，对本岗位安全生产负责，发现直接危及人身安全的紧急情况时，要立即组织处理或者人员疏散。

岗位操作人员必须遵守安全生产规章制度、操作规程和劳动纪律，不违章作业、不违

反劳动纪律；有权拒绝违章指挥，有权了解本岗位的职业危害；发现直接危及人身安全的紧急情况时，有权停止作业和撤离危险场所。

企业要不断完善安全生产责任制。要建立检查监督和考核奖惩机制，以确保安全生产责任制能够得到有效落实。

企业主要负责人要定期向安全监管部门和企业员工大会通报安全生产工作情况，主动接受全体员工监督；要充分发挥工会、共青团等群众组织在安全生产中的作用，鼓励并奖励员工积极举报事故隐患和不安全行为，推动企业安全生产全员参与、全员管理。

2. 建立和不断完善安全生产规章制度。企业要主动识别和获取与本企业有关的安全生产法律法规、标准和规范性文件，结合本企业安全生产特点，将法律法规的有关规定和标准的有关要求转化为企业安全生产规章制度或安全操作规程的具体内容，规范全体员工的行为。应建立至少包含以下内容的安全生产规章制度：安全生产例会，工艺管理，开停车管理，设备管理，电气管理，公用工程管理，施工与检维修（特别是动火作业、进入受限空间作业、高处作业、起重作业、临时用电作业、破土作业等）安全规程，安全技术措施管理，变更管理，巡回检查，安全检查和隐患排查治理；干部值班，事故管理，厂区交通安全，防火防爆，防尘防毒，防泄漏，重大危险源，关键装置与重点部位管理；危险化学品安全管理，承包商管理，劳动防护用品管理；安全教育培训，安全生产奖惩等。

要依据国家有关标准和规范，针对工艺、技术、设备设施特点和原材料、辅助材料、产品的特性，根据风险评价结果，及时完善操作规程，规范从业人员的操作行为，防范生产安全事故的发生。

安全生产规章制度、安全操作规程至少每3年评审和修订一次，发生重大变更应及时修订。修订完善后，要及时组织相关管理人员、作业人员培训学习，确保有效贯彻执行。

3. 加强安全生产管理机构建设。企业要设置安全生产管理机构或配备专职安全生产管理人员。安全生产管理机构要具备相对独立职能。专职安全生产管理人员应不少于企业员工总数的2%（不足50人的企业至少配备1人），要具备化工或安全管理相关专业中专以上学历，有从事化工生产相关工作2年以上经历，取得安全管理人员资格证书。

4. 建立和严格执行领导干部带班制度。企业要建立领导干部现场带班制度，带班领导负责指挥企业重大异常生产情况和突发事件的应急处置，抽查企业各项制度的执行情况，保障企业的连续安全生产。企业副总工程师以上领导干部要轮流带班。生产车间也要建立由管理人员参加的车间值班制度。要切实加强企业夜间和节假日值班工作，及时报告和处理异常情况和突发事件。

5. 及时排查治理事故隐患。企业要建立健全事故隐患排查治理和监控制度，逐级建立并落实从主要负责人到全体员工的隐患排查治理和监控机制。要将隐患排查治理纳入日常安全管理，形成全面覆盖、全员参与的隐患排查治理工作机制，使隐患排查治理工作制度化、常态化，做到隐患整改的措施、责任、资金、时限和预案"五到位"。建立事故隐患报告和举报奖励制度，动员、鼓励从业人员及时发现和消除事故隐患。对发现、消除和举报事故隐患的人员，应当给予奖励和表彰。

企业要建立生产工艺装置危险有害因素辨识和风险评估制度，定期开展全面的危险有害因素辨识，采用相应的安全评价方法进行风险评估，提出针对性的对策措施。企业要积极利用危险与可操作性分析(HAZOP)等先进科学的风险评估方法,全面排查本单位的事故隐患,提高安全生产水平。

6. 切实加强职业健康管理。企业要明确职业健康管理机构及其职责,完善职业健康管理制度,加强从业人员职业健康培训和健康监护、个体防护用品配备及使用管理,保障职业危害防治经费投入,完善职业危害防护设施,做好职业危害因素的检测、评价与治理,进行职业危害申报,按规定在可能发生急性职业损伤的场所设置报警、冲洗等设施,建立从业人员上岗前、岗中和离岗时的职业健康档案,切实保护劳动者的职业健康。

7. 建立健全安全生产投入保障机制。企业的安全投入要满足安全生产的需要。要严格执行安全生产费用提取使用管理制度,明确负责人,按时、足额提取和规范使用安全生产费用。安全生产费用的提取和使用要符合《高危行业企业安全生产费用财务管理暂行办法》(财企〔2006〕478号)要求。主要负责人要为安全生产正常运行提供人力、财力、物力、技术等资源保障。企业要积极推行安全生产责任险,实现安全生产保障渠道多样化。

## 二、强化工艺过程安全管理,提升本质化安全水平

8. 加强建设项目安全管理。企业新建、改建、扩建危险化学品建设项目要严格按照《危险化学品建设项目安全许可实施办法》(国家安全监管总局令第8号)的规定执行,严格执行建设项目安全设施"三同时"制度。新建企业必须在化工园区或集中区建设。

建设项目必须由具备相应资质的单位负责设计、施工、监理。大型和采用危险化工工艺的装置,原则上要由具有甲级资质的化工设计单位设计。设计单位要严格遵守设计规范和标准,将安全技术与安全设施纳入初步设计方案,生产装置设计的自控水平要满足工艺安全的要求;大型和采用危险化工工艺的装置在初步设计完成后要进行HAZOP分析。施工单位要严格按设计图纸施工,保证质量,不得撤减安全设施项目。企业要对施工质量进行全过程监督。

建设项目建成试生产前,建设单位要组织设计、施工、监理和建设单位的工程技术人员进行"三查四定"(三查:查设计漏项、查工程质量、查工程隐患;四定:定任务、定人员、定时间、定整改措施),聘请有经验的工程技术人员对项目试车和投料过程进行指导。试车和投料过程要严格按照设备管道试压、吹扫、气密、单机试车、仪表调校、联动试车、化工投料试生产的程序进行。试车引入化工物料(包括氮气、蒸汽等)后,建设单位要对试车过程的安全进行总协调和负总责。

9. 积极开展工艺过程风险分析。企业要按照《化工企业工艺安全管理实施导则》(AQ/T3034—2010)要求,全面加强化工工艺安全管理。

企业应建立风险管理制度,积极组织开展危害辨识、风险分析工作。要从工艺、设备、仪表、控制、应急响应等方面开展系统的工艺过程风险分析,预防重特大事故的发生。

新开发的危险化学品生产工艺,必须在小试、中试、工业化试验的基础上逐步放大到工业化生产。国内首次采用的化工工艺,要通过省级有关部门组织专家组进行安全论证。

10. 确保设备设施完整性。企业要制定特种设备、安全设施、电气设备、仪表控制系统、安全联锁装置等日常维护保养管理制度,确保运行可靠;防雷防静电设施、安全阀、

压力容器、仪器仪表等均应按照有关法规和标准进行定期检测检验。对风险较高的系统或装置，要加强在线检测或功能测试，保证设备、设施的完整性和生产装置的长周期安全稳定运行。

要加强公用工程系统管理，保证公用工程安全、稳定运行。供电、供热、供水、供气及污水处理等设施必须符合国家标准，要制定并落实公用工程系统维修计划，定期对公用工程设施进行维护、检查。使用外部公用工程的企业应与公用工程的供应单位建立规范的联系制度，明确检修维护、信息传递、应急处置等方面的程序和责任。

11. 大力提高工艺自动化控制与安全仪表水平。新建大型和危险程度高的化工装置，在设计阶段要进行仪表系统安全完整性等级评估，选用安全可靠的仪表、联锁控制系统，配备必要的有毒有害、可燃气体泄漏检测报警系统和火灾报警系统，提高装置安全可靠性。

重点危险化学品企业（剧毒化学品、易燃易爆化学品生产企业和涉及危险工艺的企业）要积极采用新技术，改造提升现有装置以满足安全生产的需要。工艺技术自动控制水平低的重点危险化学品企业要制定技术改造计划，尽快完成自动化控制技术改造，通过装备基本控制系统和安全仪表系统，提高生产装置本质安全化水平。

12. 加强变更管理。企业要制定并严格执行变更管理制度。对采用的新工艺、新设备、新材料、新方法等，要严格履行申请、安全论证审批、实施、验收的变更程序，实施变更前应对变更过程产生的风险进行分析和控制。任何未履行变更程序的变更，不得实施。任何超出变更批准范围和时限的变更必须重新履行变更程序。

13. 加强重大危险源管理。企业要按有关标准辨识重大危险源，建立健全重大危险源安全管理制度，落实重大危险源管理责任，制定重大危险源安全管理与监控方案，建立重大危险源安全管理档案，按照有关规定做好重大危险源备案工作。

要保证重大危险源安全管理与监控所必需的资金投入，定期检查维护，对存在事故隐患和缺陷的，要立即整改；重大危险源涉及的压力、温度、液位、泄漏报警等重要参数的测量要有远传和连续记录，液化气体、剧毒液体等重点储罐要设置紧急切断装置。要按照有关规定配备足够的消防、气防设施和器材，建立稳定可靠的消防系统，设置必要的视频监控系统，但不能以视频监控代替压力、温度、液位、泄漏报警等自动监控措施。

在重大危险源现场明显处设置安全警示牌、危险物质安全告知牌，并将重大危险源可能发生事故的危害后果、应急措施等信息告知周边单位和有关人员。

14. 高度重视储运环节的安全管理。制订和不断完善危险化学品收、储、装、卸、运等环节安全管理制度，严格产品收储管理。根据危险化学品的特点，合理选用合适的液位测量仪表，实现储罐收料液位动态监控。建立储罐区高效的应急响应和快速灭火系统；加强危险化学品输送管道安全管理，对经过社会公共区域的危险化学品输送管道，要完善标志标识，明确管理责任，建立和落实定期巡线制度。要采取有效措施将危险化学品输送管道危险性告知沿途的所有单位和居民。严防占压危险化学品输送管道。道路运输危险化学品的专用车辆，要在 2011 年底前全部安装使用具有行驶记录功能的卫星定位装置。在危险化学品槽车充装环节，推广使用金属万向管道充装系统代替充装软管，禁止使用软管充装液氯、液氨、液化石油气、液化天然气等液化危险化学品。

15. 加快安全生产先进技术研发和应用。企业应积极开发具有安全生产保障能力的关键技术和装备。鼓励企业采用先进适用的工艺、技术和装备，淘汰落后的技术、工艺和装备。加快对化工园区整体安全、大型油库、事故状态下危害控制技术和危险化学品输送管道安全防护等技术研究。

### 三、加强作业过程管理，确保现场作业安全

16. 开展作业前风险分析。企业要根据生产操作、工程建设、检维修、维护保养等作业的特点，全面开展作业前风险分析。要根据风险分析的结果采取相应的预防和控制措施，消除或降低作业风险。

作业前风险分析的内容要涵盖作业过程的步骤、作业所使用的工具和设备、作业环境的特点以及作业人员的情况等。未实施作业前风险分析、预防控制措施不落实不得作业。

17. 严格作业许可管理。企业要建立作业许可制度，对动火作业、进入受限空间作业、破土作业、临时用电作业、高处作业、起重作业、抽堵盲板作业、设备检维修作业等危险性作业实施许可管理。

作业前要明确作业过程中所有相关人员的职责，明确安全作业规程或标准，确保作业过程涉及到的人员都经过了适当的培训并具备相应资质，参与作业的所有人员都应掌握作业的范围、风险和相应的预防和控制措施。必要时，作业前要进行预案演练。无关人员禁止进入危险作业场所。

企业应加强对作业对象、作业环境和作业过程的安全监管和风险控制，制定相应的安全防范措施，按规定程序进行作业许可证的会签审批。进行作业前，对作业任务和安全措施要进一步确认，施工过程中要及时纠正违章行为，发现异常现象时要立即停止作业，消除隐患后方可继续作业，认真组织施工收尾前的安全检查确认。

18. 加强作业过程监督。企业要加强对作业过程的监督，对所有作业，特别是需要办理作业许可证的作业，都要明确专人进行监督和管理，以便于识别现场条件有无变化、初始办理的作业许可能否覆盖现有作业任务。进行监督和管理的人员应是作业许可审批人或其授权人员，须具备基本救护技能和作业现场的应急处理能力。

（1）加强动火作业的安全管理。凡在安全动火管理范围内进行动火作业，必须对作业对象和环境进行危害分析和可燃气体检测分析，必须按程序办理和签发动火作业许可证，必须现场检查和确认安全措施的落实情况，必须安排熟悉作业部位及周边安全状况、且具备基本救护技能和作业现场应急处理能力的企业人员进行全过程监护。

（2）加强进入受限空间作业的安全管理。进入受限空间作业前，必须按规定进行安全处理和可燃、有毒有害气体和氧含量检测分析，必须办理进入受限空间作业许可证，必须检查隔离措施、通风排毒、呼吸防护及逃生救护措施的可靠性，防止出现有毒有害气体串入、呼吸防护器材失效、风源污染等危险因素，必须安排具备基本救护技能和作业现场应急处理能力的企业人员进行全过程监护。

（3）加强高处作业、临时用电、破土作业、起重作业、抽堵盲板作业的安全管理。作业人员在 2 米以上的高处作业时，必须系好安全带，在 15 米以上的高处作业时，必须办理高处作业许可证，系好安全带，禁止从高处抛扔工具、物体和杂物等。临时用电作业必

须办理临时用电作业许可证，在易燃易爆区必须同时办理动火作业许可证，进入受限空间作业必须使用安全电压和防爆灯具。移动式电器具要装有漏电保护装置，做到"一机一闸一保护"。破土作业必须办理破土作业许可证，情况复杂区域尽量避免采用机械破土作业，防止损坏地下电缆、管道，严禁在施工现场堆积泥土覆盖设备仪表和堵塞消防通道，未及时完成施工的地沟、井、槽应悬挂醒目的警示标志。起重作业必须办理起重作业许可证，起重机械必须按规定进行检验，大中型设备、构件或小型设备在特殊条件下起重应编制起重方案及安全措施，吊件吊装必须设置溜绳，防止碰坏周围设施。大件运输时必须对其所经路线的框架、管线、桥涵及其他构筑物的宽度、高度及承重能力进行测量核算，编制运输方案。盲板抽堵作业必须办理盲板抽堵作业许可证，盲板材质、尺寸必须符合设备安全要求，必须安排专人负责执行、确认和标识管理，高处、有毒及有其他危险的盲板抽堵作业，必须根据危害分析的结果，采取防毒、防坠落、防烫伤、防酸碱的综合防护措施。

19. 加强对承包商的管理。企业要加强对承担工程建设、检维修、维护保养的承包商的管理。要对承包商进行资质审查，选择具备相应资质、安全业绩好的企业作为承包商，要对进入企业的承包商人员进行全员安全教育，向承包商进行作业现场安全交底，对承包商的安全作业规程、施工方案和应急预案进行审查，对承包商的作业过程进行全过程监督。

承包商作业时要执行与企业完全一致的安全作业标准。严格控制工程分包，严禁层层转包。

**四、实施规范化安全培训管理，提高全员安全意识和操作技能**

20. 进一步规范和强化企业安全培训教育管理。企业要制定安全培训教育管理制度，编制年度安全培训教育计划，制定安全培训教育方案，建立培训档案，实施持续不断的安全培训教育，使从业人员满足本岗位对安全生产知识和操作技能的要求。

强化从业人员安全培训教育。企业必须对新录用的员工(包括临时工、合同工、劳务工、轮换工、协议工等)进行强制性安全培训教育，经过厂、车间、班组三级安全培训教育，保证其了解危险化学品安全生产相关的法律法规，熟悉从业人员安全生产的权利和义务；掌握安全生产基本常识及操作规程；具备对工作环境的危险因素进行分析的能力；掌握应急处置、个人防险、避灾、自救方法；熟悉劳动防护用品的使用和维护，经考核合格后方可上岗作业。对转岗、脱离岗位1年(含)以上的从业人员，要进行车间级和班组级安全培训教育，经考核合格后，方可上岗作业。

新建企业要在装置建成试车前6个月(至少)完成全部管理人员和操作人员的聘用、招工工作，进行安全培训，经考核合格后，方可上岗作业；新工艺、新设备、新材料、新方法投用前，要按新的操作规程，对岗位操作人员和相关人员进行专门教育培训，经考核合格后，方可上岗作业。

21. 企业主要负责人和安全生产管理人员要主动接受安全管理资格培训考核。企业的主要负责人和安全生产管理人员必须接受具有相应资质培训机构组织的培训，参加相关部门组织的考试(考核)，取得安全管理资格证书。企业主要负责人应了解国家新发布的法律、法规；掌握安全管理知识和技能；具有一定的企业安全管理经验。安全生产管理人员应掌握国家有关法律法规;掌握风险管理、隐患排查、应急管理和事故调查等专项技能、方法和手段。

22. 加强特种作业人员资格培训。特种作业人员须参加由具有特种作业人员培训资质的机构举办的培训,掌握与其所从事的特种作业相应的安全技术理论知识和实际操作技能,经相关部门考核合格,取得特种作业操作证后,持证上岗。

**五、加强应急管理,提高应急响应水平**

23. 建立健全企业应急体系。企业要依据国家相关法律法规及标准要求,建立、健全应急组织和专(兼)职应急队伍,明确职责。鼓励企业与周边其他企业签订应急救援和应急协议,提高应对突发事件的能力。

企业应依据对安全生产风险的评估结果和国家有关规定,配置与抵御企业风险要求相适应的应急装备、物资,做好应急装备、物资的日常管理维护,满足应急的需要。

大中型和有条件的企业应建设具有日常应急管理、风险分析、监测监控、预测预警、动态决策、应急联动等功能的应急指挥平台。

24. 完善应急预案管理。企业应依据国家相关法规及标准要求,规范应急预案的编制、评审、发布、备案、培训、演练和修订等环节的管理。企业的应急预案要与周边相关企业(单位)和当地政府应急预案相互衔接,形成应急联动机制。

要在做好风险分析和应急能力评估的基础上分级制定应急预案。要针对重大危险源和危险目标,做好基层作业场所的现场处置方案。现场处置方案的编制要简明、可操作,应针对岗位生产、设备及其次生灾害事故的特点,制定具体的报警报告、生产处理、灾害扑救程序,做到一事一案或一岗一案。在预案编制过程中要始终把从业人员及周边居民的人身安全和环境保护作为事故应急响应的首要任务,赋予企业生产现场的带班人员、班组长、生产调度人员在遇到险情时第一时间下达停产撤人的直接决策权和指挥权,提高突发事件初期处置能力,最大程度地减少或避免事故造成的人员伤亡。

企业要积极进行危险化学品登记工作,落实危害信息告知制度,定期组织开展各层次的应急预案演练、培训和危害告知,及时补充和完善应急预案,不断提高应急预案的针对性和可操作性,增强企业应急响应能力。

25. 建立完善企业安全生产预警机制。企业要建立完善安全生产动态监控及预警预报体系,每月进行一次安全生产风险分析。发现事故征兆要立即发布预警信息,落实防范和应急处置措施。对重大危险源和重大隐患要报当地安全生产监管部门和行业管理部门备案。

**六、加强事故事件管理,进一步提升事故防范能力**

26. 加强安全事件管理。企业应对涉险事故、未遂事故等安全事件(如生产事故征兆、非计划停工、异常工况、泄漏等),按照重大、较大、一般等级别,进行分级管理,制定整改措施,防患于未然;建立安全事故事件报告激励机制,鼓励员工和基层单位报告安全事件,使企业安全生产管理由单一事后处罚,转向事前奖励与事后处罚相结合;强化事故事前控制,关口前移,积极消除不安全行为和不安全状态,把事故消灭在萌芽状态。

27. 加强事故管理。企业要根据国家相关法律、法规和标准的要求，制定本企业的事故管理制度，规范事故调查工作，保证调查结论的客观完整性；事故发生后，要按照事故等级、分类时限，上报政府有关部门，并按照相关规定，积极配合政府有关部门开展事故调查工作。事故调查处理应坚持"四不放过"和"依法依规、实事求是、注重实效"的原则。

28. 深入分析事故事件原因。企业要根据国家相关法律、法规和标准的规定，运用科学的事故分析手段，深入剖析事故事件的原因，找出安全管理体系的漏洞，从整体上提出整改措施，改善安全管理体系。

29. 切实吸取事故教训。建立事故通报制度，及时通报本企业发生的事故，组织员工学习事故经验教训，完善相应的操作规程和管理制度，共同探讨事故防范措施，防范类似事故的再次发生；对国内外同行业发生的重大事故，要主动收集事故信息，加强学习和研究，对照本企业的生产现状，借鉴同行业事故暴露出的问题，查找事故隐患和类似的风险，警示本企业员工，落实防范措施；充分利用现代网络信息平台，建立事故事件快报制度和案例信息库，实现基层单位、基层员工及时上报、及时查寻、及时共享事故事件资源，促进全员安全意识的提高；充分利用事故案例资源，提高安全教育培训的针对性和有效性；对本单位、相关单位在一段时间内发生的所有事故事件进行统计分析，研究事故事件发生的特点、趋势，制定防范事故的总体策略。

### 七、严格检查和考核，促进管理制度的有效执行

30. 加强安全生产监督检查。企业要完善安全生产监督检查制度，采取定期和不定期的形式对各项管理制度以及安全管理要求落实情况进行监督检查。

企业安全检查分日常检查、专业性检查、季节性检查、节假日检查和综合性检查。日常检查应根据管理层次、不同岗位与职责定期进行，班组和岗位员工应进行交接班检查和班中不间断地巡回检查，基层单位（车间）和企业应根据实际情况进行周检、月检和季检。专业检查分别由各专业部门负责定期进行。季节性检查和节假日检查由企业根据季节和节假日特点组织进行。综合性检查由厂和车间分别负责定期进行。

中小企业可聘请外部专家对企业进行安全检查，鼓励企业聘请外部机构对企业进行安全管理评估或安全审核。

企业应对检查发现的问题或外部评估的问题及时进行整改，并对整改情况进行验证。企业应分析形成问题的原因，以便采取措施，避免同类或类似问题再次发生。

31. 严格绩效考核。企业应对安全生产情况进行绩效考核。要设置绩效考核指标，绩效考核指标要包含人身伤害、泄漏、着火和爆炸事故等情况，以及内部检查的结果、外部检查的结果和安全生产基础工作情况、安全生产各项制度的执行情况等。要建立员工安全生产行为准则，对员工的安全生产表现进行考核。

### 八、全面开展安全生产标准化建设，持续提升企业安全管理水平

32. 全面开展安全达标。企业要全面贯彻落实《企业安全生产标准化基本规范》（AQ/T 9006—2010）、《危险化学品从业单位安全标准化通用规范》（AQ 3013—2008），积极开展安全生产标准化工作。要通过开展岗位达标、专业达标，推进企业的安全生产标准化工

作，不断提高企业安全管理水平。

要确定"岗位达标"标准，包括建立健全岗位安全生产职责和操作规程，明确从业人员作业时的具体做法和注意事项。从业人员要学习、掌握、落实标准，形成良好的作业习惯和规范的作业行为。企业要依据"岗位达标"标准中的各项要求进行考核，通过理论考试、实际操作考核、评议等方法，全面客观地反映每位从业人员的岗位技能情况，实现岗位达标，从而确保减少人为事故。

要确定"专业达标"标准，明确所涉及的专业定位，进行科学、精细的分类管理。按月评、季评、抽查和年综合考评相结合的方式对专业业绩进行评估，对不具备专业能力的实行资格淘汰，建立优胜劣汰的良性循环机制，使企业专业化管理水平不断提高，提高生产力效率及风险控制水平。

企业在开展安全生产标准化时，要借助有经验的专业人员查找企业安全生产存在的问题，从安全管理制度、安全生产条件、制度执行和人员素质等方面逐项改进，建立完善的安全生产标准化体系，实现企业安全生产标准化达标。通过开展安全生产标准化达标工作，进一步强化落实安全生产"双基"（基层、基础）工作，不断提高企业的安全管理水平和安全生产保障能力。

33. 深入开展安全文化建设。企业要按照《企业安全文化建设导则》（AQ/T 9004—2008）要求，充分考虑企业自身安全生产的特点和内、外部的文化特征，积极开展和加强安全文化建设，提高从业人员的安全意识和遵章守纪的自觉性，逐渐消除"三违"现象。主要负责人是企业安全文化的倡导者和企业安全文化建设的直接责任者。

企业安全文化建设，可以通过建立健全安全生产责任制，系统的风险辨识、评价、控制等措施促进管理层安全意识与管理素质的提高，避免违章指挥，提高管理水平。通过各种安全教育和安全活动，强化作业人员安全意识、规范操作行为，杜绝违章作业、违反劳动纪律的现象和行为，提高安全技能。企业要结合全面开展安全生产标准化工作，大力推进企业安全文化建设，使企业安全生产水平持续提高，从根本上建立安全生产的长效机制。

**九、切实加强危险化学品安全生产的监督和指导管理**

34. 进一步加大安全监管力度。地方各级政府有关部门要从加强安全生产和保障社会公共安全的角度审视加强危险化学品安全生产工作的重要性，强化对危险化学品安全生产工作的组织领导。安全监管部门、负有危险化学品安全生产监管职责的有关部门和工业管理部门要按职责分工，创新监管思路，监督指导企业建立和不断完善安全生产长效机制。要以监督指导企业主要负责人切实落实安全生产职责、建立和不断完善并严格履行全员安全生产责任制、建立和不断完善并严格执行各项安全生产规章制度、建立安全生产投入保障机制、强化隐患排查治理、加强安全教育与培训、加强重大危险源监控和应急工作、加强承包商管理为重点，推动企业切实履行安全生产主体责任。

35. 制定落实化工行业安全发展规划，严格危险化学品安全生产准入。各地区、各有关部门要把危险化学品安全生产作为重要内容纳入本地区、本部门安全生产总体规划布局，推动各地做好化工行业安全发展规划，规划化工园区（化工集中区），确定危险化学品储存专门区域，新建化工项目必须进入化工园区（化工集中区）。各地区要大力支持有效消除重大安全隐患的技术改造和搬迁项目，推动现有风险大的化工企业搬迁进入化工园区（化工集中区），防范企业危险化学品事故影响社会公共安全。

严格危险化学品安全生产许可制度。严把危险化学品安全生产许可证申请、延期和变更审查关，逐步提高安全准入条件，持续提高安全准入门槛。要紧紧抓住当前转变经济发展方式和调整产业结构的有利时机，对不符合有关安全标准、安全保障能力差、职业危害严重、危及安全生产等落后的化工技术、工艺和装备要列入产业结构调整指导目录，明令禁止使用，予以强制淘汰。加强危险化学品经营许可的管理，对于带有储存的经营许可申请要严格把关。严格执行《危险化学品建设项目安全许可实施办法》，对新建、改建、扩建危险化学品生产、储存装置和设施项目，进行建设项目设立安全审查、安全设施设计的审查、试生产方案备案和竣工验收。加强对化工建设项目设计单位的安全管理，提高化工建设项目安全设计水平和新建化工装置本质安全度。

36. 加强对化工园区、大型石油储罐区和危险化学品输送管道的安全监管。科学规划化工园区，从严控制化工园区的数量。化工园区要做整体风险评估，化工园区内企业整体布局要统一科学规划。化工园区要有专门的安全监管机构，要有统一的一体化应急系统，提高化工园区管理水平。

要加强大型石油储罐区的安全监管。大型石油储罐区选址要科学合理，储罐区的罐容总量和储罐区的总体布局要满足安全生产的需要，涉及多家企业（单位）大型石油储罐区要建立统一的安全生产管理和应急保障系统。

切实加强危险化学品输送管道的安全监管。各地区要明确辖区内危险化学品输送管道安全监管工作的牵头部门，对辖区内危险化学品输送管道开展全面排查，摸清有关情况。特别是要摸清辖区内穿越公共区域以及公共区域内地下危险化学品输送管道的情况，并建立长期档案。针对地下危险化学品输送管道普遍存在的违章建筑占压和安全距离不够的问题，切实采取有效措施加强监管，要组织开展集中整治，彻底消除隐患。要督促有关企业进一步落实安全生产责任，完善危险化学品管道标志和警示标识，健全有关资料档案；落实管理责任，对危险化学品输送管道定期进行检测，加强日常巡线，发现隐患及时处置。确保危险化学品输送管道及其附属设施的安全运行。

37. 加强城市危险化学品安全监管。各地区要严格执行城市发展规划，严格限制在城市人口密集区周边建立涉及危险化学品的企业（单位）。要督促指导城区内危险化学品重大危险源企业（单位），认真落实危险化学品重大危险源安全管理责任，采用先进的仪表自动监控系统强化监控措施，确保重大危险源安全。要加强对城市危险化学品重大危险源的安全监管，明确责任，加大监督检查的频次和力度。要进一步发挥危险化学品安全生产部门联席会议制度的作用，制定政策措施，积极推动城区内危险化学品企业搬迁工作。

38. 严格执行危险化学品重大隐患政府挂牌督办制度，严肃查处危险化学品生产安全事故。各地要按国务院《通知》的有关要求，对危险化学品重大隐患治理实行下达整改指令和逐级挂牌督办、公告制度。对存在重大隐患限期不能整改的企业，要依法责令停产整改。要按照"四不放过"和"依法依规、实事求是、注重实效"的原则，严肃查处危险化学品生产安全事故。要在认真分析事故技术原因的同时，彻底查清事故的管理原因，不断完善安全生产规章制度和法规标准。要监督企业制定有针对性防范措施并限期落实。对发生的危险化学品事故除依法追究有关责任人的责任外，发生较大以上死亡事故的企业依法要停产整顿；情节严重的要依法暂扣安全生产许可证；情节特别严重的要依法吊销安全生产许可证。对发生重大事故或一年内发生两次以上较大事故的企业，一年内禁止新建和扩建危险化学品建设项目。

企业要认真学习、深刻领会国务院《通知》精神，依据本实施意见并结合企业安全生产实际，制定具体的落实本实施意见的工作方案，并积极采取措施确保工作方案得到有效实施，建立安全生产长效机制，持续改进安全绩效，切实落实企业安全生产主体责任，全面提高安全生产水平。

各地工业和信息化主管部门要切实落实安全生产指导管理职责。制定落实危险化学品布局规划，按照产业集聚和节约用地原则，统筹区域环境容量、安全容量，充分考虑区域产业链的合理性，有序规划化工园区（化工集中区），推动现有风险大的化工企业搬迁进入园区，规范区域产业转移政策，加大安全保障能力低的项目和企业淘汰力度；提高行业准入条件，加快产业重组与淘汰落后，优化产业结构和布局，将安全风险大的落后能力列入淘汰落后产能目录；加大安全生产技术改造的支持力度，优先安排有效消除重大安全隐患的技术改造、搬迁和信息化建设项目。

各级安全监管部门和工业主管部门要根据国务院《通知》和本实施意见，结合当地实际，加强对企业落实国务院《通知》和本实施意见工作的监督和指导，推动企业切实贯彻落实好国务院《通知》和本实施意见的有关要求，努力尽快实现本地区危险化学品安全生产形势根本好转。

国家安全生产监督管理总局
工业和信息化部
二〇一〇年十一月三日

# 15. 国家安全监管总局关于进一步加强危险化学品企业安全生产标准化工作的通知

安监总管三〔2011〕24号

各省、自治区、直辖市及新疆生产建设兵团安全生产监督管理局，有关中央企业：

为深入贯彻落实《国务院关于进一步加强企业安全生产工作的通知》（国发〔2010〕23号）精神，进一步加强危险化学品企业（以下简称危化品企业）安全生产标准化工作，现就有关要求通知如下：

## 一、深入开展宣传和培训工作

1. 各地区、各单位要有计划、分层次有序开展安全生产标准化宣传活动。大力宣传开展安全生产标准化活动的重要意义、先进典型、好经验和好做法，以典型企业和成功案例推动安全生产标准化工作；使危化品企业从业人员、各级安全监管人员准确把握危化品企业安全生产标准化工作的主要内容、具体措施和工作要求，形成安全监管部门积极推动、危化品企业主动参与的工作氛围。

2. 各地区、各单位要组织专业人员讲解《企业安全生产标准化基本规范》（AQ/T 9006—2010，以下简称《基本规范》）和《危险化学品从业单位安全标准化通用规范》（AQ 3013—2008，以下简称《通用规范》）两个安全生产标准，重点讲解两个规范的要素内涵及其在企业内部的实现方式和途径。开展培训工作，使危化品企业法定代表人等负责人、管理人员和从业人员正确理解开展安全生产标准化工作的重要意义、程序、方法和要求，提高开展安全生产标准化工作的主动性；使危化品企业安全生产标准化评审人员、咨询服务人员准确理解有关标准规范的内容，正确把握开展标准化的程序，熟练掌握开展评审和提供咨询的方法，提高评审工作质量和咨询服务水平；使基层安全监管人员准确掌握危化品企业安全生产标准化各项要素要求、评审标准和评审方法，提高指导和监督危化品企业开展安全生产标准化工作的水平。

## 二、全面开展危化品企业安全生产标准化工作

3. 现有危化品企业都要开展安全生产标准化工作。危化品企业开展安全生产标准化工作持续运行一年以上，方可申请安全生产标准化三级达标评审；安全生产标准化二级、三级危化品企业应当持续运行两年以上，并对照相关通用评审标准不断完善提高后，方可分别申请一级、二级达标评审。安全生产条件好、安全管理水平高、工艺技术先进的危化品企业，经所在地省级安全监管部门同意，可直接申请二级达标评审。危化品企业取得安全生产标准化等级证书后，发生死亡责任事故或重大爆炸泄漏事故的，取消该企业的达标等级。

4. 新建危化品企业要按照《基本规范》《通用规范》的要求开展安全生产标准化工作，建立并运行科学、规范的安全管理工作体制机制。新设立的危化品生产企业自试生产备案之日起，要在一年内至少达到安全生产标准化三级标准。

5. 提出危化品安全生产许可证或危化品经营许可证延期或换证申请的危化品企业，应达到安全生产标准化三级标准以上水平。对达到并保持安全生产标准化二级标准以上的危化品企业，可以优先依法办理危化品安全生产许可证或危化品经营许可证延期或换证手续。

6. 危化品企业开展安全生产标准化工作要把全面提升安全生产水平作为主要目标，切实改变一些企业"重达标形式，轻提升过程"的现象；要按照国家安全监管总局、工业和信息化部《关于危险化学品企业贯彻落实〈国务院关于进一步加强企业安全生产工作的通知〉的实施意见》（安监总管三〔2010〕186号）的要求，结合开展岗位达标、专业达标，在开展安全生产标准化过程中，注重安全生产规章制度的完善和落实，注重安全生产条件的不断改善，注重从业人员强化安全意识和遵章守纪意识、提高操作技能，注重培育企业安全文化，注重建立安全生产长效机制。通过开展安全生产标准化工作，使危化品企业防范生产安全事故的能力明显提高。

### 三、严格达标评审标准，规范达标评审和咨询服务工作

7. 国家安全监管总局分别制定危化品企业安全生产标准化一级、二级、三级评审通用标准。三级评审通用标准是将危化品生产企业、经营企业安全许可条件，对照《基本规范》和《通用规范》的要求，逐要素细化为达标条件，作为危化品企业安全生产标准化评审标准。一级、二级评审通用标准是在下一级评审通用标准的基础上，按照逐级提高危化品生产企业、经营企业安全生产条件的要求制定。各省级安全监管部门可根据本地区实际情况，结合本地区危化品企业的行业特点，制定安全生产标准化实施指南，对本地区危化品企业较为集中的特色行业的安全生产条件尤其是安全设施设备、工艺条件等硬件方面提出明确要求，使评审通用标准得以进一步细化和充实。

8. 本通知印发前已经通过安全生产标准化达标考评并取得相应等级证书的危化品企业，要按照评审通用标准持续改进提高安全生产标准化水平，待原有等级证书有效期满时，再重新提出达标评审申请，原则上本通知印发前已取得安全生产标准化达标证书的危化品企业应首先申请三级标准化企业达标评审，已取得一级或二级安全生产标准化达标等级证书的危化品企业可直接申请二级标准化企业达标评审。

9. 国家安全监管总局将依托熟悉危化品安全管理、技术能力强、人员素质高的技术支撑单位对危化品企业开展安全生产标准化工作提供咨询服务，并对各地危化品企业安全生产标准化评审单位和咨询单位进行相关标准宣贯、评审人员培训、信息化管理、专家库建立等工作提供技术支持和指导。各地区也应依托事业单位、科研院所、行业协会、安全评价机构等技术支撑单位建立危化品企业安全生产标准化评审单位、咨询单位。

10. 各级安全监管部门要加强监督和指导危化品企业安全生产标准化评审、咨询单位工作，督促评审、咨询单位建立并执行评审和咨询质量管理机制。评审单位、咨询单位要每半年向服务企业所在地的省级安全监管部门报告本单位开展危化品企业安全生产标准化

评审、咨询服务的情况，及时向接受评审或咨询服务的企业所在地的市、县级安全监管部门报告企业存在的重大安全隐患。

**四、高度重视、积极推进，提高危险化学品安全监管执法水平**

11. 高度重视、积极推进。开展安全生产标准化是危化品企业遵守有关安全生产法律法规规定的有效措施，是持续改进安全生产条件、实现本质安全、建立安全生产长效机制的重要途径；是安全监管部门指导帮助危化品企业规范安全生产管理、提高安全管理水平和改善安全生产条件的有效手段。各级安全监管部门、危化品企业要充分认识安全生产标准化的重要意义，高度重视安全生产标准化对加强危化品安全生产基础工作的重要作用，积极推进，务求实效。

12. 各级安全监管部门要制定本地区开展危化品企业安全生产标准化的工作方案，将安全生产标准化达标工作纳入本地危险化学品安全监管工作计划，确保2012年底前所有危化品企业达到三级以上安全标准化水平。在开展安全生产标准化工作中，各级安全监管部门要指导监督危化品企业把着力点放在运用安全生产标准化规范企业安全管理和提高安全管理能力上，注重实际效果，严防走过场、走形式。要把未开展安全生产标准化或未达到安全生产标准化三级标准的危化品企业作为安全监管重点，加大执法检查频次，督促企业提高安全管理水平。

13. 危化品安全监管人员要掌握并运用好安全生产标准化评审通用标准，提高执法检查水平。安全生产标准化既是企业安全管理的工具，也是安全监管部门开展危化品安全监管执法检查的有效手段。各级安全监管部门特别是市、县级安全监管部门的安全监管人员要熟练掌握危化品安全生产标准化标准和评审通用标准，用标准化标准检查和指导企业安全管理，规范执法行为，统一检查标准，提高执法水平。

国家安全生产监督管理总局
二〇一一年二月十四日

# 16. 国家安全监督管理总局公告

## 2011 年 29 号

依据《危险化学品从业单位安全生产标准化评审标准》（安监总管三〔2011〕93 号）和《危险化学品从业单位安全生产标准化评审工作管理办法》（安监总管三〔2011〕145 号）等有关规定，经审查，确定了全国危险化学品从业单位安全生产标准化一级企业评审组织单位和评审单位。现予以公布。

二〇一一年十月十八日

## 全国危险化学品从业单位安全生产标准化一级企业
## 评审组织单位和评审单位名单

**一、评审组织单位**

中国安全生产协会。

**二、评审单位**

国家安全生产监督管理总局化学品登记中心，中国安全生产科学研究院，中国化学品安全协会。

# 17. 国家安全监管总局 中华全国总工会 共青团中央 关于深入开展企业安全生产标准化 岗位达标工作的指导意见

安监总管四〔2011〕82号

各省、自治区、直辖市及新疆生产建设兵团安全生产监督管理局、总工会、团委，各中央企业：

为贯彻落实《国务院关于进一步加强企业安全生产工作的通知》(国发〔2010〕23号)和《国务院办公厅关于继续深化"安全生产年"活动的通知》(国办发〔2011〕11号)精神，更加有效地推进企业安全生产标准化建设工作，指导各地企业深入开展岗位达标，强化安全生产基层基础工作。根据《国务院安委会关于深入开展企业安全生产标准化建设的指导意见》(安委〔2011〕4号)的要求，现就企业安全生产标准化岗位达标工作，提出以下意见：

## 一、岗位达标的重要性

（一）岗位达标是企业安全生产标准化的基本条件。岗位是企业安全管理的基本单元，在安全生产标准化建设过程中，应当通过考核、评定或鉴定等方式，对每个岗位作业人员的知识、技能、素质、操作、管理及其作业条件、现场环境等进行全面评价，确认是否达到岗位标准。只有每个岗位，尤其是基层操作岗位，将国家有关安全生产法律法规、标准规范和企业安全管理制度落到实处，实现岗位达标，才能真正实现企业达标。

（二）岗位达标是企业开展安全生产标准化建设工作的重要基础。目前工矿商贸行业中大部分企业为中小型企业，这些企业安全管理基础薄弱、事故隐患多，在开展安全生产标准化建设工作时，面临人才短缺、投入不足等实际困难，在逐步完善作业条件、改良安全设施和提高安全生产管理水平的同时，应从开展岗位达标入手，加强安全生产基础建设，重点解决岗位操作问题和作业现场管理问题，为实现企业达标奠定基础。

（三）岗位达标是企业防范事故的有效途径。据统计，企业生产安全事故多数是由"三违"(违章指挥、违规作业、违反劳动纪律)造成的。有效遏制较大以上事故、减少事故总量，必须落实各岗位的安全生产责任制，提高岗位人员的安全意识和操作技能，规范作业行为，实现岗位达标，减少和杜绝"三违"现象，全面提升现场安全管理水平，进而防范各类事故的发生。

## 二、岗位达标的目标

企业开展岗位达标工作，以基层操作岗位达标为核心，不断提高职工安全意识和操作技能，使职工做到"三不伤害"(不伤害自己、不伤害别人、不被别人伤害)；规范现场安全管理，实现岗位操作标准化，保障企业达标。

### 三、实现岗位达标的途径

（一）制定岗位标准，明确岗位达标要求

企业要结合各岗位的性质和特点，依据国家有关法律法规、标准规范制定各个岗位的岗位标准。岗位标准是该岗位人员作业的综合规范和要求，其内容必须具体全面、切实可行。岗位标准主要要求：

1. 岗位职责描述；

2. 岗位人员基本要求：年龄、学历、上岗资格证书、职业禁忌症等；

3. 岗位知识和技能要求：熟悉或掌握本岗位的危险有害因素（危险源）及其预防控制措施、安全操作规程、岗位关键点和主要工艺参数的控制、自救互救及应急处置措施等；

4. 行为安全要求：严格按操作规程进行作业，执行作业审批、交接班等规章制度，禁止各种不安全行为及与作业无关行为，对关键操作进行安全确认，不具备安全作业条件时拒绝作业等；

5. 装备护品要求：生产设备及其安全设施、工具的配置、使用、检查和维护，个体防护用品的配备和使用，应急设备器材的配备、使用和维护等；

6. 作业现场安全要求：作业现场清洁有序，作业环境中粉尘、有毒物质、噪声等浓度（强度）符合国家或行业标准要求，工具物品定置摆放，安全通道畅通，各类标识和安全标志醒目等；

7. 岗位管理要求：明确工作任务，强化岗位培训，开展隐患排查，加强安全检查，分析事故风险，铭记防范措施并严格落实到位；

8. 其他要求：结合本企业、专业及岗位的特点，提出的其他岗位安全生产要求。

企业要定期评审、修订和完善岗位标准，确保岗位标准持续符合安全生产的实际要求。在国家法律法规和标准规范、企业的生产工艺和设备设施、岗位职责等发生变化时，及时对岗位标准进行修订、完善。

（二）建立评定制度，确定达标评定程序

企业要建立岗位达标评定工作制度，对照岗位标准确定量化的评定指标，明确评定工作的方式、程序、评定结果处理等内容。企业岗位达标评定可以采用达标考试、岗位自评、班组互评、上级对下级评定、成立评定小组统一评定等方式进行。安全生产标准化评审单位在现场评审时，要按有关规定将岗位达标作为安全生产标准化的重要内容进行考评，对重要岗位和关键岗位的达标情况进行抽查。

（三）切实加强班组建设

将班组安全管理作为岗位达标的重要内容，从规范班前会、开展经常性的安全教育等班组安全活动入手，将各项安全管理措施落实到班组，将安全防范技能落实到每一个班组成员，强基固本，真正把生产经营筑牢在安全基础上。

（四）丰富达标形式，推动岗位达标创新

企业可采取开展班组建设活动、危险预知训练、岗位大练兵、岗位技术比武、全员持证上岗、师傅传帮带等切合实际、形式多样的活动，营造"全员参与岗位达标，人人实现岗位安全"的活动氛围，不断提升职工的安全素质，推动岗位达标工作。

### 四、岗位达标的保障措施

**（一）落实企业责任，规范岗位达标**

企业是岗位达标的主体，要切实加强对岗位达标工作的领导，紧密结合生产经营实际，突出重点岗位和关键环节，组织制定本企业推进岗位达标工作的方案，并建立有关岗位达标工作制度，定期组织开展岗位达标工作检查，做到"岗位有职责、作业有程序、操作有标准、过程有记录、绩效有考核、改进有保障"，提高达标质量，确保岗位达标工作持续、有效地开展。

**（二）加大宣教力度，提升岗位技能**

各企业要增强岗位教育培训尤其是基层岗位教育培训的针对性，使职工具备危险预知能力、应急处置能力、安全操作技能等，自觉抵制"三违"行为。企业要充分利用班前班后会、安全讲座、安全知识竞赛和安全日活动等各种方式，开展经常性、职工喜闻乐见的安全教育培训，不断强化和提升职工安全素质。

**（三）制定奖罚措施，促进岗位达标**

各企业要建立并完善企业岗位达标工作的激励和约束机制，制定具体的奖罚措施，将岗位达标与职工薪酬福利、职位晋升、评先评优等挂钩；对规定期限内不达标的，采取重新培训、调岗、待岗等措施。

**（四）加大安全投入，创造达标条件**

各企业要加大安全投入，为开展岗位达标工作提供人、财、物等方面的条件，确保作业环境、安全设施、人员防护等方面符合国家有关法律法规和标准规范的要求，为岗位达标以及现场标准化创造条件。

**（五）树立典型示范，引领岗位达标**

各企业要在岗位达标工作中，积极总结经验，学习借鉴其他企业岗位达标工作的经验和做法，在企业内树立岗位达标的典型，鼓励职工互帮互学，开创你追我赶、争创岗位达标的局面，进一步推动和促进岗位达标。

**（六）加强工作指导，推动岗位达标**

各级安全监管部门要把岗位达标作为安全生产标准化建设的一项重要内容，加强本意见的宣贯工作，抓好企业负责人的业务培训；加强指导和组织协调，强化对企业岗位达标工作的监督检查，指导督促企业落实岗位达标的要求；适时总结和推广岗位达标工作中的成功经验和做法，为企业之间相互交流学习提供渠道和平台；充分利用电视、广播、报纸等新闻媒体，加强岗位达标的宣传，营造良好的舆论氛围。

各级工会组织要充分发挥引导职能，组织技能比赛、技术比武、师徒帮教、岗位练兵等活动，推广选树"金牌工人""首席职工""创新能手""创新示范岗"的经验，结合创建"工人先锋号""安康杯"竞赛等活动，不断提高员工安全意识和安全技能；要发挥安全生产监督检查职能，加强对岗位达标的检查，推动岗位达标。

　　各级团组织要深入推进青年文明号、青年岗位能手、青工技能振兴计划，开展"争创青年安全生产示范岗"活动，激励引导广大青年职工强化安全生产意识，提高安全生产技能，促进岗位达标。

　　各省级安全监管部门、工会和共青团组织要加强领导，创新工作思路和工作方式，认真贯彻落实本意见要求，并于 2011 年 12 月底前将岗位达标落实情况报国家安全监管总局、中华全国总工会、共青团中央。国家安全监管总局、中华全国总工会和共青团中央将适时联合组织开展贯彻落实本意见情况的检查，总结经验，表彰先进，推动工作。

国家安全监管总局
中华全国总工会
共青团中央
二〇一一年五月三十日

# 18. 国家安全监管总局关于印发危险化学品从业单位安全生产标准化评审标准的通知

安监总管三〔2011〕93 号

各省、自治区、直辖市及新疆生产建设兵团安全生产监督管理局，有关中央企业：

为深入贯彻落实《国务院关于进一步加强企业安全生产工作的通知》（国发〔2010〕23号）和《国务院安委会关于深入开展企业安全生产标准化建设的指导意见》（安委〔2011〕4号）精神，进一步促进危险化学品从业单位安全生产标准化工作的规范化、科学化，根据《企业安全生产标准化基本规范（AQ/T 9006—2010）》和《危险化学品从业单位安全生产标准化通用规范（AQ 3013—2008）》的要求，国家安全监管总局制定了《危险化学品从业单位安全生产标准化评审标准》（以下简称《评审标准》），现印发你们，请遵照执行，并就有关事项通知如下：

**一、申请安全生产标准化达标评审的条件**

（一）申请安全生产标准化三级企业达标评审的条件

1. 已依法取得有关法律、行政法规规定的相应安全生产行政许可；

2. 已开展安全生产标准化工作1年（含）以上，并按规定进行自评，自评得分在80分（含）以上，且每个A级要素自评得分均在60分（含）以上；

3. 至申请之日前1年内未发生人员死亡的生产安全事故或者造成1000万以上直接经济损失的爆炸、火灾、泄漏、中毒事故。

（二）申请安全生产标准化二级企业达标评审的条件

1. 已通过安全生产标准化三级企业评审并持续运行2年（含）以上，或者安全生产标准化三级企业评审得分在90分（含）以上，并经市级安全监管部门同意，均可申请安全生产标准化二级企业评审；

2. 从事危险化学品生产、储存、使用（使用危险化学品从事生产并且使用量达到一定数量的化工企业）、经营活动5年（含）以上且至申请之日前3年内未发生人员死亡的生产安全事故，或者10人以上重伤事故，或者1000万元以上直接经济损失的爆炸、火灾、泄漏、中毒事故。

（三）申请安全生产标准化一级企业达标评审的条件

1. 已通过安全生产标准化二级企业评审并持续运行2年（含）以上，或者装备设施和安全管理达到国内先进水平，经集团公司推荐、省级安全监管部门同意，均可申请一级企业评审；

2. 至申请之日前5年内未发生人员死亡的生产安全事故(含承包商事故),或者10人以上重伤事故(含承包商事故),或者1000万元以上直接经济损失的爆炸、火灾、泄漏、中毒事故(含承包商事故)。

## 二、工作要求

(一)深入宣传和学习《评审标准》。各地区、各单位要加大《评审标准》宣传贯彻力度,使各级安全监管人员、评审人员、咨询人员和从业人员准确把握《评审标准》的基本内容和应用方法;要把宣传贯彻《评审标准》作为危险化学品企业提高安全生产标准化工作水平的有力工具,以及安全监管部门推动企业落实安全生产主体责任的有效手段。

(二)及时充实完善《评审标准》。考虑到各地区危险化学品安全监管工作的差异性和特殊性,《评审标准》把最后一个要素设置为开放要素,由各地区结合本地实际进行充实。各省级安全监管局要根据本地区危险化学品行业特点,将本地区关于安全生产条件尤其是安全设备设施、工艺条件等方面的有关具体要求纳入其中,形成地方特殊要求。

(三)严格落实《评审标准》。《评审标准》是考核危险化学品企业安全生产标准化工作水平的统一标准。企业要按照《评审标准》的要求,全面开展安全生产标准化工作。评审单位和咨询单位要严格按照《评审标准》开展安全生产标准化评审和咨询指导工作,提高服务质量。各级安全监管人员要依据《评审标准》,对企业进行监管和指导,规范监管行为。

国家安全生产监督管理总局

二〇一一年六月二十日

## 附件

### 危险化学品从业单位安全生产标准化评审标准

| A级要素 | B级要素 | 标准化要求 | 企业达标标准 | 评审方法 | 评审标准 | |
|---|---|---|---|---|---|---|
| | | | | | 否决项 | 扣分项 |
| 1 法律、法规和标准（100分） | 1.1 法律、法规和标准的识别和获取（50分） | 1. 企业应建立识别和获取适用的安全生产法律、法规、标准及其他要求的管理制度，明确责任部门，确定获取渠道、方式和时机，及时识别和获取，定期更新。 | 1. 建立识别和获取适用的安全生产法律法规、标准及政府其他有关要求的管理制度；<br>2. 明确责任部门、获取渠道、方式；<br>3. 及时识别和获取适用的安全生产法律法规和标准及政府其他有关要求；<br>4. 形成法律法规、标准及政府其他有关要求的清单和文本数据库，并定期更新。 | 查文件：<br>1. 识别和获取适用的安全生产法律、法规、标准及政府其他要求的制度；<br>2. 适用的法律法规、标准及政府其他要求的清单和文本数据库；<br>3. 定期更新记录。 | 未明确专门部门定期识别和获取，扣50分（B级要素否决项）。 | 1. 识别和获取的法律、法规、标准及政府其他要求，一项不符合扣1分；<br>2. 法律法规、标准及政府其他要求未识别到条款，一项扣1分；<br>3. 未形成清单或文本数据库，扣5分；<br>4. 未及时更新清单或文本数据库，扣5分。 |
| | | 2. 企业应将适用的安全生产法律、法规、标准及其他要求及时传达给相关方。 | 采用适当的方式、方法，将适用的安全生产法律、法规、标准及其他要求及时传达给相关方。 | 查文件：<br>1. 文件发放记录；<br>2. 培训记录、告知书、宣传材料。<br>询问：<br>相关方是否接收到企业传达的相关信息。 | | 未及时将适用的法律、法规、标准及其他要求向相关方进行传达，一项不符合扣1分。 |
| | 1.2 法律、法规和标准符合性评价（50分） | 企业应每年至少1次对适用的安全生产法律、法规、标准及其他要求的执行情况进行符合性评价，消除违规现象和行为。 | 1. 每年至少1次对适用的安全生产法律、法规、标准及其他有关要求的执行情况进行符合性评价；<br>2. 对评价出的不符合项进行原因分析，制定整改计划和措施；<br>3. 编制符合性评价报告。 | 查文件：<br>1. 符合性评价报告、记录；<br>2. 不符合项整改记录。 | 未进行符合性评价，扣50分（B级要素否决项）。 | 1. 未编制符合性评价报告，扣5分；<br>2. 未对所有适用的法律、法规、标准及其他有关要求进行评价，一项扣2分；<br>3. 对评价出的不符合项未进行原因分析的，一项扣2分；未制定整改计划或整改措施，或整改措施不落实，一项扣2分。 |

续表

| A级要素 | B级要素 | 标准化要求 | 企业达标标准 | 评审方法 | 评审标准 否决项 | 评审标准 扣分项 |
|---|---|---|---|---|---|---|
| 2 机构和职责（100分） | 2.1 方针目标（20分） | 1. 企业应坚持"安全第一，预防为主，综合治理"的安全生产方针。主要负责人应依据国家法律法规，结合企业实际，组织制定文件化的安全生产方针和目标。安全生产方针和目标应满足：（1）形成文件，并得到所有从业人员的贯彻和实施；（2）符合或严于相关法律法规的要求；（3）与企业的职业安全健康风险相适应；（4）目标予以量化；（5）公众易于获得。 | 1. 主要负责人组织制定符合本企业实际的、文件化的安全生产方针；2. 主要负责人组织制定符合企业实际的、文件化的年度安全生产目标；3. 安全生产目标应满足：（1）形成文件，并得到所有从业人员的贯彻和实施；（2）符合或严于相关法律法规的要求；（3）与企业的职业安全健康风险相适应；（4）根据安全生产目标制定量化的安全生产工作指标；（5）应以公众易于获得的方式发布安全生产目标。 | 查文件：安全生产方针，年度安全生产目标。询问：抽查从业人员是否知道本企业安全生产方针和安全生产目标。现场检查：安全生产方针和安全生产目标告知情况。 | 未制定安全生产方针或年度安全生产目标，扣20分（B级要素否决项）。 | 1. 缺一项扣2分；2. 安全生产目标不满足标准要求，一项不符合扣1分；3. 从业人员不了解安全生产方针或安全生产目标，1人次扣1分；4. 没有制定安全生产工作指标或指标未进行量化，扣2分；5. 发布安全生产目标的方式不符合公众易于获得的要求，扣2分。 |
| | | 2. 企业应签订各级组织的安全目标责任书，确定量化的年度安全工作目标，并予以考核。企业各级组织应制定年度安全工作计划，以保证年度安全工作目标的有效完成。 | 1. 将企业年度安全目标分解到各级组织（包括各个管理部门、车间、班组），签订安全生产目标责任书；2. 定期考核安全生产目标完成情况；3. 企业及各级组织应制定切实可行的年度安全生产工作计划。 | 查文件：1. 企业的年度安全生产目标和安全生产工作计划；2. 各级组织的安全生产目标责任书；3. 各级组织年度安全生产工作计划；4. 安全生产目标责任书的考核与奖惩记录。询问：1. 主要负责人及各级组织负责人是否了解各自安全生产目标；2. 抽查从业人员是否了解本组织的安全生产目标。 | 未签订各级组织的安全目标责任书，扣20分（B级要素否决项）。 | 1. 每缺一个组织的安全生产目标责任书，扣2分；2. 安全生产目标责任书内容与本组织的安全生产职责不符，扣1分；3. 企业未制定年度安全生产工作计划，扣4分；各级组织未制定年度安全生产工作计划，缺一个组织扣2分；4. 未定期考核，扣4分；考核与安全生产目标责任书内容不符，扣2分；5. 未落实安全生产目标考核奖惩，扣2分；6. 有关人员不了解本组织的安全生产目标，1人次扣1分。 |

| A级要素 | B级要素 | 标准化要求 | 企业达标标准 | 评审方法 | 评审标准 | |
|---|---|---|---|---|---|---|
| | | | | | 否决项 | 扣分项 |
| 2 机构和职责（100分） | 2.2 负责人（20分） | 1. 企业主要负责人是本单位安全生产的第一责任人，应全面负责安全生产工作，落实安全生产基础和基层工作。 | 1. 明确企业主要负责人是安全生产第一责任人；<br>2. 主要负责人对本单位的危险化学品安全管理工作全面负责，落实安全生产基础与基层工作。 | 查文件：<br>安全生产责任制。<br>询问：<br>1. 主要负责人的安全生产职责；<br>2. 对本单位的危险化学品安全管理工作情况；<br>3. 本单位安全生产基础和基层工作情况和做法。 | 未明确第一责任人，或不符合规定，扣20分（B级要素否决项）。 | 主要负责人对本单位的危险化学品安全管理工作情况、对安全生产基础管理工作情况不清楚，扣5分。 |
| | | 2. 企业主要负责人应组织实施安全标准化，建设企业安全文化。 | 1. 主要负责人组织开展安全生产标准化建设；<br>2. 制定安全生产标准化实施方案，明确实施时间、计划、责任部门和责任人；<br>3. 制定安全文化建设计划或方案。 | 查文件：<br>1. 查企业安全生产标准化实施方案；<br>2. 主要负责人组织和参与安全生产标准化建设的记录；<br>3. 安全文化建设计划或方案。 | | 1. 安全生产标准化实施方案内容，一项不符合扣2分；<br>2. 无主要负责人组织或参与安全生产标准化记录，扣3分；<br>3. 未制定安全文化建设计划或方案，扣2分。 |
| | | | 二级企业应初步形成安全文化体系。 | 查文件：<br>安全文化体系有关文件。<br>询问：<br>主要负责人及有关人员对安全文化内容掌握情况。 | 二级企业未初步形成安全文化体系，扣100分（A级要素否决项）。 | |
| | | | 一级企业有效运行安全文化体系。 | 查文件：<br>安全文化体系有关文件。<br>询问：<br>主要负责人及有关人员对安全文化内容掌握情况。<br>现场检查：<br>现场检查安全文化运行效果。 | 一级企业未有效运行安全文化体系，扣100分（A级要素否决项）。 | |

续表

| A级<br>要素 | B级<br>要素 | 标准化要求 | 企业达标标准 | 评审方法 | 评审标准 | |
|---|---|---|---|---|---|---|
| | | | | | 否决项 | 扣分项 |
| 2 机构<br>和职责<br>(100分) | 2.2<br>负责人<br>(20分) | 3. 企业主要负责人应作出明确的、公开的、文件化的安全承诺,并确保安全承诺转变为必需的资源支持。 | 1. 安全承诺的内容应明确、公开、文件化;<br>2. 主要负责人应确保安全生产标准化所需的资金、人员、时间、设备设施等资源。 | **查文件:**<br>1. 主要负责人安全承诺书;<br>2. 资源配备文件及使用记录。<br>**询问:**<br>1. 主要负责人如何提供资源支持;<br>2. 从业人员是否知道主要负责人的安全承诺。<br>**现场检查:**<br>安全承诺告知情况。 | | 1. 主要负责人未作出安全承诺,扣10分;<br>2. 安全承诺未明确、公开、文件化,一项不符合扣2分;<br>3. 资源支持、配备不充分,一项不符合扣2分;<br>4. 从业人员不清楚主要负责人的安全承诺,1人次扣1分。 |
| | | 4. 企业主要负责人应定期组织召开安全生产委员会或领导小组会议(以下简称安委会)。 | 主要负责人定期组织召开安委会会议,或定期听取安全生产工作情况汇报,了解安全生产状况,解决安全生产问题。 | **查文件:**<br>1. 查安委会会议记录或纪要;<br>2. 安全生产工作汇报资料。<br>**询问:**<br>主要负责人听取安全生产工作汇报的情况。 | | 1. 主要负责人未定期召开安委会会议或听取汇报,扣10分;<br>2. 未形成会议记录或纪要,扣2分;<br>3. 安全生产问题未及时解决,一项不符合扣2分。 |
| | | | 1. 落实领导干部带班制度;<br>2. 主要负责人要对领导干部带班负全责。 | **查文件:**<br>1. 领导干部带班制度;<br>2. 领导干部带班记录及考核记录。<br>**询问:**<br>主要负责人等有关负责人了解和执行带班制度的情况。 | 未实施领导干部带班,扣**20分**(**B级要素否决项**)。 | 1. 领导干部无故不参加带班,1人次扣2分;<br>2. 带班记录一项不符合扣1分;<br>3. 未按规定进行领导带班制度执行情况考核,扣2分;<br>4. 主要负责人不清楚领导干部带班情况,扣2分。 |

续表

| A级<br>要素 | B级<br>要素 | 标准化要求 | 企业达标标准 | 评审方法 | 评审标准 | |
|---|---|---|---|---|---|---|
| | | | | | 否决项 | 扣分项 |
| 2 机构<br>和职责<br>(100分) | 2.3<br>职责<br>(30分) | 1. 企业应制定安委会和管理部门的安全职责。 | 制定安委会和各管理部门及基层单位的安全职责。 | **查文件：**<br>安全生产责任制文件及内容。<br>**询问：**<br>各管理部门及基层单位负责人是否清楚本部门安全职责。 | | 1. 缺少一个管理部门或基层单位的安全职责，扣2分；<br>2. 安全生产责任制内容与部门安全职责不符合，一项扣2分；<br>3. 主要负责人不清楚安委会安全职责，扣10分；<br>4. 有关人员不了解本部门安全职责，1人次扣2分；<br>5. 缺少安委会的安全职责，扣10分。 |
| | | 2. 企业应制定主要负责人、各级管理人员和从业人员的安全职责。 | 1. 明确主要负责人安全职责，对《安全生产法》规定的主要负责人安全职责进行细化；<br>2. 明确各级管理人员的安全职责，做到"一岗一责"；<br>3. 明确从业人员安全职责，做到"一岗一责"。 | **查文件：**<br>安全生产责任制。<br>**询问：**<br>1. 主要负责人是否了解《安全生产法》规定的安全职责和细化后的安全职责内容；<br>2. 各级管理人员、从业人员对各自职责是否清楚。 | **1.** 未建立安全生产责任制，扣100分（A级要素否决项）；<br>**2.** 主要负责人对其安全职责不清楚，扣30分（B级要素否决项）。 | 1. 安全职责与其所在岗位职责不符合，一项扣2分；<br>2. 其他人员对其安全职责不清楚，1人次扣2分。 |
| | | 3. 企业应建立安全生产责任制考核机制，对各级管理部门、管理人员及从业人员安全职责的履行情况和安全生产责任制的实现情况进行定期考核，予以奖惩。 | 1. 建立安全生产责任制考核机制；<br>2. 对企业负责人、各级管理部门、管理人员及从业人员安全生产责任制进行定期考核，予以奖惩。 | **查文件：**<br>1. 安全生产责任制考核制度；<br>2. 考核、奖惩决定文件，及奖惩兑现情况。<br>**现场检查：**<br>财务记录、行政文件。 | 未建立安全责任制考核机制，扣30分（B级要素否决项）。 | 未按考核制度对企业负责人、各级管理部门和从业人员的安全责任制进行定期考核，予以奖惩，一项不符合扣2分。 |

| A级<br>要素 | B级<br>要素 | 标准化要求 | 企业达标标准 | 评审方法 | 评审标准 | |
|---|---|---|---|---|---|---|
| | | | | | 否决项 | 扣分项 |
| 2 机构<br>和职责<br>(100分) | 2.3<br>职责<br>(30分) | | 二级企业建立了健全的安全生产责任制和安全生产规章制度体系，并能够持续改进。 | **查文件：**<br>安全生产责任制和安全生产规章制度文件。 | 不符合，扣**100分**（A级要素否决项）。 | |
| | 2.4<br>组织机构<br>(20分) | 1. 企业应设置安委会，设置安全生产管理部门或配备专职安全生产管理人员，并按规定配备注册安全工程师。 | 1. 设置安委会；<br>2. 设置安全管理机构或配备专职安全管理人员。安全生产管理机构要具备相对独立职能。专职安全生产管理人员应不少于企业员工总数的2%（不足50人的企业至少配备1人），要具备化工或安全管理相关专业中专以上学历，有从事化工生产相关工作2年以上经历；<br>3. 按规定配备注册安全工程师，且至少有一名具有3年化工安全生产经历；或委托安全生产中介机构选派注册安全工程师提供安全生产管理服务。 | **查文件：**<br>1. 安委会、安全生产管理部门或专职安全管理人员配备文件。<br>2. 注册安全工程师配备或委托文件。<br>3. 安全生产管理人员的学历、工作经历。<br>4. 与提供安全生产管理服务的中介机构签订的协议(合同)。 | 未设置安委会、安全生产管理部门或配备专职安全管理人员，扣100分（A级要素否决项）。 | 1. 专职安全管理人员配备不符合要求，一项扣2分；<br>2. 未按规定配备注册安全工程师，或未按规定委托中介机构，扣2分；<br>3. 注册安全工程师不具有化工安全生产经历，扣1分。 |
| | | 2. 企业应根据生产经营规模大小，设置相应的管理部门。 | 1. 根据生产经营规模设置相应管理部门；<br>2. 生产、储存剧毒化学品、易制毒危险化学品的单位，应当设置治安保卫机构，配备专职治安保卫人员。 | **查文件：**<br>1. 管理部门设置文件。<br>2. 治安保卫部门设置及专职治安保卫人员配置文件。 | | 1. 机构设置与企业生产经营规模不符，扣2分；<br>2. 未设置治安保卫机构或配备专职治安保卫人员，一项扣1分。 |

续表

| A级要素 | B级要素 | 标准化要求 | 企业达标标准 | 评审方法 | 评审标准 | |
|---|---|---|---|---|---|---|
| | | | | | 否决项 | 扣分项 |
| 2 机构和职责（100分） | 2.4 组织机构（20分） | 3. 企业应建立、健全从安委会到基层班组的安全生产管理网络。 | 建立从安全生产委员会到管理部门、车间、基层班组的安全生产管理网络，各级机构要配备负责安全生产的人员。 | **查文件：**建立安全生产委员会、管理部门、车间、基层班组的安全生产管理网络的文件。**询问：**有关人员是否了解安全生产管理网络构成。 | | 1. 未建立安全生产管理网络，扣2分。 2. 安全生产管理网络中每缺1个单位或1个单位未明确安全管理人员，一项扣2分； 3. 有关人员不清楚安全生产管理网络构成，1人次扣1分。 |
| | 2.5 安全生产投入（10分） | 1. 企业应依据国家、当地政府的有关安全生产费用提取规定，自行提取安全生产费用，专项用于安全生产。 | 根据国家及当地政府规定，建立和落实安全生产费用管理制度，确保安全生产需要。 | **查文件：**安全生产费用管理制度。 | 未按有关规定投入安全生产费用，扣10分（B级要素否决项）。 | 安全生产费用管理制度内容不符合有关规定，一项扣1分。 |
| | | 2. 企业应按照规定的安全生产费用使用范围，合理使用安全生产费用，建立安全生产费用台账。 | 1. 按照国家及地方规定合理使用安全生产费用； 2. 建立安全生产费用台账，载明安全生产费用使用情况。 | **查文件：**1. 安全生产费用管理制度； 2. 安全生产费用台账。**询问：**安全生产费用管理部门对安全生产费用使用情况。**现场检查：**安全生产费用使用情况与台账记录是否符合。 | | 1. 未规定安全生产费用使用范围，扣5分； 2. 未建立安全生产费用台账，扣2分； 3. 安全生产费用台账内容与规定要求不符，一项扣1分； 4. 安全生产费用使用情况与台账记录不符，一项扣1分。 |
| | | 3. 企业应依法参加工伤保险或安全责任险，为从业人员缴纳保险费。 | 依法参加工伤保险，为全体从业人员缴纳保险费。 | **查文件：**企业为从业人员交纳保险凭证。 | | 未参加工伤社会保险，扣5分；每漏缴工伤保险费1人次扣1分。 |
| | | | 实行全员安全风险抵押金制度或安全责任保险。 | **查文件：**风险抵押或安全责任保险考核记录。 | | 未考核兑现，扣2分。 |

续表

| A级要素 | B级要素 | 标准化要求 | 企业达标标准 | 评审方法 | 评审标准 | |
|---|---|---|---|---|---|---|
| | | | | | 否决项 | 扣分项 |
| 3 风险管理（100分） | 3.1 范围与评价方法（10分） | 1. 企业应组织制定风险评价管理制度，明确风险评价的目的、范围和准则。<br>2. 明确各部门及有关人员在开展风险评价过程中的职责和任务。 | 1. 制定风险评价管理制度，并明确风险评价的目的、范围、频次、准则及工作程序；<br>2. 明确各部门及有关人员在开展风险评价过程中的职责和任务。 | **查文件：**<br>风险评价管理制度，各部门和有关人员的职责与任务。<br>**询问：**<br>1. 企业负责人组织开展风险评价工作的情况；<br>2. 从业人员是否了解风险评价制度的有关内容。 | | 1. 未制定风险评价管理制度，或未明确风险评价的目的、频次、准则及工作程序，一项不符合扣1分；<br>2. 未明确各部门及有关人员的职责和任务，一项不符合扣1分；<br>3. 企业负责人没有组织开展风险评价工作，或不了解风险评价工作情况，一项不符合扣2分；<br>4. 从业人员不了解风险评价制度内容，1人次扣1分。 |
| | | 2. 企业风险评价的范围应包括：<br>（1）规划、设计和建设、投产、运行等阶段；<br>（2）常规和非常规活动；<br>（3）事故及潜在的紧急情况；<br>（4）所有进入作业场所人员的活动；<br>（5）原材料、产品的运输和使用过程；<br>（6）作业场所的设施、设备、车辆、安全防护用品；<br>（7）丢弃、废弃、拆除与处置；<br>（8）企业周围环境；<br>（9）气候、地震及其他自然灾害等。 | 风险评价范围满足标准要求。 | **查文件：**<br>1. 风险评价记录；<br>2. 风险评价管理制度。 | | 风险评价范围不符合标准要求，一项扣1分。 |

续表

| A级要素 | B级要素 | 标准化要求 | 企业达标标准 | 评审方法 | 评审标准 | |
|---|---|---|---|---|---|---|
| | | | | | 否决项 | 扣分项 |
| 3　风险管理（100分） | 3.1 范围与评价方法（10分） | 3. 企业可根据需要，选择科学、有效、可行的风险评价方法。常用的评价方法有：<br>（1）工作危害分析（JHA）；<br>（2）安全检查表分析（SCL）；<br>（3）预危险性分析（PHA）；<br>（4）危险与可操作性分析（HAZOP）；<br>（5）失效模式与影响分析（FMEA）；<br>（6）故障树分析（FTA）；<br>（7）事件树分析（ETA）；<br>（8）作业条件危险性分析（LEC）等方法。 | 1. 可选用 JHA 法对作业活动、SCL 法对设备设施（安全生产条件）进行危险、有害因素识别和风险评价；<br>2. 可选用 HAZOP 法对危险性工艺进行危险、有害因素识别和风险评价；<br>3. 选用其他方法对相关方面进行危险、有害因素识别和风险评价。 | **查文件：**<br>1. 风险管理制度；<br>2. 风险评价记录；<br>3. 选用的风险评价方法。<br>**询问：**<br>　有关人员对风险评价方法的掌握和运用情况。 | | 1. 未规定选用何种风险评价方法，扣2分；<br>2. 有关人员不清楚或未掌握选定的风险评价方法，1人次扣1分。 |
| | | 4. 企业应依据以下内容制定风险评价准则：<br>（1）有关安全生产法律、法规；<br>（2）设计规范、技术标准；<br>（3）企业的安全管理标准、技术标准；<br>（4）企业的安全生产方针和目标等。 | 1. 根据企业的实际情况制定风险评价准则；<br>2. 评价准则应符合有关标准规范规定；<br>3. 评价准则应包括事件发生可能性、严重性的取值标准以及风险等级的评定标准。 | **查文件：**<br>　风险管理制度、风险评价准则和相关取值标准的内容。 | | 1. 未根据实际制定风险评价准则，扣2分；<br>2. 风险评价准则不符合标准规定，一项扣1分；<br>3. 风险评价涉及的事件发生可能性、严重性的取值标准不明确，或风险等级评定标准不明确，一项扣2分。 |
| | 3.2 风险评价（10分） | 1. 企业应依据风险评价准则，选定合适的评价方法，定期和及时对作业活动和设备设施进行危险、有害因素识别和风险评价。企业在进行风险评价时，应从影响人、财产和环境等三个方面的可能性和严重程度分析。 | 1. 建立作业活动清单和设备、设施清单；<br>2. 根据规定的频次和时机，开展危险、有害因素辨识、风险评价；<br>3. 从影响人、财产和环境等三个方面的可能性和严重性进行评价。 | **查文件：**<br>1. 作业活动清单、设备、设施清单；<br>2. 风险评价记录；<br>3. 风险评价报告。<br>**现场检查：**<br>　从业人员参与风险评价活动的情况。 | **未按规定的频次和时机开展风险评价，扣10分（B级要素否决项）。** | 1. 未建立作业活动清单、设备设施清单，每一项不符合扣1分；<br>2. 危险、有害因素识别、评价不全面或不正确，一项扣1分。 |

续表

| A级要素 | B级要素 | 标准化要求 | 企业达标标准 | 评审方法 | 评审标准 否决项 | 评审标准 扣分项 |
|---|---|---|---|---|---|---|
| 3 风险管理 (100分) | 3.2 风险评价 (10分) | 2. 企业各级管理人员应参与风险评价工作,鼓励从业人员积极参与风险评价和风险控制。 | 1. 厂级评价组织应有企业负责人参加; 2. 车间级评价组织应有车间负责人参加; 3. 所有从业人员应参与风险评价和风险控制。 | 查文件: 1. 各级机构组织开展风险评价的有关文件; 2. 风险分析记录、风险评价报告; 3. 风险评价有关会议记录或纪要。 询问: 有关企业负责人及从业人员是否参与风险评价工作。 | | 1. 没有组织开展风险评价的文件,一项扣2分; 2. 各级管理人员及从业人员未参与风险评价工作,1人次扣1分。 |
| | 3.3 风险控制 (15分) | 1. 企业应根据风险评价结果及经营运行情况等,确定不可接受的风险,制定并落实控制措施,将风险尤其是重大风险控制在可以接受的程度。企业在选择风险控制措施时: 1)应考虑: (1)可行性; (2)安全性; (3)可靠性。 2)应包括: (1)工程技术措施; (2)管理措施; (3)培训教育措施; (4)个体防护措施。 | 1. 根据风险评价的结果,建立重大风险清单; 2. 结合实际情况,确定优先顺序,制定措施减少风险,将风险控制在可以接受的程度; 3. 风险控制措施符合标准要求。 | 查文件: 1. 重大风险清单; 2. 风险控制措施; 3. 风险评价记录,风险评价报告。 现场检查: 重大风险控制措施现场落实情况。 | **未将重大风险降到可以接受的程度,扣15分(B级否决项)。** | 1. 未建立重大风险清单,扣1分; 2. 风险控制措施缺乏针对性、可操作性和可靠性,一项扣1分。 |
| | | 2. 企业应将风险评价的结果及所采取的控制措施对从业人员进行宣传、培训,使其熟悉工作岗位和作业环境中存在的危险、有害因素,掌握、落实应采取的控制措施。 | 1. 制定风险管理培训计划; 2. 按计划开展宣传、培训。 | 查文件: 1. 风险管理培训教育计划; 2. 风险管理培训教育记录。 询问: 从业人员是否知道本岗位的危险、有害因素及应采取的控制措施。 | | 1. 没有风险管理培训教育计划,或培训教育记录缺少风险评价内容,一项扣2分; 2. 从业人员不了解本岗位风险及其控制措施,1人次扣2分。 |

续表

| A级要素 | B级要素 | 标准化要求 | 企业达标标准 | 评审方法 | 评审标准 | |
|---|---|---|---|---|---|---|
| | | | | | 否决项 | 扣分项 |
| 3 风险管理（100分） | 3.4 隐患排查与治理（20分） | 1. 企业应对风险评价出的隐患项目，下达隐患治理通知，限期治理，做到定治理措施、定负责人、定资金来源、定治理期限。企业应建立隐患治理台账。 | 1. 建立隐患治理台账；2. 对查出的每个隐患都下达隐患治理通知，明确责任人、治理时限；3. 重大隐患项目做到整改措施、责任、资金、时限和预案"五到位"；4. 按期完成隐患治理。 | 查文件：1. 隐患治理制度；2. 隐患治理台账；3. 隐患治理记录；4. 重大隐患治理工作"五到位"落实情况。 | | 1. 未建立隐患治理台账，扣5分；2. 未向相关部门下达隐患治理通知，一项扣2分；3. 通知内容不符合要求，一项扣1分；4. 重大隐患项目未做到"五到位"，一项扣1分；5. 隐患项目未按期治理，一项扣5分。 |
| | | 2. 企业应对确定的重大隐患项目建立档案，档案内容应包括：(1)评价报告与技术结论；(2)评审意见；(3)隐患治理方案，包括资金概算情况等；(4)治理时间表和责任人；(5)竣工验收报告；(6)备案文件。 | 建立重大隐患项目档案，包括隐患名称、标准要求内容及"五到位"等内容。 | 查文件：重大隐患项目档案。 | | 1. 未建立重大隐患项目档案，扣5分；2. 档案内容不全，缺一项扣2分。 |
| | | 3. 企业无力解决的重大事故隐患，除应书面向企业直接主管部门和当地政府报告外，应采取有效防范措施。 | 1. 暂时无力解决的重大事故隐患，应制定并落实有效的防范措施；2. 书面向主管部门和当地政府、安全监管部门报告，报告要说明无力解决的原因和采取的防范措施。 | 查文件：1. 重大事故隐患的防范措施；2. 书面报告。 | 未书面向主管部门和当地政府、安全监管部门报告扣20分（B级要素否决项）。 | 未采取有效防范措施，扣5分。 |
| | | 4. 企业对不具备整改条件的重大事故隐患，必须采取防范措施，并纳入计划，限期解决或停产。 | 1. 不具备整改条件的重大事故隐患，必须采取防范措施；2. 纳入隐患整改计划，限期解决或停产；3. 书面向主管部门和当地政府、安全监管部门报告，报告要说明不具备整改条件的原因、整改计划和防范措施等。 | 查文件：1. 重大事故隐患的防范措施；2. 隐患整改计划。 | 1. 不具备整改条件的重大事故隐患，未采取防范措施，或未纳入计划，或未限期解决或停产，一项不符合扣20分 | |

续表

| A级要素 | B级要素 | 标准化要求 | 企业达标标准 | 评审方法 | 评审标准 | |
|---|---|---|---|---|---|---|
| | | | | | 否决项 | 扣分项 |
| | 3.4 隐患排查与治理(20分) | | | | (B级要素否决);<br>2. 未书面向主管部门和当地政府、安全监管部门报告扣20分(B级要素否决)。 | |
| | | | 二级企业符合本要素要求,不得失分,不存在重大隐患。 | **查文件:**<br>本要素涉及的文件。<br>**现场检查:**<br>现场检查是否存在重大隐患。 | 二级企业本要素若失分,或存在重大隐患,扣100分(A级要素否决项)。 | |
| 3 风险管理(100分) | | | 一级企业建立安全生产预警预报体系。 | **查文件:**<br>安全生产预警预报体系有关文件。<br>**现场检查:**<br>现场检查体系运行情况。 | 一级企业未建立安全预警预报体系,扣100分(A级要素否决项)。 | |
| | 3.5 重大危险源(20分) | 1. 企业应按照GB 18218辨识并确定重大危险源,建立重大危险源档案。 | 1. 按照GB 18218辨识并确定重大危险源;<br>2. 建立重大危险源档案,包括:辨识、分级记录;重大危险源基本特征表;区域位置图、平面布置图、工艺流程图和主要设备一览表;重大危险源安全管理制度及安全操作规程;安全监测监控系统、措施说明;事故应急预案;安全评价报告或安全评估报告。 | **查文件:**<br>1. 重大危险源管理制度的建立和执行情况;<br>2. 安全评价报告或安全评估报告;<br>3. 重大危险源档案。 | 未建立重大危险源管理制度,或未辨识、确定重大危险源,扣100分(A级要素否决项)。 | 1. 每遗漏一处扣5分;<br>2. 未建立重大危险源档案,扣5分;<br>3. 档案内容,每遗漏一项或一项不符合扣1分。 |
| | | 2. 企业应按照有关规定对重大危险源设置安全监控报警系统。 | 1. 重大危险源涉及的压力、温度、液位、泄漏报警等重要参数的测量要有远传和连续记录;<br>2. 对毒性气体、剧毒液体和易燃气体等重点设施应设置紧急切断装置; | **查文件:**<br>安全监控报警设施台账。<br>**现场检查:**<br>1. 重大危险源安全监控报警系统,重要参数远传和连续记录、视频监控系统等; | | 1. 未按有关规定设置安全监控报警系统,一项不符合扣2分;安全监测监控报警系统不符合国家标准或行业标准,一项不符合扣2分; |

| A级要素 | B级要素 | 标准化要求 | 企业达标标准 | 评审方法 | 评审标准 | |
|---|---|---|---|---|---|---|
| | | | | | 否决项 | 扣分项 |
| 3 风险管理（100分） | 3.5 重大危险源（20分） | | 3. 毒性气体应设置泄漏物紧急处置装置，独立的安全仪表系统；<br>4. 设置必要的视频监控系统。 | 2. 毒性气体、剧毒液体和易燃气体等重点设施紧急切断装置；<br>3. 毒性气体泄漏物紧急处置装置及安全仪表系统。 | | 2. 毒性气体、剧毒液体和易燃气体等重点设施未设置紧急切断装置，扣2分；<br>3. 毒性气体未设置泄漏物紧急处置装置及独立的安全仪表系统，一项不符合扣2分。 |
| | | 3. 企业应按照国家有关规定，定期对重大危险源进行安全评估。 | 1. 建立、明确定期评估的时限和要求等；<br>2. 定期对重大危险源进行安全评估。 | 查文件：<br>1. 重大危险源定期评估制度；<br>2. 定期安全评估报告。 | | 1. 未建立重大危险源定期评估制度或要求，扣10分；<br>2. 未按要求定期评估，扣10分；<br>3. 无重大危险源安全评估报告，扣2分。 |
| | | 4. 企业应对重大危险源的设备、设施定期检查、检验，并做好记录。 | 1. 定期检查、维护重大危险源的设备、设施，包括检测仪表、附属设备及配件；<br>2. 按国家有关规定进行定期检测、检验，取得检验合格证。 | 查文件：<br>1. 重大危险源的设备、设施定期检查记录；<br>2. 设备、设施的检验报告或检验合格证。<br>现场检查：<br>重大危险源的设备、设施的完整性和有效性。 | 重大危险源有重大事故隐患，且未采取安全防范措施的，扣100分。（A级要素否决项）。 | 1. 未定期检查、维护，扣2分；<br>2. 未定期检验，1台次扣2分；检验不合格仍在使用，扣2分；<br>3. 无检验报告或检验合格证，1份扣2分；<br>4. 设备、设施完整性或有效性一处不符合，扣2分。 |
| | | 5. 企业应制定重大危险源应急救援预案，配备必要的救援器材、装备，每年至少进行1次重大危险源应急救援预案演练。 | 1. 按要求编制重大危险源应急救援预案；<br>2. 根据重大危险源的危险特性配备必要的救援器材、装备；<br>3. 涉及吸入性有毒、有害气体的重大危险源，应配备便携式浓度检测设备、空气呼吸器、化学防护服、堵漏器材等；<br>4. 涉及剧毒气体的重大危险源，应配备两套以上气密性化学防护服；<br>5. 重大危险源应急救援预案演练按规定频次进行。 | 查文件：<br>1. 重大危险源应急救援预案；<br>2. 重大危险源应急预案演练记录；<br>3. 应急救援器材台账。<br>询问：<br>抽查有关人员对应急救援预案的掌握情况、对应急救援器材、装备使用情况。<br>现场检查：<br>应急救援器材、装备的现场状况。 | | 1. 没有重大危险源应急救援预案，扣2分；<br>2. 救援器材装备不符合要求，一项扣2分；<br>3. 从业人员对应急救援预案不清楚，1人次扣2分。 |

续表

| A级要素 | B级要素 | 标准化要求 | 企业达标标准 | 评审方法 | 评审标准 | |
|---|---|---|---|---|---|---|
| | | | | | 否决项 | 扣分项 |
| 3 风险管理（100分） | 3.5 重大危险源（20分） | 6. 企业应将重大危险源及相关安全措施、应急措施报送当地县级以上人民政府安全生产监督管理部门和有关部门备案。 | 重大危险源及相关安全措施、应急措施形成报告，报所在地县级人民政府安全生产监管部门和有关部门备案。 | 查文件：备案资料。 | | 未备案或备案内容不符合要求，一项扣2分。 |
| | | 7. 企业重大危险源的防护距离应满足国家标准或规定。不符合国家标准或规定的，应采取切实可行的防范措施，并在规定期限内进行整改。 | 1. 危险化学品的生产装置和储存危险化学品数量构成重大危险源的储存设施的防护距离应满足国家规定要求；2. 防护距离不符合国家规定要求的，应采取切实可行的防范措施，并在规定期限内进行整改。 | 查文件：1. 重大危险源安全评估报告；2. 重大危险源防护距离存在问题的整改计划、措施，包括防范措施。现场检查：1. 重大危险源现场测量防护距离；2. 重大危险源防范措施的落实情况。 | 防护距离不符合规定要求，且无防范措施，一处扣20分（B级要素否决项）； | 1. 整改计划、措施不符合要求，一项扣2分；2. 未按期整改或防范措施不落实，一项扣4分。 |
| | | | 二级企业应符合本要素要求，不得失分。 | 按照以上评审方法。 | 若失分，扣100分（A级要素否决项）。 | |
| | 3.6 变更（10分） | 1. 企业应严格执行变更管理制度，履行下列变更程序：（1）变更申请：按要求填写变更申请表，由专人进行管理；（2）变更审批：变更申请表应逐级上报主管部门，并按管理权限报主管领导审批；（3）变更实施：变更批准后，由主管部门负责实施。不经过审查和批准，任何临时性的变更都不得超过原批准范围和期限； | 严格履行以下变更程序及要求：（1）变更申请：按要求填写变更申请表，由专人进行管理；（2）变更审批：变更申请表应逐级上报主管部门，并按管理权限报主管领导审批；（3）变更实施：变更批准后，由主管部门负责实施。不经过审查和批准，任何临时性的变更都不得超过原批准范围和期限；（4）变更验收：变更实施结束后，变更主管部门应对变更的实施情况进行验收，形成报告，并及时将变更结果通知相关部门和有关人员。 | 查文件：1. 变更管理制度；2. 变更管理记录。现场检查：查看变更实施现场。 | | 1. 未按程序实施变更，一项扣5分；2. 履行变更程序过程，一项不符合扣2分；3. 变更实施现场一项不符合，扣2分。 |

| A级要素 | B级要素 | 标准化要求 | 企业达标标准 | 评审方法 | 评审标准 | |
|---|---|---|---|---|---|---|
| | | | | | 否决项 | 扣分项 |
| 3 风险管理（100分） | 3.6 变更（10分） | （4）变更验收：变更实施结束后，变更主管部门应对变更的实施情况进行验收，形成报告，并及时将变更结果通知相关部门和有关人员。 | | | | |
| | | 2. 企业应对变更过程产生的风险进行分析和控制。 | 1. 对每项变更过程产生的风险都进行分析，制定控制措施；2. 变更实施过程中，认真落实风险控制措施。 | **查文件：**1. 变更的风险分析记录；2. 变更风险的控制措施；3. 变更实施验收报告。 | | 对变更过程的风险未进行分析或控制措施不落实，一项不符合扣2分。 |
| | 3.7 风险信息更新（10分） | 1. 企业应适时组织风险评价工作，识别与生产经营活动有关的危险、有害因素和隐患。 | 非常规活动及危险性作业实施前，应识别危险、有害因素，排查隐患。 | **查文件：**1. 风险评价记录或报告；2. 作业许可证。 | | 未按规定进行危险、有害因素识别，一项扣2分；识别不充分，一项不符合扣1分。 |
| | | 2. 企业应定期评审或检查风险评价结果和风险控制效果。 | 每年评审或检查风险评价结果和风险控制效果。 | **查文件：**年度评审或检查报告，或者评审记录。 | | 未定期对风险评价结果和风险控制效果进行评审或检查，扣2分。 |
| | | 3. 企业应在下列情形发生时及时进行风险评价：（1）新的或变更的法律法规或其他要求；（2）操作条件变化或工艺改变；（3）技术改造项目；（4）有对事件、事故或其他信息的新认识；（5）组织机构发生大的调整。 | 在标准规定情形发生时，应及时进行风险评价。 | **查文件：**风险评价报告、记录。 | | 未及时进行风险评价，一项不符合扣2分。 |
| | 3.8 供应商（5分） | 企业应严格执行供应商管理制度，对供应商资格预审、选用和续用等过程进行管理，并定期识别与采购有关的风险。 | 1. 建立供应商名录、档案（包括资格预审、业绩评价等资料）；2. 对供应商资格预审、选用、续用进行管理；3. 定期识别与采购有关的风险。 | **查文件：**1. 供应商管理制度；2. 合格供应商名录、档案；3. 供应商选用、续用、评价记录；4. 与采购有关的风险信息。 | | 1. 未建立合格供应商名录、档案，一项扣2分；2. 未对供应商进行规范管理，一项不符合扣1分；3. 未定期识别与采购有关的风险，1次扣2分。 |

续表

| A级要素 | B级要素 | 标准化要求 | 企业达标标准 | 评审方法 | 评审标准 | |
|---|---|---|---|---|---|---|
| | | | | | 否决项 | 扣分项 |
| 4 管理制度（100分） | 4.1 安全生产规章制度（40分） | 1. 企业应制定健全的安全生产规章制度，至少包括下列内容：<br>（1）安全生产职责；<br>（2）识别和获取适用的安全生产法律法规、标准及其他要求；<br>（3）安全生产会议管理；<br>（4）安全生产费用；<br>（5）安全生产奖惩管理；<br>（6）管理制度评审和修订；<br>（7）安全培训教育；<br>（8）特种作业人员管理；<br>（9）管理部门、基层班组安全活动管理；<br>（10）风险评价；<br>（11）隐患排查治理；<br>（12）重大危险源管理；<br>（13）变更管理；<br>（14）事故管理；<br>（15）防火、防爆管理，包括禁烟管理；<br>（16）消防管理；<br>（17）仓库、罐区安全管理；<br>（18）关键装置、重点部位安全管理；<br>（19）生产设施管理，包括安全设施、特种设备等管理；<br>（20）监视和测量设备管理； | 1. 通过识别和评估，将适用于本企业的有关法律法规和有关标准规定转化为企业安全生产规章制度或安全操作规程的具体内容，并严格落实；<br>2. 安全生产规章制度内容应符合标准要求；<br>3. 明确责任部门、职责、工作要求；<br>4. 安全生产规章制度应具有可操作性；<br>5. 除制定《通用规范》要求的规章制度以外，还应制定包括以下内容的规章制度：工艺管理、开停车管理、设备管理、建（构）筑物管理、电气管理、公用工程管理、易制毒管理、危险化学品输送管道定期巡线制度、领导干部带班、厂区交通安全、文件、档案管理制度等；<br>6. 企业主要负责人应组织审定并签发安全生产规章制度。 | **查文件：**<br>1. 适用的法律法规和标准、规章制度和安全操作规程清单；<br>2. 企业安全生产规章制度签发文件。<br>**询问：**<br>有关人员对法律、法规和标准规范的了解、掌握情况。<br>**现场检查：**<br>法律、法规和标准的遵守情况。 | **1.** 未制定动火作业管理制度或进入受限空间管理制度，扣 **100** 分（A 级要素否决项）；<br>**2.** 未制定以下规章制度之一，扣 **40** 分（B级要素否决项）：变更管理、风险管理、隐患排查治理、临时用电作业、高处作业、起重吊装作业、破土作业、断路作业、设备检维修作业、抽堵盲板作业管理制度及文件档案管理制度。 | 1. 未将法律法规的有关规定和标准的有关要求转化为企业安全生产规章制度或安全操作规程的具体内容，一项不符合扣 2 分；<br>2. 责任部门、职责、工作要求、可操作性等内容，一项不符合扣 1 分；<br>3. 缺少相关内容的管理制度，一项扣 2 分；<br>4. 有关人员不清楚法律、法规和标准规范的相关要求，1 人次扣 2 分；<br>5. 现场发现有未执行和落实法律法规和标准，或企业安全生产管理制度或操作规程的现象，按相关要素评审标准扣分，没有评审标准的，一项不符合扣 2 分；<br>6. 企业安全生产规章制度未按规定审定或签发，一项扣 5 分。 |

续表

| A级要素 | B级要素 | 标准化要求 | 企业达标标准 | 评审方法 | 评审标准 | |
|---|---|---|---|---|---|---|
| | | | | | 否决项 | 扣分项 |
| 4　管理制度（100分） | 4.1安全生产规章制度（40分） | （21）安全作业管理，包括动火作业、进入受限空间作业、临时用电作业、高处作业、起重吊装作业、破土作业、断路作业、设备检维修作业、高温作业、抽堵盲板作业管理等；（22）危险化学品安全管理，包括剧毒化学品安全管理及危险化学品储存、出入库、运输、装卸等；（23）检维修管理；（24）生产设施拆除和报废管理；（25）承包商管理；（26）供应商管理；（27）职业卫生管理，包括防尘、防毒管理；（28）劳动防护用品（具）和保健品管理；（29）作业场所职业危害因素检测管理；（30）应急救援管理；（31）安全检查管理；（32）自评。 | | | | |
| | | 2. 企业应将安全生产规章制度发放到有关的工作岗位。 | 将安全生产规章制度发放到有关的工作岗位。 | **查文件：**文件发放记录。**现场检查：**工作岗位是否有有效的规章制度。 | | 一项不符合扣2分。 |

续表

| A级要素 | B级要素 | 标准化要求 | 企业达标标准 | 评审方法 | 评审标准 | |
|---|---|---|---|---|---|---|
| | | | | | 否决项 | 扣分项 |
| | 4.2 操作规程 (40分) | 1. 企业应根据生产工艺、技术、设备设施特点和原材料、辅助材料、产品的危险性，编制操作规程，并发放到相关岗位。 | 1. 以危险、有害因素分析为依据，编制岗位操作规程；2. 发放到相关岗位；3. 企业主要负责人或其指定的技术负责人审定并签发操作规程。 | 查文件：1. 岗位操作规程；2. 文件发放记录；3. 操作规程签发文件。现场检查：抽查岗位是否有有效的岗位操作规程。 | 有岗位未编制操作规程，或岗位无法提供操作规程，扣40分（B级要素否决项）。 | 1. 操作规程内容一项不符合扣1分；2. 安全操作规程未按规定审定或签发，一项扣5分。 |
| | | 2. 企业应在新工艺、新技术、新装置、新产品投产或投用前，组织编制新的操作规程。 | 新工艺、新技术、新装置、新产品投产或投用前，应组织编制新的操作规程。 | 查文件：新项目的操作规程。 | 投产或投用前未编制操作规程，扣40分（B级要素否决项）。 | |
| 4 管理制度 (100分) | 4.3 修订 (20分) | 1. 企业应明确评审和修订安全生产规章制度和操作规程的时机和频次，定期进行评审和修订，确保其有效性和适用性。在发生以下情况时，应及时对相关的规章制度或操作规程进行评审、修订：(1)当国家安全生产法律、法规、规程、标准废止、修订或新颁布时；(2)当企业归属、体制、规模发生重大变化时；(3)当生产设施新建、扩建、改建时；(4)当工艺、技术路线和装置设备发生变更时；(5)当上级安全监督部门提出相关整改意见时； | 1. 规定安全生产规章制度和操作规程评审、修订的时机和频次；2. 安全生产规章制度、安全操作规程至少每3年评审和修订一次；3. 按规定进行评审和修订；4. 在发生有关情况时，应及时评审、修订相关的规章制度或操作规程。 | 查文件：1. 管理制度评审和修订制度；2. 安全生产规章制度、操作规程；3. 评审和修订记录。 | | 1. 未规定评审和修订时机和频次，或规定的内容不符合要求，扣3分；2. 未按规定评审和修订扣3分，漏评审一项制度扣1分。 |

续表

| A级要素 | B级要素 | 标准化要求 | 企业达标标准 | 评审方法 | 评审标准 | |
|---|---|---|---|---|---|---|
| | | | | | 否决项 | 扣分项 |
| 4 管理制度（100分） | 4.3 修订（20分） | （6）当安全检查、风险评价过程中发现涉及规章制度层面的问题时；<br>（7）当分析重大事故和重复事故原因，发现制度性因素时；<br>（8）其他相关事项。 | | | | |
| | | 2. 企业应组织相关管理人员、技术人员、操作人员和工会代表参加安全生产规章制度和操作规程评审和修订，注明生效日期。 | 1. 组织相关管理人员、技术人员、操作人员和工会代表参加安全生产规章制度和操作规程评审和修订；<br>2. 修订的安全生产规章制度和操作规程应注明生效日期。 | 查文件：<br>1. 评审、修订记录；<br>2. 安全生产规章制度和操作规程；<br>3. 发布修订的安全生产规章制度或操作规程的文件。 | | 1. 相关人员未参加评审和修订，一项不符合扣2分；<br>2. 修订后，未注明生效日期，扣1分。 |
| | | 3. 企业应保证使用最新有效版本的安全生产规章制度和操作规程。 | 企业现行安全生产规章制度和操作规程是最新有效的版本。 | 查文件：<br>发布最新版本安全生产规章制度或操作规程的文件发放记录。<br>现场检查：<br>部门、岗位使用的安全生产规章制度和操作规程是否是最新、有效版本。 | | 相关岗位使用失效（或已被修订）的安全生产规章制度和操作规程，一个岗位扣5分。 |
| 5 培训教育（100分） | 5.1 培训教育管理（20分） | 1. 企业应严格执行安全培训教育制度，依据国家、地方及行业规定和岗位需要，制定适宜的安全培训教育目标和要求。根据不断变化的实际情况和培训目标，定期识别安全培训教育需求，制定并实施安全培训教育计划。 | 1. 制定全员安全培训、教育目标和要求；<br>2. 定期识别安全培训、教育需求；<br>3. 制定安全培训、教育计划并实施。 | 查文件：<br>1. 安全培训、教育制度；<br>2. 安全培训、教育需求记录；<br>3. 安全培训教育计划；<br>4. 安全培训、教育记录。<br>询问：<br>抽查有关人员参加培训情况。 | | 1. 未制定全员安全培训、教育目标和要求，扣1分；<br>2. 未定期识别培训、教育需求，扣2分；<br>3. 未根据培训需求制定培训计划，扣2分；<br>4. 未按照计划要求实施培训，1次不符合扣1分； |
| | | 2. 企业应组织培训教育，保证安全培训教育所需人员、资金和设施。 | 提供培训教育所需的人员、资金和设施。 | 查文件：<br>1. 安全生产费用台账或资金计划；<br>2. 培训教育计划和记录。 | | 1. 无资金计划或资金不落实，扣1分；<br>2. 培训教师不落实或不满足要求，扣1分；<br>3. 培训场所不落实或不满足要求，扣1分。 |

续表

| A级要素 | B级要素 | 标准化要求 | 企业达标标准 | 评审方法 | 评审标准 | |
|---|---|---|---|---|---|---|
| | | | | | 否决项 | 扣分项 |
| 5 培训教育（100分） | 5.1 培训教育管理（20分） | 3. 企业应建立从业人员安全培训教育档案。 | 建立从业人员安全培训教育档案。 | **查文件：**<br>从业人员安全培训教育档案。 | | 1. 未建立档案，扣5分；每少1人档案，扣1分；<br>2. 培训教育档案记录不符合规定要求，一项扣1分。 |
| | | 4. 企业安全培训教育计划变更时，应记录变更情况。 | 安全培训教育计划变更时，应按规定记录变更情况。 | **查文件：**<br>1. 安全培训教育计划；<br>2. 变更记录。 | | 未记录计划变更情况，一项扣1分。 |
| | | 5. 企业安全培训教育主管部门应对培训教育效果进行评价。 | 安全培训教育主管部门应对培训教育效果进行评价和改进。 | **查文件：**<br>培训教育效果评价记录。<br>**询问：**<br>了解有关人员对安全培训、教育效果的评价。 | | 1. 未进行教育效果评价，扣3分；<br>2. 未制定改进措施并改进，扣2分。 |
| | | 6. 企业应确立终身教育的观念和全员培训的目标，对在岗的从业人员进行经常性安全培训教育。 | 1. 确立终身教育的观念和全员培训的目标；<br>2. 对从业人员进行经常性安全培训教育。 | **查文件：**<br>1. 安全培训教育制度；<br>2. 安全培训教育计划；<br>3. 安全培训教育记录、档案。 | | 1. 未进行全员培训，少1人次扣1分；<br>2. 未进行经常性安全培训教育，1人次扣1分。 |
| | 5.2 从业人员岗位标准（10分） | | 1. 企业对从业人员岗位标准要求应文件化，做到明确具体；<br>2. 落实国家、地方及行业等部门制定的岗位标准。 | **查文件：**<br>1. 载明企业从业人员岗位标准的文件；<br>2. 从业人员招聘资料、员工台账、档案。 | | 1. 从业人员岗位标准不明确，一项扣1分；<br>2. 上岗的从业人员未满足岗位标准要求，1人次扣2分。 |
| | 5.3 管理人员培训（20分） | 1. 企业主要负责人和安全生产管理人员应接受专门的安全培训教育，经安全生产监管部门对其安全生产知识和管理能力考核合格，取得安全资格证书后方可任职，并按规定参加每年再培训。 | 1. 企业主要负责人和安全生产管理人员应接受专门的安全培训教育，经安全监管部门对其安全生产知识和管理能力考核合格，取得安全资格证书后方可任职；<br>2. 按规定参加每年再培训。 | **查文件：**<br>安全资格证书及培训档案。 | 主要负责人或安全生产管理人员未取得安全资格证书或证书失效，扣20分（B级要素否决项）。 | 主要负责人和安全生产管理人员未按规定每年进行再培训，1人次不符合扣5分。 |

| A级要素 | B级要素 | 标准化要求 | 企业达标标准 | 评审方法 | 评审标准 | |
|---|---|---|---|---|---|---|
| | | | | | 否决项 | 扣分项 |
| 5 培训教育（100分） | 5.3 管理人员培训（20分） | 2. 企业其他管理人员，包括管理部门负责人和基层单位负责人、专业工程技术人员的安全培训教育由企业相关部门组织，经考核合格后方可任职。 | 1. 其他管理人员，包括管理部门负责人和基层单位负责人、专业工程技术人员的安全培训教育由企业相关部门组织；<br>2. 经考核合格后方可任职；<br>3. 按规定参加每年再培训。 | 查文件：<br>安全培训教育档案。 | | 1. 未对其他管理人员进行安全培训教育，1人次不符合扣2分；<br>2. 未经考核合格上岗任职，1人次扣2分；<br>3. 未参加每年的再培训，1人次扣1分。 |
| | 5.4 从业人员培训教育（30分） | 1. 企业应对从业人员进行安全培训教育，并经考核合格后方可上岗。从业人员每年应接受再培训，再培训时间不得少于国家或地方政府规定学时。 | 1. 对从业人员进行安全培训教育，并经考核合格后方可上岗；<br>2. 对从业人员进行安全生产法律、法规、标准、规章制度和操作规程、安全管理方法等培训；<br>3. 从业人员每年应接受再培训，再培训时间不得少于规定学时。 | 查文件：<br>培训教育记录、档案。<br>现场检查：<br>从业人员上岗证。 | | 1. 从业人员安全培训教育、再培训未达到规定要求的学时，1人次扣2分；<br>2. 未持上岗证上岗，1人次扣2分。 |
| | | 2. 企业应按有关规定，对新从业人员进行厂级、车间（工段）级、班组级安全培训教育，经考核合格后，方可上岗。新从业人员安全培训教育时间不得少于国家或地方政府规定学时。 | 1. 新从业人员进行厂级、车间（工段）级、班组级安全培训教育，经考核合格后，方可上岗；<br>2. 三级安全培训教育的内容、学时应符合安全监管总局令第3号的规定。 | 查文件：<br>从业人员安全培训教育档案、考核合格证明。<br>现场考核：<br>抽查新上岗的从业人员接受三级培训教育情况。 | 未接受三级安全培训教育或考核不合格上岗，1人次扣30分（B级要素否决项）。 | 1. 缺一级培训，1人次扣5分；<br>2. 三级安全培训教育内容不符合规定，一项扣2分；<br>3. 三级安全培训教育学时不符合规定，1人次扣2分。 |
| | | 3. 企业特种作业人员应按有关规定参加安全培训教育，取得特种作业操作证，方可上岗作业，并定期复审。 | 1. 特种作业人员及特种设备作业人员应按有关规定参加安全培训教育，取得特种作业操作证，方可上岗作业；<br>2. 特种作业操作证定期复审；<br>3. 建立特种作业人员及特种设备作业人员管理台账。 | 查文件：<br>1. 特种作业人员及特种设备作业人员管理台账；<br>2. 特种作业操作证；<br>3. 特种作业人员和特种设备作业人员培训教育计划。<br>现场检查：<br>抽查现场特种作业人员、特种设备作业人员。 | | 1. 无管理台账，扣2分；<br>2. 操作资格证未按期复审，1人次扣2分；<br>3. 无操作证或失效，在现场从事特种作业，1人次扣10分。 |

续表

| A 级要素 | B 级要素 | 标准化要求 | 企业达标标准 | 评审方法 | 评审标准 | |
|---|---|---|---|---|---|---|
| | | | | | 否决项 | 扣分项 |
| 5 培训教育（100分） | 5.4 从业人员培训教育（30分） | 4. 企业从事危险化学品运输的驾驶员、船员、押运人员，必须经所在地设区的市级人民政府交通部门考核合格（船员经海事管理机构考核合格），取得从业资格证，方可上岗作业。 | 1. 从事危险化学品运输的驾驶人员、船员、装卸管理人员、押运人员，应当经交通运输主管部门考核合格，取得从业资格证，方可上岗作业；<br>2. 建立危险化学品运输的驾驶人员、船员、押运人员管理台账。 | 查文件：<br>1. 从业资格证；<br>2. 管理台账。<br>现场检查：<br>抽查危险化学品运输有关人员资格证。 | | 1. 未建立台账，扣2分；<br>2. 资格证不在有效期内，1人次扣2分；<br>3. 无资格证或失效从事相关作业，1人次扣10分。 |
| | | 5. 企业应在新工艺、新技术、新装置、新产品投产前，对有关人员进行专门培训，经考核合格后，方可上岗。 | 在新工艺、新技术、新装置、新产品投产或投用前，对有关人员（操作人员和管理人员）进行专门培训，经考核合格后，方可上岗。 | 查文件：<br>培训记录、培训内容、考核内容。<br>询问：<br>现场抽查上岗人员培训情况。 | | 1. 未对有关人员进行专门培训，1人次扣2分；<br>2. 有关人员未经考核合格上岗，1人次扣2分。 |
| | 5.5 其他人员培训教育（10分） | 1. 企业从业人员转岗、脱离岗位一年以上（含一年）者，应进行车间（工段）、班组级安全培训教育，经考核合格后，方可上岗。 | 从业人员转岗、脱离岗位一年以上（含一年）者，应进行车间（工段）、班组级安全培训教育，经考核合格后，方可上岗。 | 查文件：<br>从业人员安全培训教育档案。 | | 未进行车间（工段）、班组级安全培训教育，1人次扣2分；缺一级培训，1人次扣2分。 |
| | | 2. 企业应对外来参观、学习等人员进行有关安全规定及安全注意事项的培训教育。 | 对外来参观、学习等人员进行有关安全规定及安全注意事项的培训教育。 | 查文件：<br>外来参观、学习等人员培训记录。 | | 不符合标准要求，1人次扣2分。 |
| | | 3. 企业应对承包商的作业人员进行入厂安全培训教育，经考核合格发放入厂证，保存安全培训教育记录。进入作业现场前，作业现场所在基层单位应对施工单位的作业人员进行进入现场前安全培训教育，保存安全培训教育记录。 | 1. 对承包商的所有人员进行入厂安全培训教育，经考核合格发放入厂证；<br>2. 进入作业现场前，作业现场所在基层单位对施工单位进行进入现场前安全培训教育；<br>3. 保存安全培训教育记录。 | 查文件：<br>1. 厂级承包商安全培训教育记录；<br>2. 基层单位承包商安全培训教育记录。<br>询问：<br>外来施工单位接受企业培训教育情况。<br>现场检查：<br>抽查外来施工单位入厂证。 | | 1. 未对承包商的所有人员进行相关安全培训教育，1人次扣2分；培训教育内容不符合有关要求，扣2分；<br>2. 承包商的人员无入厂证，1人次扣2分；<br>3. 未建立承包商的人员安全培训教育记录，1人次扣1分。 |

续表

| A级要素 | B级要素 | 标准化要求 | 企业达标标准 | 评审方法 | 评审标准 | |
|---|---|---|---|---|---|---|
| | | | | | 否决项 | 扣分项 |
| 5 培训教育（100分） | 5.6 日常安全教育（10分） | 1. 企业管理部门、班组应按照月度安全活动计划开展安全活动和基本功训练。 | 1. 管理部门、班组应明确基本功训练项目、内容和要求；<br>2. 按照月度安全活动计划开展安全活动和基本功训练。 | 查文件：<br>1. 安全活动计划；<br>2. 管理部门和班组安全活动、基本功训练记录。 | | 1. 基本功训练项目、内容和要求不明确，一项扣1分；<br>2. 未按计划开展安全活动，缺1次扣1分。 |
| | | 2. 班组安全活动每月不少于2次，每次活动时间不少于1学时。班组安全活动应有负责人、有计划、有内容、有记录。企业负责人应每月至少参加1次班组安全活动，基层单位负责人及其管理人员应每月至少参加2次班组安全活动。 | 1. 班组安全活动每月不少于2次，每次活动时间不少于1学时；<br>2. 班组安全活动有负责人、有内容、有记录；<br>3. 企业负责人每季度至少参加1次班组安全活动，基层单位负责人及其管理人员每月至少参加2次班组安全活动，并在班组安全活动记录上签字。 | 查文件：<br>查班组安全活动记录。 | | 1. 班组安全活动频次、时间或内容不符合计划或规定要求，一项扣1分；<br>2. 企业负责人、基层单位负责人及管理人员未按规定参加安全活动并签字，1人次扣1分。 |
| | | 3. 管理部门安全活动每月不少于1次，每次活动时间不少于2学时。 | 管理部门安全活动每月不少于1次，每次活动时间不少于2学时。 | 查文件：<br>部门安全活动记录。 | | 未按计划或规定进行安全活动，1次扣1分。 |
| | | 4. 企业安全生产管理部门或专职安全生产管理人员应每月至少1次对安全活动记录进行检查，并签字。 | 安全生产管理部门或专职安全生产管理人员每月至少检查1次安全活动记录，并签字。 | 查文件：<br>安全活动记录。 | | 未按规定对安全活动记录进行检查并签字，缺1次扣1分。 |
| | | 5. 企业安全生产管理部门或专职安全生产管理人员应结合安全生产实际，制定管理部门、班组月度安全活动计划，规定活动形式、内容和要求。 | 1. 安全生产管理部门或专职安全生产管理人员制定管理部门、班组月度安全活动计划；<br>2. 规定活动形式、内容和要求。 | 查文件：<br>月度安全活动计划。 | | 1. 未制定月度安全活动计划，1次扣2分；<br>2. 未规定安全活动形式、内容、要求等，一项扣1分。 |

续表

| A级<br>要素 | B级<br>要素 | 标准化要求 | 企业达标标准 | 评审方法 | 评审标准 | |
|---|---|---|---|---|---|---|
| | | | | | 否决项 | 扣分项 |
| 6 生产设施及工艺安全（100分） | 6.1 生产设施建设（10分） | 1. 企业应确保建设项目安全设施与建设项目的主体工程同时设计、同时施工、同时投入生产和使用。 | 确保建设项目安全设施与建设项目的主体工程同时设计、同时施工、同时投入生产和使用。 | 查文件：<br>生产设施建设项目设计资料、施工记录、试生产方案、竣工验收文件等。<br>现场检查：<br>查看安全设施投入使用情况。 | 未按国家安全监管总局令第8号要求进行设计审查、安全条件论证和竣工验收的，扣100分（A级要素否决项）。 | |
| | | 2. 企业应按照建设项目安全许可有关规定，对建设项目的设立阶段、设计阶段、试生产阶段和竣工验收阶段规范管理。 | 1. 按照有关法律法规和国家安全监管总局有关危化品建设项目安全条件审查的规章、规范性文件规定，对建设项目的设立阶段、设计阶段、试生产阶段和竣工验收阶段规范管理；<br>2. 建设项目建成试生产前，企业要组织设计、施工、监理和建设单位的工程技术人员进行"三查四定"；试车和投料过程要严格按照设备管道试压、吹扫、气密、单机试车、仪表调校、联动试车、化工投料试生产的程序进行；<br>3. 编制试生产前安全检查报告。 | 查文件：<br>1. 新建、改建、扩建项目可行性研究报告、初步设计（"安全设施设计专篇""消防专篇""职业卫生专篇"）及批复等资料；<br>2. 安全设施设计审查资料；<br>3. 建设项目设立安全评价报告；<br>4. 建设项目试生产方案及备案资料（施工完成情况、试生产前安全检查报告、试生产或使用过程中可能出现的安全问题及对策、采取的安全措施、事故应急救援预案等）；<br>5. 建设项目安全设施竣工验收资料（安全设施检验检测报告、安全监管部门出具的"安全设施竣工验收意见书"和"建设项目竣工验收安全评价报告"等）。 | | 建设项目各阶段资料不符合要求，或审批手续不全，一项扣3分。 |
| | | 3. 企业应对建设项目的施工过程实施有效安全监督，保证施工过程处于有序管理状态。 | 1. 建设项目必须由具备相应资质的单位负责设计、施工、监理；<br>2. 对建设项目的施工过程实施有效安全监督，保证施工过程处于有序管理状态。 | 查文件：<br>1. 设计、施工、监理单位的相关资质；<br>2. 施工现场安全检查记录。<br>现场检查：<br>施工现场安全管理情况。 | 使用无资质或资质不符合规定的设计、施工、监理单位，扣100分（A级要素否决项）。 | 1. 未进行现场安全检查，扣2分；<br>2. 现场存在不符合要求的问题，一项扣2分。 |

续表

| A级要素 | B级要素 | 标准化要求 | 企业达标标准 | 评审方法 | 评审标准 | |
|---|---|---|---|---|---|---|
| | | | | | 否决项 | 扣分项 |
| 6 生产设施及工艺安全（100分） | 6.1 生产设施建设（10分） | 4. 企业建设项目建设过程中的变更应严格执行变更管理规定，履行变更程序，对变更全过程进行风险管理。 | 1. 建设项目建设过程中的变更应严格执行变更管理规定，履行变更程序，对变更全过程进行风险管理；<br>2. 符合安全监管总局有关危化品建设项目安全条件审查的规章规定的变更发生后，应重新进行安全审查。 | 查文件：<br>1. 变更资料，包括变更后向负责安全审查的安全监管部门报告的文件；<br>2. 变更风险分析记录；<br>3. 安全评价报告和审查报告等。 | | 1. 未按变更管理程序实施变更管理的，一项扣3分；<br>2. 变更过程未进行风险评价，一项扣3分；<br>3. 未按安全监管总局有关危化品建设项目安全条件审查的规章规定需重新进行安全评价和项目设立安全审查的变更，未履行相关手续，一项扣5分。 |
| | | 5. 企业应采用先进的、安全性能可靠的新技术、新工艺、新设备和新材料。 | 1. 采用先进的、安全性能可靠的新技术、新工艺、新设备和新材料；<br>2. 新开发的危险化学品生产工艺，必须在小试、中试、工业化试验的基础上逐步放大到工业化生产；<br>3. 国内首次采用的化工工艺，要通过省级有关部门组织专家组进行安全论证。 | 查文件：<br>1. 工艺设计文件；<br>2. 新工艺小试、中试、工业化试验的报告。<br>现场检查：<br>采用的设备、材料。 | **1.** 采用国家明令淘汰的工艺、技术、设备、材料，扣100分(A级要素否决项)；<br>**2.** 国内首次采用的化工工艺未经论证的，扣100分(A级要素否决项)；<br>**3.** 新开发的危险化学品生产工艺，未经小试、中试、工业化试验直接进行工业化生产，扣10分(B级要素否决项)。 | |
| | 6.2 安全设施（20分） | 1. 企业应严格执行安全设施管理制度，建立安全设施台账。 | 建立安全设施台账。 | 查文件：<br>安全设施管理台账。 | | 未建立安全设施台账，扣5分；台账内容不符合要求，一项扣1分。 |

续表

| A级要素 | B级要素 | 标准化要求 | 企业达标标准 | 评审方法 | 评审标准 | |
|---|---|---|---|---|---|---|
| | | | | | 否决项 | 扣分项 |
| 6 生产设施及工艺安全（100分） | 6.2 安全设施（20分） | 2. 企业应确保安全设施配备符合国家有关规定和标准，做到：<br>（1）宜按照 SH 3063－1999 在易燃、易爆、有毒区域设置固定式可燃气体和/或有毒气体的检测报警设施，报警信号应发送至工艺装置、储运设施等控制室或操作室；<br>（2）按照 GB 50351 在可燃液体罐区设置防火堤，在酸、碱罐区设置围堤并进行防腐处理；<br>（3）宜按照 SH 3097－2000 在输送易燃物料的设备、管道安装防静电设施；<br>（4）按照 GB 50057 在厂区安装防雷设施；<br>（5）按照 GB 50016、GB 50140 配置消防设施与器材；<br>（6）按照 GB 50058 设置电力装置；<br>（7）按照 GB 11651 配备个体防护设施；<br>（8）厂房、库房建筑应符合 GB 50016、GB 50160；<br>（9）在工艺装置上可能引起火灾、爆炸的部位设置超温、超压等检测仪表、声和/或光报警和安全联锁装置等设施。 | 按照国家有关规定和标准设置安全设施，做到：<br>（1）按照 GB 50493 在易燃、易爆、有毒区域设置固定式可燃气体和/或有毒有害气体泄漏的检测报警设施，报警信号应发送至工艺装置、储运设施等控制室或操作室；<br>（2）按照 GB 50351 在可燃液体罐区设置防火堤，在酸、碱罐区设置围堤并进行防腐处理；<br>（3）宜按照 SH 3097－2000 在输送易燃物料的设备、管道上安装防静电设施；<br>（4）按照 GB 50057 在厂区安装防雷设施；<br>（5）按照 GB 50016、GB 50140 配置消防设施与器材；<br>（6）按照 GB 50058 设置电力装置；<br>（7）按照 GB 11651 配备个体防护设施；<br>（8）厂房、库房建筑应符合 GB 50016、GB 50160 的有关要求；<br>（9）在工艺装置上可能引起火灾、爆炸的部位设置超温、超压等检测仪表、声和/或光报警和安全联锁装置等设施；<br>（10）新建大型和危险程度高的化工装置，在设计阶段要进行仪表系统安全完整性等级评估，选用安全可靠的仪表、联锁控制系统；<br>（11）专家诊断按标准、规范应设置的其他安全设施。 | 查文件：<br>安全设施管理台账。<br>现场检查：<br>各种安全设施的配备情况。 | 1. 未在危险工艺装置上可能引起火灾、爆炸的部位设置超温、超压等检测仪表、声和/或光报警和安全联锁装置等设施，扣20分（B级要素否决项）；<br>2. 没有按标准设置有毒有害、可燃气体泄漏报警仪的，扣20分（B级要素否决项）；<br>3. 经专家诊断没有按标准、规范设置其他安全设施的，扣20分（B级要素否决项）。 | 1. 应当配备的安全设施缺失，一项扣2分；<br>2. 安全设施的配备、安装不符合国家有关规定，一项扣2分；<br>3. 新建大型和危险程度高的化工装置，在设计阶段未进行仪表系统安全完整性等级评估的，扣2分。 |

| A级要素 | B级要素 | 标准化要求 | 企业达标标准 | 评审方法 | 评审标准 | |
|---|---|---|---|---|---|---|
| | | | | | 否决项 | 扣分项 |
| 6 生产设施及工艺安全（100分） | 6.2 安全设施（20分） | | 二级企业化工生产装置设置自动化控制系统，涉及危险化工工艺和重点监管危险化学品的化工生产装置根据风险状况设置了安全联锁或紧急停车系统等。 | 查文件：安全设施管理台账。现场检查：各种安全设施的设置及运行情况。 | 二级企业化工生产装置未设置自动化控制系统，或涉及危险化工工艺和重点监管危险化学品的化工生产装置未根据风险状况设置安全联锁或紧急停车系统等，扣100分（A级要素否决项）。 | |
| | | | 一级企业涉及危险化工工艺的化工生产装置设置了安全仪表系统，并建立安全仪表系统功能安全管理体系。 | 查文件：安全设施管理台账。现场检查：安全仪表系统设置情况及安全仪表系统功能安全管理体系运行情况。 | 一级企业涉及危险化工工艺的化工装置未设置安全仪表系统，或未建立安全仪表系统功能安全管理体系，扣100分（A级要素否决项）。 | |
| | | 3. 企业的各种安全设施应有专人负责管理，定期检查和维护保养。 | 1. 专人负责管理各种安全设施；2. 建立安全设施管理档案；3. 定期检查和维护保养安全设施，并建立记录。 | 查文件：1. 安全设施管理制度；2. 安全设施维护保养检查记录。现场检查：安全设施的完整性。 | | 1. 无专人负责管理安全设施，或无安全设施管理档案，一项扣2分；2. 未建立安全设施维护保养检查记录或未进行定期检查和维护保养，一项扣2分；3. 现场安全设施不符合完整性要求，1处扣2分。 |

| A级要素 | B级要素 | 标准化要求 | 企业达标标准 | 评审方法 | 评审标准 | |
|---|---|---|---|---|---|---|
| | | | | | 否决项 | 扣分项 |
| 6 生产设施及工艺安全（100分） | 6.2 安全设施（20分） | 4. 安全设施应编入设备检维修计划，定期检维修。安全设施不得随意拆除、挪用或弃置不用，因检维修拆除的，检维修完毕后应立即复原。 | 1. 安全设施应编入设备检维修计划，定期检维修；<br>2. 安全设施不得随意拆除、挪用或弃置不用，因检维修拆除的，检维修完毕后应立即复原。 | **查文件：**<br>1. 设备检维修计划；<br>2. 安全设施检维修记录；<br>3. 安全设施拆除、停用资料。<br>**现场检查：**<br>安全设施是否存在随意拆除、挪用或弃置不用的情况。 | | 1. 未将安全设施编入设备检维修计划，一项扣2分；<br>2. 安全设施未按计划检维修的，一处扣2分；<br>3. 随意拆除、停用、挪用或弃置不用安全设施，一处扣5分；<br>4. 因检维修拆除，检维修完毕未立即复原，一处扣2分。 |
| | | 5. 企业应对监视和测量设备进行规范管理，建立监视和测量设备台账，定期进行校准和维护，并保存校准和维护活动的记录。 | 1. 对监视和测量设备进行规范管理；<br>2. 建立监视和测量设备台账；<br>3. 定期进行校准和维护；<br>4. 保存校准和维护活动的记录；<br>5. 对风险较高的系统或装置，要加强在线检测或功能测试，保证设备、设施的完整性。 | **查文件：**<br>1. 监视和测量设备管理制度；<br>2. 监视和测量设备台账；<br>3. 监视和测量设备检验报告；<br>4. 校验和维护记录。<br>**现场检查：**<br>监视和测量设备的完整性及校验合格标志。 | | 1. 未建立监视和测量设备台账，扣5分；台账内容不符合要求，一项扣1分；<br>2. 监视和测量设备维护记录内容不符合要求，一项扣2分；<br>3. 未定期校验或校验不合格仍在使用，1台次扣5分；<br>4. 现场监视和测量设备不完好或无检验合格标志，1台扣2分；<br>5. 对风险较高的系统或装置，未设置在线检测或未进行功能测试，1台次扣2分。 |
| | 6.3 特种设备（10分） | 1. 企业应按照《特种设备安全监察条例》管理规定，对特种设备进行规范管理。按照《特种设备安全监察条例》的规定，对特种设备进行规范管理。 | **查文件：**<br>1. 特种设备管理制度；<br>2. 特种设备台账和定期检验报告。 | | | 1. 管理制度内容不符合要求，一项扣1分；<br>2. 未定期检验，1台扣1分。 |

| A级要素 | B级要素 | 标准化要求 | 企业达标标准 | 评审方法 | 评审标准 | |
|---|---|---|---|---|---|---|
| | | | | | 否决项 | 扣分项 |
| 6 生产设施及工艺安全（100分） | 6.3特种设备（10分） | 2. 企业应建立特种设备台账和档案。 | 建立特种设备台账和档案，包括特种设备技术资料、特种设备登记注册表、特种设备及安全附件定期检测检验记录、特种设备运行记录和故障记录、特种设备日常维修保养记录、特种设备事故应急救援预案及演练记录。 | 查文件：特种设备台账和档案。 | | 未建立台账或档案，扣5分；台账和档案内容不符合要求，一项扣1分。 |
| | | 3. 特种设备投入使用前或者投入使用后30日内，企业应当向直辖市或者设区的市特种设备监督管理部门登记注册。 | 特种设备投入使用前或者投入使用后30日内，应当向直辖市或者设区的市特种设备监督管理部门登记，登记标志置于设备显著位置。 | 查文件：特种设备台账和档案。现场检查：登记标志。 | | 1. 未办理登记，1台扣2分；2. 无标志，1台扣1分。 |
| | | 4. 企业应对在用特种设备进行经常性日常维护保养，至少每月进行1次检查，并保存记录。 | 对在用特种设备进行经常性日常维护保养，至少每月进行1次检查，并保存记录。 | 查文件：特种设备维护保养记录。现场检查：特种设备日常维护保养状态。 | | 1. 未按规定进行检查和维护保养，扣2分；2. 未建立日常维护保养、检查记录，或记录内容不符合要求，一项扣1分；3. 特种设备存在缺陷，1台次扣1分。 |
| | | 5. 企业应对在用特种设备及安全附件、安全保护装置、测量调控装置及有关附属仪器仪表进行定期校验、检修，并保存记录。 | 对在用特种设备及安全附件、安全保护装置、测量调控装置及有关附属仪器仪表进行定期校验、检修，并保存记录。 | 查文件：校验报告、检修记录。 | | 1. 未定期校验或无校验报告，1台次扣4分；2. 未定期检修或未保存记录，1台次扣1分。 |
| | | 6. 企业应在特种设备检验合格有效期届满前一个月向特种设备检验检测机构提出定期检验要求。未经定期检验或者检验不合格的特种设备，不得继续使用。企业应将安全检验合格标志置于或者附着于特种设备的显著位置。 | 1. 特种设备检验合格有效期届满前一个月向特种设备检验检测机构提出定期检验要求；2. 未经定期检验或者检验不合格的特种设备，不得继续使用；3. 将安全检验合格标志置于或者附着于特种设备的显著位置。 | 查文件：1. 特种设备档案；2. 定期检验申请资料。现场检查：特种设备检验合格标志。 | | 1. 存在未检验或检验不合格或无检验报告的在用特种设备，1台次扣4分；2. 未按规定提出检验要求的，1台次扣1分；3. 特种设备上无检验合格标志，1台次扣1分。 |

续表

| A级要素 | B级要素 | 标准化要求 | 企业达标标准 | 评审方法 | 评审标准 | |
|---|---|---|---|---|---|---|
| | | | | | 否决项 | 扣分项 |
| 6 生产设施及工艺安全（100分） | 6.3 特种设备（10分） | 7. 企业特种设备存在严重事故隐患，无改造、维修价值，或者超过安全技术规范规定使用年限，应及时予以报废，并向原登记的特种设备监督管理部门办理注销。 | 1. 特种设备存在严重事故隐患，无改造、维修价值，或者超过安全技术规范规定使用年限，应及时予以报废；2. 向原登记的特种设备监督管理部门办理注销。 | 查文件：1. 特种设备档案和事故隐患台账；2. 报废的特种设备注销手续。现场检查：特种设备是否有报废但仍在使用的现象。 | 1. 未及时报废，1台次扣10分（B级要素否决项）；2. 已报废的特种设备，仍在现场使用，1台次扣10分（B级要素否决项）。 | 未办理注销手续，1台次扣1分。 |
| | 6.4 工艺安全（25分） | 1. 企业操作人员应掌握工艺安全信息，主要包括：1)化学品危险性信息：(1)物理特性；(2)化学特性，包括反应活性、腐蚀性、热和化学稳定性等；(3)毒性；(4)职业接触限值。2)工艺信息：(1)流程图；(2)化学反应过程；(3)最大储存量；(4)工艺参数（如：压力、温度、流量）安全上下限值。3)设备信息：(1)设备材料；(2)设备和管道图纸；(3)电气类别；(4)调节阀系统；(5)安全设施（如报警器、联锁等）。 | 操作人员应掌握工艺安全信息，主要包括：1)化学品危险性信息：(1)物理特性；(2)化学特性，包括反应活性、腐蚀性、热和化学稳定性等；(3)毒性；(4)职业接触限值。2)工艺信息：(1)流程图；(2)化学反应过程；(3)最大储存量；(4)工艺参数(如:压力、温度、流量)安全上下限值。3)设备信息：(1)设备材料；(2)设备和管道图纸；(3)电气类别；(4)调节阀系统；(5)安全设施(如报警器、联锁等)。 | 查文件：员工培训记录。询问：员工对岗位工艺安全信息掌握程度。 | | 操作人员对岗位工艺安全信息掌握程度，1人不掌握扣3分。 |

续表

| A级要素 | B级要素 | 标准化要求 | 企业达标标准 | 评审方法 | 评审标准 | |
|---|---|---|---|---|---|---|
| | | | | | 否决项 | 扣分项 |
| 6 生产设施及工艺安全(100分) | 6.4 工艺安全(25分) | 2. 企业应保证下列设备设施运行安全可靠、完整:<br>(1)压力容器和压力管道,包括管件和阀门;<br>(2)泄压和排空系统;<br>(3)紧急停车系统;<br>(4)监控、报警系统;<br>(5)联锁系统;<br>(6)各类动设备,包括备用设备等。 | 1. 保证下列设备设施运行安全可靠、完整:<br>(1)压力容器和压力管道,包括管件和阀门;<br>(2)泄压和排空系统;<br>(3)紧急停车系统;<br>(4)监控、报警系统;<br>(5)联锁系统;<br>(6)各类动设备,包括备用设备等。<br>2. 工艺技术自动控制水平低的重点危险化学品企业要制定技术改造计划,完成自动化控制技术改造。 | 查文件:<br>1. 压力容器和压力管道及安全附件检验报告;<br>2. 安全阀检验报告;爆破片、防爆膜合格证及更换记录;<br>3. 紧急停车系统分布图及维护记录;<br>4. 监控、报警系统、联锁系统维护、调试记录;<br>5. 各类动设备,包括备用设备维护保养记录等;<br>6. 工艺控制流程图及自动化控制资料。<br>现场检查:<br>标准规定的各类设备设施的完整性。 | 1. 压力容器及附件未检验或检验不合格,一项扣25分(B级要素否决项);<br>2. 危险工艺未按规定实现自动化控制的,扣100分(A级要素否决项)。 | 1. 压力管道未检验或检验不合格,一项扣1分;<br>2. 安全阀未检验或检验不合格,爆破片、防爆膜不合格或未定期更换,或未做更换记录,一项扣2分;<br>3. 紧急停车系统失效或未进行日常维护,一项扣2分;<br>4. 监控、报警系统、联锁系统未经调试或失效,一项扣2分;<br>5. 安全阀、排空系统、火炬设置不符合要求,一处扣2分;<br>6. 机泵等动设备运行不正常,振动超标、有泄漏;备用设备未进行定期盘车或无记录,一项扣2分。 |
| | | 3. 企业应对工艺过程进行风险分析:<br>(1)工艺过程中的危险性;<br>(2)工作场所潜在事故发生因素;<br>(3)控制失效的影响;<br>(4)人为因素等。 | 1. 要从工艺、设备、仪表、控制、应急响应等方面开展系统的工艺过程风险分析;<br>2. 对工艺过程进行风险分析,包括:<br>(1)工艺过程中的危险性;<br>(2)工作场所潜在事故发生因素;<br>(3)控制失效的影响;<br>(4)人为因素等。 | 查文件:<br>1. 风险评价记录;<br>2. 岗位操作规程。<br>询问:<br>操作人员对工艺过程中的风险的认知程度。 | | 1. 未对工艺过程进行风险分析,一个单元扣3分;<br>2. 岗位操作规程内容中未针对工艺操作中的风险制定安全措施及应急处置措施,一项扣1分;<br>3. 操作人员不清楚岗位风险及控制措施,1人次扣1分。 |
| | | | 一级企业涉及危险化工工艺和重点监管危险化学品的化工生产装置进行过危险与可操作性分析(HAZOP),并定期应用先进的工艺(过程)安全分析技术开展工艺(过程)安全分析。 | 查文件:<br>1. 涉及危险化工工艺和重点监管危险化学品的化工生产装置进行危险与可操作性分析(HAZOP)记录、报告;<br>2. 定期应用先进的工艺(过程)安全分析技术开展工艺(过程)安全分析的记录、报告。 | 一级企业涉及危险化工工艺和重点监管危险化学品的化工生产装置未进行过危险与可操作性分析(HAZOP),或未定期应用先进的工艺(过程)安全分析技术开展工艺(过程)安全分析,扣100分(A级要素否决项)。 | |

续表

| A级要素 | B级要素 | 标准化要求 | 企业达标标准 | 评审方法 | 评审标准 否决项 | 评审标准 扣分项 |
|---|---|---|---|---|---|---|
| 6 生产设施及工艺安全 (100分) | 6.4 工艺安全 (25分) | 4. 企业生产装置开车前应组织检查，进行安全条件确认。安全条件应满足下列要求：(1)现场工艺和设备符合设计规范；(2)系统气密测试、设施空运转调试合格；(3)操作规程和应急预案已制订；(4)编制并落实了装置开车方案；(5)操作人员培训合格；(6)各种危险已消除或控制。 | 生产装置开车前应组织检查，进行安全条件确认。安全条件应满足下列要求：(1)现场工艺和设备符合设计规范；(2)系统气密测试、设施空运转调试合格；(3)操作规程和应急预案已制订；(4)编制并落实了装置开车方案；(5)操作人员培训合格；(6)各种危险已消除或控制。 | 查文件：1. 生产装置开车前安全条件确认检查表；2. 系统气密、置换及动设备空试记录；3. 装置开车方案；4. 操作规程和应急预案；5. 操作人员培训记录；6. 开车前隐患排查与整改记录。 | | 1. 未制定安全条件确认表，或内容不符合要求，一项扣1分；2. 未进行系统气密测试、置换及动设备空试或无记录，一项扣3分；3. 没有编制装置开车方案，扣3分；4. 没有编制操作规程和应急预案，一项扣2分；5. 操作人员未经培训合格，1人次扣1分；6. 开车前未进行隐患整改，扣3分。 |
| | | 5. 企业生产装置停车应满足下列要求：(1)编制停车方案；(2)操作人员能够按停车方案和操作规程进行操作。 | 生产装置停车应满足下列要求：(1)编制停车方案；(2)操作人员能够按停车方案和操作规程进行操作。 | 查文件：1. 停车方案；2. 停车操作记录。询问：有关人员是否清楚停车要求。 | | 1. 未编制停车方案，扣3分；停车方案内容，一项不符合扣1分；2. 未执行操作规程和停车方案停车，1次扣3分；3. 有关人员不清楚停车要求，1人次扣1分。 |
| | | 6. 企业生产装置紧急情况处理应遵守下列要求：(1)发现或发生紧急情况，应按照不伤害人员为原则，妥善处理，同时向有关方面报告；(2)工艺及机电设备等发生异常情况时，采取适当的措施，并通知有关岗位协调处理，必要时，按程序紧急停车。 | 生产装置紧急情况处理应遵守下列要求：(1)发现或发生紧急情况，应按照不伤害人员为原则，妥善处理，同时向有关方面报告；(2)工艺及机电设备等发生异常情况时，应及时采取适当的措施，并通知有关岗位协调处理，必要时，按程序紧急停车。 | 查文件：1. 操作规程；2. 操作记录。询问：操作人员在紧急情况下处理措施和程序。 | | 1. 操作规程中未制定发生紧急及异常情况时的处理措施，一项扣2分；2. 紧急情况未按规定处理，1次扣3分；3. 操作人员不清楚紧急及异常情况处理措施和上报程序，1人扣1分。 |

续表

| A级要素 | B级要素 | 标准化要求 | 企业达标标准 | 评审方法 | 评审标准 | |
|---|---|---|---|---|---|---|
| | | | | | 否决项 | 扣分项 |
| 6 生产设施及工艺安全（100分） | 6.4 工艺安全（25分） | 7. 企业生产装置泄压系统或排空系统排放的危险化学品应引至安全地点并得到妥善处理。 | 生产装置泄压系统或排空系统排放的危险化学品应引至安全地点并得到妥善处理。 | 现场检查：<br>1. 生产装置泄压排放系统排放的危险物质处理；<br>2. 排空系统及火炬管理情况。 | | 1. 排放管安装位置不符合规范或危险物质处理不符合要求，一处扣2分；<br>2. 火炬系统运行不正常，扣3分。 |
| | | 8. 企业操作人员应严格执行操作规程，对工艺参数运行出现的偏离情况及时分析，保证工艺参数控制不超出安全限值，偏差及时得到纠正。 | 操作人员应对工艺参数运行出现的偏离情况及时分析，保证工艺参数控制不超出安全限值，偏差及时得到纠正。 | 查文件：<br>工艺操作记录及交接班记录。<br>询问：<br>操作人员如何处理工艺参数的偏离。 | | 1. 工艺参数偏离未分析原因，一次扣1分；<br>2. 超出安全限值未及时进行纠正，扣3分；<br>3. 操作人员不清楚工艺参数偏离处理方法，1人次扣1分。 |
| | 6.5 关键装置及重点部位（15分） | 1. 企业应加强对关键装置、重点部位安全管理，实行企业领导干部联系点管理机制。 | 1. 确定关键装置、重点部位。<br>2. 实行企业领导干部联系点管理机制。 | 查文件：<br>1. 关键装置、重点部位管理制度；<br>2. 关键装置、重点部位台账。 | 未确定关键装置、重点部位，扣15分（B级要素否决项）。 | 1. 未明确关键装置和重点部位的联系人以及联系人的职责及考核要求的，一项扣1分；<br>2. 确定的关键装置、重点部位，少一处扣2分；<br>3. 未建立联系点机制，扣2分。 |
| | | 2. 联系人对所负责的关键装置、重点部位负有安全监督与指导责任，包括：<br>(1)指导安全联系点实现安全生产；<br>(2)监督安全生产方针、政策、法规、制度的执行和落实；<br>(3)定期检查安全生产中存在的问题；<br>(4)督促隐患项目治理；<br>(5)监督事故处理原则的落实；<br>(6)解决影响安全生产的突出问题等。 | 联系人对所负责的关键装置、重点部位负有安全监督与指导责任，包括：<br>(1)指导安全联系点实现安全生产；<br>(2)监督安全生产方针、政策、法规、制度的执行和落实；<br>(3)定期检查安全生产中存在的问题；<br>(4)督促隐患项目治理；<br>(5)监督事故处理原则的落实；<br>(6)解决影响安全生产的突出问题等。 | 查文件：<br>监督指导有关记录。<br>询问：<br>联系人对所负责的关键装置、重点部位进行的安全监督指导情况。 | | 联系人对所负责的关键装置、重点部位未履行安全监督指导职责，1次扣1分。 |

续表

| A级要素 | B级要素 | 标准化要求 | 企业达标标准 | 评审方法 | 评审标准 | |
|---|---|---|---|---|---|---|
| | | | | | 否决项 | 扣分项 |
| 6 生产设施及工艺安全（100分） | 6.5 关键装置及重点部位（15分） | 3. 联系人应每月至少到联系点进行一次安全活动，活动形式包括参加基层班组安全活动、安全检查、督促治理事故隐患、安全工作指示等。 | 联系人应每月至少到联系点进行一次安全活动。 | **查文件：**联系点活动记录。 | | 企业领导干部未按规定到联系点活动或未记录，1次扣1分。 |
| | | 4. 企业应建立关键装置、重点部位档案，建立企业、管理部门、基层单位及班组监控机制，明确各级组织、各专业的职责，定期进行监督检查，并形成记录。 | 1. 建立关键装置、重点部位档案；2. 建立企业、管理部门、基层单位及班组监控机制，明确各级组织、各专业的职责；3. 定期进行监督检查，并形成记录。 | **查文件：**1. 关键装置、重点部位管理制度；2. 关键装置、重点部位档案；3. 关键装置、重点部位的监督检查记录。 | | 1. 未建立档案，扣3分；档案内容一项不符合扣1分；2. 未建立企业、管理部门、基层单位及班组监控机制，扣3分；3. 未明确各级组织、各专业职责，扣2分；4. 未定期进行监督检查，扣2分；5. 未建立监督检查记录或记录不全，一项不符合扣1分。 |
| | | 5. 企业应制定关键装置、重点部位应急预案，至少每半年进行一次演练，确保关键装置、重点部位的操作、检修、仪表、电气等人员能够识别和及时处理各种事件及事故。 | 1. 制定关键装置、重点部位应急预案；2. 至少每半年进行一次演练，确保关键装置、重点部位的操作、检修、仪表、电气等人员能够识别和及时处理各种事件及事故。 | **查文件：**1. 关键装置、重点部位应急预案；2. 应急预案演练记录。**询问：**1. 抽查岗位操作人员及机电仪人员对预案的掌握程度；2. 各种事件及事故处理措施。 | | 1. 关键装置、重点部位应急预案不全，每缺一项扣2分；2. 未进行演练或无演练记录或未对预案审评，一项扣2分；3. 有关人员对预案及各种事件、事故处理措施不熟练，1人次扣1分。 |
| | | 6. 企业关键装置、重点部位为重大危险源时，还应按2.5条执行。 | 关键装置、重点部位为重大危险源时，还应按3.5条执行。 | 按照3.5条评审 | | 按照3.5条评审 |
| | 6.6 检维修（10分） | 1. 企业应严格执行检维修管理制度，实行日常检维修和定期检维修管理。 | 严格执行检维修管理制度，实行日常检维修和定期检维修管理。 | **查文件：**1. 设备检维修管理制度；2. 检维修记录。**现场检查：**现场检查或抽查设备状况。 | | 1. 未明确检维修时机、频次和审批程序，一项不扣1分；2. 未实行日常检维修和定期检维修管理，扣2分。 |

续表

| A级要素 | B级要素 | 标准化要求 | 企业达标标准 | 评审方法 | 评审标准 | |
|---|---|---|---|---|---|---|
| | | | | | 否决项 | 扣分项 |
| 6 生产设施及工艺安全（100分） | 6.6 检维修（10分） | 2. 企业应制订年度综合检维修计划，落实"五定"，即定检修方案、定检修人员、定安全措施、定检修质量、定检修进度原则。 | 1. 制订年度综合检维修计划；<br>2. 落实"五定"，即定检修方案、定检修人员、定安全措施、定检修质量、定检修进度原则。 | 查文件：<br>年度综合检维修计划。 | | 1. 未制定年度综合检维修计划，扣4分；<br>2. 年度综合检维修计划未做到"五定"管理，一项扣1分。 |
| | | 3. 企业在进行检维修作业时，应执行下列程序：<br>（1）检维修前：<br>1）进行危险、有害因素识别；<br>2）编制检维修方案；<br>3）办理工艺、设备设施交付检维修手续；<br>4）对检维修人员进行安全培训教育；<br>5）检维修前对安全控制措施进行确认；<br>6）为检维修作业人员配备适当的劳动保护用品；<br>7）办理各种作业许可证。<br>（2）对检维修现场进行安全检查。<br>（3）检维修后办理检维修交付生产手续。 | 在进行检维修作业时，应执行下列程序：<br>（1）检维修前：<br>1）进行危险、有害因素识别；<br>2）编制检维修方案；<br>3）办理工艺、设备设施交付检维修手续；<br>4）对检维修人员进行安全培训教育；<br>5）检维修前对安全控制措施进行确认；<br>6）为检维修作业人员配备适当的劳动保护用品；<br>7）办理各种作业许可证。<br>（2）对检维修现场进行安全检查。<br>（3）检维修后办理检维修交付生产手续。 | 查文件：<br>1. 检维修风险分析记录；<br>2. 检维修方案；<br>3. 工艺、设备设施交付检维修手续；<br>4. 检维修人员安全培训教育记录；<br>5. 相应作业许可证及安全控制措施；<br>6. 对检维修作业现场进行安全检查的记录；<br>7. 检维修交付生产手续等。<br>现场检查：<br>1. 检维修作业人员配备劳动保护用品情况；<br>2. 检维修作业现场的安全管理。 | 1. 未制定检维修方案，扣10分（B级要素否决项）；<br>2. 未办理检维修前工艺、设备设施交付检维修或检维修后检维修交付生产手续，扣10分（B级要素否决项）。 | 1. 未对检维修进行风险分析，一项不符合扣1分；<br>2. 未对检修人员进行安全培训教育，1人次扣1分；<br>3. 检维修相应作业票证未办理或办理不符合要求，或检修前未对安全控制措施进行确认，一项不符合扣5分；<br>4. 检维修作业人员未按规定配备或使用劳动保护用品，1人次扣1分；<br>5. 安全生产管理人员未对检维修现场进行安全检查，扣2分；<br>6. 检维修现场一项不符合扣1分。 |
| | 6.7 拆除和报废（10分） | 1. 企业应严格执行生产设施拆除和报废管理制度。拆除作业前，拆除作业负责人应与需拆除设施的主管部门和使用单位共同到现场进行对接，作业人员进行危险、有害因素识别，制定拆除计划或方案，办理拆除设施交接手续。 | 1. 拆除作业前，拆除作业负责人应与需拆除设施的主管部门和使用单位共同到现场进行作业前交底；<br>2. 作业人员进行危险、有害因素识别；<br>3. 制定拆除计划或方案；<br>4. 办理拆除设施交接手续。 | 查文件：<br>1. 生产设施拆除和报废管理制度；<br>2. 设施拆除和报废审批手续；<br>3. 拆除作业风险分析记录；<br>4. 拆除计划或拆除方案；<br>5. 设施拆除交接手续。<br>现场查看：<br>查看拆除作业现场安全管理。 | | 1. 拆除作业前，相关单位未共同到现场进行作业前交底，1次扣5分；<br>2. 设施拆除和报废无审批手续，1次扣1分；<br>3. 未对拆除作业进行风险分析并制定风险控制措施，1次扣1分；<br>4. 未制定拆除计划或方案，1次扣2分；<br>5. 未办理设施拆除交接手续，1次扣1分；<br>6. 拆除作业现场，一项不符合扣1分。 |

续表

| A级要素 | B级要素 | 标准化要求 | 企业达标标准 | 评审方法 | 评审标准 | |
|---|---|---|---|---|---|---|
| | | | | | 否决项 | 扣分项 |
| 6 生产设施及工艺安全（100分） | 6.7 拆除和报废（10分） | 2. 企业凡需拆除的容器、设备和管道，应先清洗干净，分析、验收合格后方可进行拆除作业。 | 1. 凡需拆除的容器、设备和管道，应先清洗干净，分析、验收合格后方可进行拆除作业；<br>2. 拆除、清洗等现场作业应严格遵守作业许可等有关规定。 | 查文件：<br>分析、验收合格证明。<br>现场检查：<br>拆除、清洗作业现场安全管理。 | | 1. 未进行分析、验收或分析不合格进行拆除作业，一项扣1分；<br>2. 拆除作业现场，一项不符合扣1分。 |
| | | 3. 企业欲报废的容器、设备和管道内仍存有危险化学品的，应清洗干净，分析、验收合格后，方可报废处置。 | 1. 欲报废的容器、设备和管道，应清洗干净，分析、验收合格后，方可报废处置；<br>2. 报废、清洗等现场作业应严格遵守作业许可等有关规定。 | 查文件：<br>分析、验收合格证明。<br>现场检查：<br>拆除、报废、清洗作业现场安全管理。 | | 未经分析、验收合格或验收不合格进行报废处置，1台扣5分。 |
| 7 作业安全（100分） | 7.1 作业许可（20分） | 企业应对下列危险性作业活动实施作业许可管理，严格履行审批手续，各种作业许可证中应有危险、有害因素识别和安全措施内容：<br>(1)动火作业；<br>(2)进入受限空间作业；<br>(3)破土作业；<br>(4)临时用电作业；<br>(5)高处作业；<br>(6)断路作业；<br>(7)吊装作业；<br>(8)设备检修作业；<br>(9)抽堵盲板作业；<br>(10)其他危险性作业。 | 1. 对动火作业、进入受限空间作业、破土作业、临时用电作业、高处作业、断路作业、吊装作业、设备检修作业和抽堵盲板作业等危险性作业实施作业许可管理，严格履行审批手续；<br>2. 作业许可证中有危险、有害因素识别和安全措施内容。 | 查文件：<br>1. 危险性作业安全管理制度或操作规程；<br>2. 作业许可证。 | 未实施危险性作业许可管理，扣100分(A级要素否决项)。 | 1. 作业许可审批手续不符合要求，1次扣2分；<br>2. 作业许可证中危险有害因素与安全措施等内容不符合要求，1次扣2分。 |
| | 7.2 警示标志（15分） | 1. 企业应按照GB 16179规定，在易燃、易爆、有毒有害等危险场所的醒目位置设置符合GB 2894规定的安全标志。 | 装置、仓库、罐区、装卸区、危险化学品输送管道等危险场所的醒目位置设置符合GB 2894规定的安全标志。 | 查文件：<br>安全标志一览表，载明每个安全标志使用的场所。<br>现场检查：<br>装置现场、仓库、罐区、装卸区等危险场所安全标志设置情况。 | | 1. 未建立安全标志一览表，或者没有载明安全标志使用场所，一项扣1分；<br>2. 未设置安全标志或安全标志使用不符合要求，一处扣1分。 |

续表

| A级要素 | B级要素 | 标准化要求 | 企业达标标准 | 评审方法 | 评审标准 | |
|---|---|---|---|---|---|---|
| | | | | | 否决项 | 扣分项 |
| 7 作业安全（100分） | 7.2 警示标志（15分） | 2. 企业应在重大危险源现场设置明显的安全警示标志。 | 重大危险源现场，设置明显的安全警示标志和告知牌。 | **现场检查：**重大危险源现场安全警示标志和告知牌。 | | 警示标志和告知牌，一处不符合扣1分。 |
| | | 3. 企业应按有关规定，在厂内道路设置限速、限高、禁行等标志。 | 按有关规定在厂内道路设置限速、限高、禁行等标志。 | **现场检查：**厂区道路限速、限高、禁行等标志。 | | 道路限高、限速、禁行等标志不符合要求，一处扣1分。 |
| | | 4. 企业应在检维修、施工、吊装等作业现场设置警戒区域和安全标志，在检修现场的坑、井、洼、沟、陡坡等场所设置围栏和警示灯。 | 1. 检维修、施工、吊装等作业现场设置相应的警戒区域和警示标志；2. 检修现场的坑、井、洼、沟、陡坡等场所设置围栏和警示灯。 | **现场检查：**检维修、施工、吊装等作业现场管理情况。 | | 一项不符合扣1分。 |
| | | 5. 企业应在可能产生严重职业危害作业岗位的醒目位置，按照GBZ 158设置职业危害警示标识，同时设置告知牌，告知产生职业危害的种类、后果、预防及应急救治措施、作业场所职业危害因素检测结果等。 | 1. 在装置现场、仓库、罐区、装卸区等区域可能产生严重职业危害的岗位醒目位置设置警示标志；2. 在产生职业危害的岗位醒目位置设置告知牌，告知职业危害因素检测结果、时间和周期及标准规定值。 | **查文件：**1. 警示标志和告知牌管理台账；2. 职业危害因素检测记录。**现场检查：**职业危害岗位警示标志和告知牌。 | | 1. 未设置警示标志和告知牌，或设置不符合要求，一处扣2分；2. 未在现场告知职业危害因素检测结果、时间和周期或标准规定值，一处扣1分。 |
| | | 6. 企业应按有关规定，在生产区域设置风向标。 | 按有关规定，在生产区域设置风向标。 | **现场检查：**风向标设置的位置是否合理。 | | 未设置风向标，扣3分；设置不符合要求，一处扣1分。 |
| | 7.3 作业环节（40分） | 1. 企业应在危险性作业活动作业前进行危险、有害因素识别，制定控制措施。在作业现场配备相应的安全防护用品(具)及消防设施与器材，规范现场人员作业行为。 | 危险作业现场配备相应安全防护用品(具)及消防设施与器材。 | **现场检查：**相应安全防护用品(具)及消防设施与器材配备情况。 | | 作业现场安全防护用品(具)及消防设施与器材配备不符合要求，一处扣1分。 |

续表

| A级要素 | B级要素 | 标准化要求 | 企业达标标准 | 评审方法 | 评审标准 | |
|---|---|---|---|---|---|---|
| | | | | | 否决项 | 扣分项 |
| 7 作业安全（100分） | 7.3 作业环节（40分） | 2. 企业作业活动的负责人应严格按照规定要求科学指挥；作业人员应严格执行操作规程，不违章作业，不违反劳动纪律。 | 1. 作业活动负责人应严格按照规定要求科学组织作业活动，不得违章指挥；2. 作业人员应严格执行操作规程和作业许可要求，不违章作业，不违反劳动纪律。 | 现场检查：违章指挥、违章作业和违反劳动纪律（"三违"）现象。 | | 存在"三违"现象，1人次扣5分 |
| | | 3. 企业作业人员在进行6.1中规定的作业活动时，应持相应的作业许可证作业。 | 进行危险性作业时，作业人员应持经过审批许可的相应作业许可证。 | 现场检查：作业人员持作业许可证作业情况。 | 未持相应作业许可证进行危险性作业，扣40分（B级要素否决项）。 | |
| | | 4. 企业作业活动监护人员应具备基本救护技能和作业现场的应急处理能力，持相应作业许可证进行监护作业，作业过程中不得离开监护岗位。 | 1. 作业活动监护人员应具备基本救护技能和作业现场的应急处理能力；2. 作业活动监护人员持相应作业许可证进行现场监护，不得离开监护岗位。 | 查文件：作业许可证。询问：监护人员救护技能和应急处理能力。现场检查：监护人员是否持相应许可证监护。 | | 1. 作业许可证未明确监护人员，扣2分；2. 监护人员不具备相应的救护技能及应急处理能力，1人扣1分；3. 监护人员未持有相应作业许可证监护，1人次扣1分；4. 监护人员擅离监护岗位，1人次扣2分。 |
| | | 5. 企业应保持作业环境整洁。 | 保持作业环境整洁，消除安全隐患。 | 现场检查：作业环境。 | | 作业环境或工器具、材料等摆放不符合要求，一处扣1分。 |
| | | 6. 企业同一作业区域内有两个以上承包商进行生产经营活动，可能危及对方生产安全时，应组织并监督承包商之间签订安全生产协议，明确各自的安全生产管理职责和应当采取的安全措施，并指定专职安全生产管理人员进行安全检查与协调。 | 1. 同一作业区域内有两个以上承包商进行生产经营活动，可能危及对方生产安全时，应组织承包商之间签订安全生产协议，明确各自的安全生产管理职责和应当采取的安全措施；2. 指定专职安全生产管理人员进行安全检查和协调并记录。 | 查文件：1. 承包商之间的安全生产协议；2. 检查记录。现场检查：承包商作业现场管理。 | | 1. 未签订安全生产协议书的，一项扣2分；安全生产协议书内容不符合要求，一项扣1分；2. 未进行现场安全检查和协调的，1次扣1分。 |

续表

| A级要素 | B级要素 | 标准化要求 | 企业达标标准 | 评审方法 | 评审标准 | |
|---|---|---|---|---|---|---|
| | | | | | 否决项 | 扣分项 |
| 7 作业安全（100分） | 7.3 作业环节（40分） | 7. 企业应办理机动车辆进入生产装置区、罐区现场相关手续，机动车辆应佩戴标准阻火器、按指定线路行驶。 | 机动车辆进入生产装置区、罐区现场应按规定办理相关手续，佩戴符合标准要求的阻火器，按指定路线、规定速度行驶。 | 查文件：1. 有关机动车辆进入生产装置区、罐区现场的管理规定；2. 机动车辆进入生产装置区、罐区手续。现场检查：机动车辆进入生产装置区、罐区的安全管理。 | | 1. 机动车辆未办理手续进入生产装置区、罐区，1台扣2分；2. 未佩戴阻火器，或未按指定路线、规定速度行驶的，一项扣1分。 |
| | | | 二级企业动火作业、进入受限空间作业及吊装作业管理制度、作业票证及作业现场评审不失分。 | 查文件：动火作业、进入受限空间作业及吊装作业管理制度、作业许可证。现场检查：检查动火作业、进入受限空间作业及吊装作业现场。 | 若失分，扣100分（A级要素否决项）。 | |
| | 7.4 承包商（25分） | 企业应严格执行承包商管理制度，对承包商资格预审、选择、开工前准备、作业过程监督、表现评价、续用等过程进行管理，建立合格承包商名录和档案。企业应与选用的承包商签订安全协议书。 | 1. 建立合格承包商名录、档案（包括承包商资质资料、表现评价、合同等资料）；2. 对承包商进行资格预审；3. 选择、使用合格的承包商；4. 与选用的承包商签订安全协议；5. 对作业过程进行监督检查。 | 查文件：1. 承包商管理制度；2. 承包商管理档案、监督检查记录；3. 安全协议书。现场检查：作业现场管理。 | | 1. 未建立合格承包商档案，一项扣2分；2. 未与承包商签订安全协议，扣3分；3. 未对承包商进行规范管理，一项不符合扣1分；4. 未进行现场安全检查，一次扣1分。 |
| | | | 要向承包商进行作业现场安全交底，对承包商的安全作业规程、施工方案和应急预案进行审查。 | 查文件：现场安全交底、施工方案和应急预案等资料。现场检查：现场抽查承包商施工人员的安全教育情况。 | | 作业现场未进行安全交底，施工方案和应急预案未进行审查，一项不符合扣2分。 |
| 8 职业健康（100分） | 8.1 职业危害项目申报（25分） | 企业如存在法定职业病目录所列的职业危害因素，应按照国家有关规定，及时、如实向当地安全生产监督管理部门申报，接受其监督。 | 1. 识别职业危害因素；2. 及时、如实向当地安全监督管理部门申报法定职业病目录所列的职业危害因素，接受其监督。 | 查文件：1. 职业病危害因素识别记录；2. 职业病危害因素申报表及批复资料。现场检查：现场存在的职业危害因素与申报内容符合情况。 | 1. 未识别职业危害因素，扣25分（B级要素否决项）；2. 未申报职业病危害因素，扣25分（B级要素否决项）。 | 1. 申报职业病危害因素，每漏一种，扣2分；2. 申报内容，一项不符合扣1分。 |

续表

| A级要素 | B级要素 | 标准化要求 | 企业达标标准 | 评审方法 | 评审标准 ||
| | | | | | 否决项 | 扣分项 |
|---|---|---|---|---|---|---|
| 8 职业健康（100分） | 8.2 作业场所职业危害管理（50分） | 1. 企业应制定职业危害防治计划和实施方案，建立健全职业卫生档案和从业人员健康监护档案。 | 1. 制定职业危害防治计划和实施方案；2. 建立健全职业卫生档案，包括职业危害防护设施台账、职业危害监测结果、健康监护报告等；3. 建立从业人员健康监护档案。 | 查文件：1. 职业危害防治计划和实施方案；2. 职业卫生档案；3. 从业人员健康监护档案。 | | 1. 未制定职业危害防治计划和实施方案，一项扣5分；内容一项不符合，扣2分；2. 未建立职业卫生档案扣5分；档案内容不符合要求，一项扣1分；3. 未建立从业人员健康监护档案扣10分；每缺一人扣1分。 |
| | | 2. 企业作业场所应符合GBZ 1、GBZ 2。 | 企业作业场所职业危害因素应符合GBZ 1、GBZ 2.1、GBZ 2.2规定。 | 查文件：职业卫生档案。现场检查：作业现场职业危害管理情况。 | | 作业场所职业危害因素不符合规定，一处扣5分。 |
| | | 3. 企业应确保使用有毒物品作业场所与生活区分开，作业场所不得住人；应将有害作业与无害作业分开，高毒作业场所与其他作业场所隔离。 | 1. 使用有毒物品作业场所与生活区分开，作业场所不住人；2. 将有害作业与无害作业分开；3. 将高毒作业场所与其他作业场所隔离。 | 现场检查：1. 作业场所区域划分情况；2. 作业场所有无住人；3. 高毒作业场所与其他作业场所的隔离是否符合要求。 | 作业场所设生活设施并住人，扣50分（B级要素否决项）。 | 1. 使用和产生有毒物品的作业场所与生活区的距离不符合卫生防护距离标准规定的，一处扣5分；2. 有害作业未与无害作业分开，一处扣5分；3. 未将高毒作业场所与其他作业场所隔离，一处扣10分。 |
| | | 4. 企业应在可能发生急性职业损伤的有毒有害作业场所按规定设置报警设施、冲洗设施、防护急救器具专柜，设置应急撤离通道和必要的泄险区，定期检查并记录。 | 在可能发生急性职业损伤的有毒有害作业场所按规定设置报警设施、冲洗设施、防护急救器具专柜，设置应急撤离通道和必要的泄险区，定期检查并记录。 | 查文件：检查记录。现场检查：报警设施、冲洗设施、防护急救器具专柜、应急撤离通道、泄险区的设置及完整性。 | | 1. 现场未按规定设置有关设施，一项扣2分；2. 应急撤离通道和泄险区，一处不符合扣2分；3. 现场有关设施完整性，一项不符合扣2分；4. 未定期进行检查、记录，一项扣1分。 |
| | | 5. 企业应严格执行生产作业场所职业危害因素检测管理制度，定期对作业场所进行检测，在检测点设置告知牌，告知检测结果，并将结果存入职业卫生档案。 | 1. 定期对作业场所职业危害因素进行检测；2. 在检测点设置告知牌，告知检测结果；3. 将检测结果存入职业卫生档案；4. 工作场所职业危害因素的检测结果不符合标准规定，要进行整改。 | 查文件：1. 职业危害监测制度；2. 职业危害监测报告及职业卫生档案、整改计划。询问：抽查从业人员对检测结果了解情况。现场检查：检测点设置及告知牌。 | | 1. 检测点设置不符合要求，一处扣2分；2. 检测点未设置职业危害因素告知牌，一处扣1分；告知内容不符合要求，一项扣1分；3. 未定期检测，缺一次扣2分，缺一点扣2分； |

| A级要素 | B级要素 | 标准化要求 | 企业达标标准 | 评审方法 | 评审标准 | |
|---|---|---|---|---|---|---|
| | | | | | 否决项 | 扣分项 |
| 8 职业健康（100分） | 8.2 作业场所职业危害管理（50分） | | | | | 4. 从业人员不清楚岗位职业危害情况，1人次扣1分；<br>5. 未将检测结果存入职业卫生档案扣2分；<br>6. 作业场所职业危害因素检测结果不符合符合标准规定，未进行整改，一处扣2分。 |
| | | 6. 企业不得安排上岗前未经职业健康检查的从业人员从事接触职业病危害的作业；不得安排有职业禁忌的从业人员从事禁忌作业。 | 1. 不得安排上岗前未经职业健康检查的从业人员从事接触职业病危害的作业；<br>2. 按规定对从事接触职业病危害作业的人员进行在岗期间、离岗时职业健康检查；<br>3. 不得安排有职业禁忌的人员从事禁忌作业。 | 查文件：<br>健康查体报告。<br>询问：<br>抽查从事接触职业危害及禁忌作业的有关人员健康检查情况及是否有职业禁忌人员。 | | 1. 未对从事接触职业病危害作业的人员进行上岗前、在岗期间及离岗时职业健康检查，1人次扣2分；<br>2. 安排有职业禁忌人员从事禁忌作业，1人次扣5分。 |
| | | | 二级企业已建立完善的作业场所职业危害控制管理制度与检测制度并有效实施，作业场所职业危害得到有效控制。 | 查文件：<br>作业场所职业危害控制管理制度与检测制度、台账。<br>现场检查：<br>作业场所职业危害管理情况。 | 未建立完善的作业场所职业危害控制管理制度与检测制度，或未有效实施，或作业场所职业危害未得到有效控制，扣100分（A级要素否决项）。 | |
| | 8.3 劳动防护用品（25分） | 1. 企业应根据接触危害的种类、强度，为从业人员提供符合国家标准或行业标准的个体防护用品和器具，并监督、教育从业人员正确佩戴、使用。 | 1. 为从业人员提供符合国家标准或行业标准的个体防护用品和器具；<br>2. 监督、教育从业人员正确佩戴、使用个体防护用品和器具。 | 查文件：<br>个体防护用品台账。<br>现场检查：<br>1. 从业人员配备和使用的个体防护用品是否符合规定；<br>2. 从业人员是否能够正确佩戴、使用个体防护用品和器具。 | | 1. 未按规定为从业人员配备个体防护用品和器具，一项不符合扣2分；<br>2. 从业人员在生产现场未佩戴、使用个体防护用品，1人次扣2分；佩戴、使用个体防护用品或器具不符合规定要求，1人次扣1分。 |

续表

| A级要素 | B级要素 | 标准化要求 | 企业达标标准 | 评审方法 | 评审标准 否决项 | 评审标准 扣分项 |
|---|---|---|---|---|---|---|
| 8 职业健康（100分） | 8.3 劳动防护用品（25分） | 2. 企业各种防护器具都应定点存放在安全、方便的地方，并有专人负责保管，定期校验和维护，每次校验后应记录、铅封。 | 1. 各种防护器具都应设置专柜，并定点存放在安全、方便的地方；<br>2. 专人负责保管防护器具专柜；<br>3. 定期校验和维护防护器具；<br>4. 防护器具校验后的记录、铅封。 | 现场检查：<br>1. 防护器具配备是否正确、齐全；<br>2. 防护器具专柜存放地点是否安全、方便；<br>3. 防护器具定期校验、维护，并记录和铅封。 | | 1. 未设置防护器具专柜或不符合要求，一处扣2分；<br>2. 防护器具专柜存放地点不符合要求，一处扣2分；<br>3. 无专人管理防护器具专柜，一处扣1分；<br>4. 防护器具未定期校验和维护，一项扣1分；校验和维护记录、铅封不符合要求，一项扣1分。 |
| | | 3. 企业应建立职业卫生防护设施及个体防护用品管理台账，加强对劳动防护用品使用情况的检查监督，凡不按规定使用劳动防护用品者不得上岗作业。 | 1. 建立职业卫生防护设施及个体防护用品管理台账；<br>2. 加强对劳动防护用品使用情况的检查监督，凡不按规定使用劳动防护用品者不得上岗作业。 | 查文件：<br>1. 职业卫生防护设施台账；<br>2. 个体防护用品台账。<br>现场检查：<br>作业人员是否按规定使用个体防护用品。 | | 1. 未建立职业卫生防护设施管理台账，扣5分；<br>2. 未建立个体防护用品管理台账，扣5分；<br>3. 台账内容不符合要求，一项扣1分；<br>4. 未按规定使用个体防护用品上岗作业，1人次扣2分。 |
| 9 危险化学品管理（100分） | 9.1 危险化学品档案（10分） | 企业应对所有危险化学品，包括产品、原料和中间产品进行普查，建立危险化学品档案。 | 1. 对所有危险化学品进行普查；<br>2. 建立危险化学品档案，内容包括：名称及存放、生产、使用地点；数量、危险性分类、危规号、包装类别、登记号、危险化学品安全技术说明书和安全标签（以下简称"一书一签"）等。 | 查文件：<br>1. 化学品普查表；<br>2. 危险化学品档案。<br>现场检查：<br>危险化学品储存情况。 | 未进行危险化学品普查，扣10分（B级要素否决项）。 | 1. 每漏查1种扣1分；<br>2. 未建立危险化学品档案扣5分；档案内容，一项不符合扣1分。 |
| | 9.2 化学品分类（10分） | 企业应按照国家有关规定对其产品、所有中间产品进行分类，并将分类结果汇入危险化学品档案。 | 1. 对产品、所有中间产品进行危险性鉴别与分类，并将分类结果汇入危险化学品档案；<br>2. 化验室使用化学试剂应分类并建立清单。 | 查文件：<br>1. 化学品普查表；<br>2. 化学品鉴别分类报告；<br>3. 化验室化学试剂分类清单。 | | 1. 未按照国家规定进行分类，扣5分；每漏1种扣2分；<br>2. 化验室无化学试剂分类清单，扣2分。 |

续表

| A 级要素 | B 级要素 | 标准化要求 | 企业达标标准 | 评审方法 | 评审标准 | |
|---|---|---|---|---|---|---|
| | | | | | 否决项 | 扣分项 |
| 9 危险化学品管理（100分） | 9.3 化学品安全技术说明书和安全标签（10分） | 1. 生产企业的产品属危险化学品时，应按 GB 16483 和 GB 15258 编制产品安全技术说明书和安全标签，并提供给用户。 | 1. 生产企业要给本企业生产的危险化学品编制符合国家标准要求的"一书一签"；2. 生产企业生产的危险化学品发现新的危险特性时，要及时更新"一书一签"，并公告；3. 主动向本企业生产的危险化学品购买者或用户提供"一书一签"。 | 查文件："一书一签"。现场检查：化学品包装上是否有中文化学品安全标签。 | 生产的危险化学品未编制"一书一签"，扣10分（B级要素否决项）。 | 1. 缺少一种产品"一书一签"，扣2分；2. 编写的"一书一签"不符合标准要求，一项扣1分；未按规定及时更新扣2分；3. 未向购买者或用户提供"一书一签"，扣2分。 |
| | | 2. 采购危险化学品时，应索取安全技术说明书和安全标签，不得采购无安全技术说明书和安全标签的危险化学品。 | 采购危险化学品时，应主动向销售单位索取"一书一签"。 | 查文件：1. 采购的危险化学品名录；2. 采购的危险化学品中文"一书一签"。 | | 采购的危险化学品无"一书一签"，1种物质扣2分。 |
| | 9.4 化学事故应急咨询服务电话（10分） | 生产企业应设立24小时应急咨询服务固定电话，有专业人员值班并负责相关应急咨询。没有条件设立应急咨询服务电话的，应委托危险化学品专业应急机构作为应急咨询服务代理。 | 生产企业设立应急咨询服务固定电话或委托危险化学品专业应急机构，为用户提供24小时应急咨询服务。 | 查文件："一书一签"上是否有应急咨询服务电话。询问：应急咨询服务电话设立情况及应急咨询服务情况。现场检查：现场测试应急咨询服务电话及咨询服务情况。 | 未设立应急电话，也未委托应急机构代理，扣10分（B级要素否决项）。 | 1. 设立的应急电话不能满足要求，一项扣1分；2. 安全标签上的应急咨询电话与设立的化学事故应急咨询电话不一致的，扣1分；3. 已委托应急代理，但职责不清或代理机构未尽职责的，一项不符合扣2分。 |
| | 9.5 危险化学品登记（20分） | 企业应按照有关规定对危险化学品进行登记。 | 按照有关规定对危险化学品进行登记。 | 查文件：危险化学品登记证及资料。 | 没有进行危险化学品登记或登记证载明的日期超过有效期扣20分（B级要素否决项）。 | 未按照规定范围登记，每漏1种扣2分；发现新的危险特性未及时变更登记内容扣1分。 |
| | 9.6 危害告知（15分） | 企业应以适当、有效的方式对从业人员及相关方进行宣传，使其了解生产过程中危险化学品的危险特性、活性危害、禁配物等，以及采取的预防及应急处理措施。 | 对从业人员及相关方进行宣传、培训，使其了解本企业、本岗位涉及危险化学品的危险特性、活性危害、禁配物，以及采取的预防及应急处理措施。 | 查文件：劳动合同及宣传、培训教育记录。现场检查：公告栏、告知牌等。 | | 劳动合同、宣传、培训、公告栏、现场告知牌等，一项不符合扣1分。 |

续表

| A级要素 | B级要素 | 标准化要求 | 企业达标标准 | 评审方法 | 评审标准 | |
|---|---|---|---|---|---|---|
| | | | | | 否决项 | 扣分项 |
| 9 危险化学品管理（100分） | 9.7 储存和运输（25分） | 1. 企业应严格执行危险化学品储存、出入库安全管理制度。危险化学品应储存在专用仓库、专用场地或者专用储存室（以下统称专用仓库）内，并按照相关技术标准规定的储存方法、储存数量和安全距离，实行隔离、隔开、分离储存，禁止将危险化学品与禁忌物品混合储存；危险化学品专用仓库应当符合相关技术标准对安全、消防的要求，设置明显标志，并由专人管理；危险化学品出入库应当进行核查登记，并定期检查。 | 1. 危险化学品应储存在专用仓库内，并按照相关技术标准规定的储存方法、储存数量和安全距离，实行隔离、隔开、分离储存，禁止将危险化学品与禁忌物品混合储存；2. 危险化学品专用仓库符合安全、消防要求，设置明显安全标志、通信和报警装置，并由专人管理；3. 危险化学品出入库应当进行核查登记，并定期检查；4. 选用合适的液位测量仪表，实现储罐物料液位动态监控；5. 危险化学品输送管道应定期巡线。 | 查文件：1. 危险化学品安全管理制度；2. 危险化学品出入库记录；3. 检查记录；4. 巡线记录。现场检查：1. 危险化学品专用仓库安全设施和安全管理情况；2. 液位动态监控系统；3. 危险化学品输送管道安全设施。 | | 1. 危险化学品储存不符合规定要求，一处扣2分；2. 未建立危险化学品出入库记录，扣2分；3. 无动态液位监控系统扣2分；4. 未建立危险化学品输送管道巡线记录，扣2分；5. 危险化学品专用仓库安全、消防设施配置不符合要求，一处扣2分；6. 未定期进行安全检查，扣2分；7. 未设置通信和报警装置，或不符合要求，一处扣2分。 |
| | | 2. 企业的剧毒化学品必须在专用仓库单独存放，实行双人收发、双人保管制度。企业应将储存剧毒化学品的数量、地点以及管理人员的情况，报当地公安部门和安全生产监督管理部门备案。 | 1. 剧毒化学品及储存数量构成重大危险源的其他危险化学品必须在专用仓库单独存放，实行双人收发、双人保管制度；2. 将储存剧毒化学品的数量、地点以及管理人员的情况，报当地公安部门和安全生产监督管理部门备案。 | 查文件：1. 剧毒化学品安全管理制度；2. 剧毒化学品收发台账；3. 剧毒化学品备案资料。询问：有关人员对剧毒化学品管理的要求。现场检查：剧毒化学品仓库安全管理情况。 | 剧毒化学品未实行双人收发、双人保管，扣25分（B级要素否决项）。 | 1. 剧毒化学品存放不符合要求，一处扣2分；2. 未按要求备案，扣2分；3. 有关人员不清楚剧毒化学品管理的要求，1人次扣1分；4. 剧毒化学品仓库安全管理，一项不符合扣2分。 |
| | | 3. 企业应严格执行危险化学品运输、装卸安全管理制度，规范运输、装卸人员行为。 | 1. 严格执行危险化学品运输、装卸安全管理制度，进行安全检查，对运输、装卸人员行为进行规范管理；2. 危险化学品运输专用车辆安装具有行驶记录功能的卫星定位装置； | 查文件：1. 危险化学品运输、装卸安全管理制度；2. 装车前后安全检查记录。询问：有关人员对危险化学品运输、装卸的安全管理要求。 | | 1. 装车前后未进行安全检查，无记录，扣2分；检查内容不符合要求，一项扣1分；2. 有关人员不清楚危险化学品运输、装卸安全管理要求，1人扣1分； |

续表

| A级<br>要素 | B级<br>要素 | 标准化要求 | 企业达标标准 | 评审方法 | 评审标准 | |
|---|---|---|---|---|---|---|
| | | | | | 否决项 | 扣分项 |
| 9 危险<br>化学品<br>管理<br>（100分） | 9.7<br>储存和<br>运输<br>（25分） | | 3. 企业要对危险化学品运输车辆GPS的安装、使用情况进行检查并记录；<br>4. 采用金属万向管道充装系统充装液氯、液氨、液化石油气、液化天然气等液化危险化学品； | 现场检查：<br>1. 危险化学品运输专用车辆是否配备卫星定位装置；<br>2. 充装设施。 | | 3. 使用无卫星定位装置危险化学品运输车辆，扣2分；<br>4. 充装设施不符合要求，一项不符合扣1分。 |
| | | | 5. 生产储存危险化学品企业转产、停产、停业或解散时，应当采取有效措施，及时妥善处置危险化学品装置、储存设施以及库存的危险化学品，不得丢弃；处置方案报县级政府有关部门备案。 | 查文件：<br>危险化学品装置、储存设施以及库存的危险化学品处置文件；备案文件。<br>现场检查：<br>废弃设施。 | | 1. 危险化学品装置、储存设施以及库存的危险化学品未按规定处置扣3分；<br>2. 未备案扣1分。 |
| 10 事故<br>与应急<br>（100分） | 10.1<br>应急指挥与救援系统<br>（10分） | 1. 企业应建立应急指挥系统，实行分级管理，即厂级、车间级管理。 | 建立厂级和车间级应急指挥系统。 | 查文件：<br>应急救援预案。<br>询问：<br>有关人员是否了解应急指挥系统。 | | 1. 未建立应急指挥系统，扣5分；<br>2. 未实行厂级、车间级分级管理，扣2分；<br>3. 有关人员不清楚应急指挥系统，1人次扣1分。 |
| | | 2. 企业应建立应急救援队伍。 | 建立应急救援队伍。 | 查文件：<br>应急救援预案。<br>询问：<br>有关人员是否了解应急救援队伍组成。 | | 1. 未建立应急救援队伍，扣2分；<br>2. 有关人员不清楚应急救援队伍组成，1人次扣2分。 |
| | | 3. 企业应明确各级应急指挥系统和救援队的职责。 | 明确各级指挥系统和救援队伍职责。 | 查文件：<br>应急救援预案。<br>询问：<br>应急救援指挥人员和救援人员是否了解各自的职责。 | | 1. 未明确各级应急指挥系统和救援队伍职责，一项不符合扣2分；<br>2. 有关人员不了解其应急职责，1人次扣1分。 |
| | 10.2<br>应急救援设施<br>（15分） | 1. 企业应按国家有关规定，配备足够的应急救援器材，并保持完好。 | 1. 针对可能发生的事故类型，按照规定配备足够的应急救援器材、消防设施及器材；<br>2. 建立应急救援器材、消防设施及器材台账； | 查文件：<br>1. 应急救援预案；<br>2. 应急救援器材台账；<br>3. 消防设施、器材台账；<br>4. 应急救援器材、消防设施及器材检查维护记录。 | | 1. 未配备足够的应急救援器材，消防设施及器材一项不符合扣1分；<br>2. 未建立应急救援器材台账，扣1分；<br>3. 未建立消防设施、器材台账，扣1分； |

续表

| A级要素 | B级要素 | 标准化要求 | 企业达标标准 | 评审方法 | 评审标准 | |
|---|---|---|---|---|---|---|
| | | | | | 否决项 | 扣分项 |
| 10 事故与应急（100分） | 10.2 应急救援设施（15分） | | 3. 应急救援器材、消防设施及器材保持完好，方便易取；<br>4. 疏散通道、安全出口、消防通道符合规定，保持畅通。 | **现场检查：**<br>1. 应急救援器材、消防设施及器材数量及完整性；<br>2. 疏散通道、安全出口、消防通道符合性。 | | 4. 救援器材、消防设施及器材未定期检查维护，一项不符合扣1分；<br>5. 应急救援器材、消防设施及器材完整性不符合要求，一项扣2分；<br>6. 疏散通道、安全出口、消防通道不符合要求，一处扣2分。 |
| | | 2. 企业应建立应急通信网络，保证应急通信网络的畅通。 | 1. 设置固定报警电话；<br>2. 明确应急救援指挥和救援人员电话；<br>3. 明确外部救援单位联络电话；<br>4. 报警电话24小时畅通。 | **查文件：**<br>应急救援预案。<br>**询问：**<br>作业人员是否清楚内部、外部报警电话。<br>**现场查验：**<br>1. 企业是否设置了报警电话；<br>2. 报警电话是否置于各岗位显著位置；<br>3. 报警电话是否畅通。 | | 1. 未建立应急通信网络，扣2分；企业未设置固定报警电话，扣2分；<br>2. 作业人员不了解内外部报警电话，1人次扣2分；<br>3. 报警电话不能保证畅通，扣1分。 |
| | | 3. 企业应为有毒有害岗位配备救援器材柜，放置必要的防护救护器材，进行经常性的维护保养并记录，保证其处于完好状态。 | 1. 有毒有害岗位配备救援器材专柜，放置必要的防护救护器材；<br>2. 防护救护器材应处于完好状态；<br>3. 建立防护救护器材管理台账和维护保养记录。 | **查文件：**<br>1. 防护救护器材管理台账；<br>2. 防护救护器材检查维护记录。<br>**询问：**<br>作业人员是否熟悉防护救护器材的使用。<br>**现场检查：**<br>1. 有毒有害岗位是否设置了救援器材柜；<br>2. 防护救护器材是否完好。 | | 1. 未在有毒有害岗位配备救援器材柜，放置必要的防护救护器材，一项扣1分；<br>2. 未建立防护救护器材台账，扣1分；<br>3. 未定期检查维护防护救护器材，一次扣1分；<br>4. 作业人员不熟悉防护救护器材使用，1人次扣1分。 |
| | 10.3 应急救援预案与演练（25分） | 1. 企业宜按照AQ/T 9002，根据风险评价的结果，针对潜在事件和突发事故，制定相应的事故应急救援预案。 | 1. 事故应急救援预案编制符合标准要求；<br>2. 根据风险评价结果，编制专项和现场处置预案。 | **查文件：**<br>应急救援预案。 | 未编制事故应急救援预案，扣25分（B级要素否决项）。 | 1. 应急救援预案不全，缺少一个扣2分；<br>2. 应急救援预案内容不符合标准要求，一项扣1分。 |

续表

| A级要素 | B级要素 | 标准化要求 | 企业达标标准 | 评审方法 | 评审标准 | |
|---|---|---|---|---|---|---|
| | | | | | 否决项 | 扣分项 |
| 10　事故与应急（100分） | 10.3 应急救援预案与演练（25分） | 2. 企业应组织从业人员进行应急救援预案的培训，定期演练，评价演练效果，评价应急救援预案的充分性和有效性，并形成记录。 | 1. 组织应急救援预案培训；<br>2. 综合应急救援预案每年至少组织一次演练，现场处置方案每半年至少组织一次演练；<br>3. 演练后及时进行演练效果评价，并对应急预案评审。 | **查文件：**<br>1. 应急救援预案培训记录；<br>2. 应急救援预案演练记录；<br>3. 应急救援预案演练评价报告。<br>**询问：**<br>有关人员是否熟悉应急救援预案内容及参加演练情况。 | | 1. 未对从业人员进行应急救援预案培训，1人次扣1分；<br>2. 未定期进行应急救援预案演练，扣2分；<br>3. 未对预案演练进行效果评价，扣1分；<br>4. 演练后未对预案评审，扣2分。 |
| | | 3. 企业应定期评审应急救援预案，尤其在潜在事件和突发事故发生后。 | 1. 定期评审应急救援预案，至少每三年评审修订一次；<br>2. 潜在事件和突发事故发生后，及时评审修订预案。 | **查文件：**<br>1. 应急救援预案评审修订规定；<br>2. 应急救援预案评审记录。 | | 1. 未明确预案评审修订的时机和频次，扣2分；<br>2. 未定期或及时评审修订应急救援预案，扣2分。 |
| | | 4. 企业应将应急救援预案报当地安全生产监督管理部门和有关部门备案，并通报当地应急协作单位，建立应急联动机制。 | 1. 将应急救援预案报所在地设区的市级人民政府安全生产监督管理部门备案；<br>2. 通报当地应急协作单位。 | **查文件：**<br>1. 应急救援预案备案回执；<br>2. 应急协作单位收到预案的回执。 | | 1. 未及时备案，扣2分；<br>2. 未通报当地应急协作单位，扣2分。 |
| | 10.4 抢险与救护（20分） | 1. 企业发生生产安全事故后，应迅速启动应急救援预案，企业负责人直接指挥，积极组织抢救，妥善处理，以防止事故的蔓延扩大，减少人员伤亡和财产损失。安全、技术、设备、动力、生产、消防、保卫等部门应协助做好现场抢救和警戒工作，保护事故现场。 | 1. 发生生产安全事故后，迅速启动应急救援预案；<br>2. 企业负责人直接指挥抢救，妥善处理，减少人员伤亡和财产损失；<br>3. 相关部门协助现场抢救和警戒工作，保护事故现场。 | **查文件：**<br>1. 应急预案；<br>2. 事故台账和调查报告；<br>3. 事故或事件后，对预案评审的报告。<br>**询问：**<br>企业负责人、各职能部门负责人是否了解事故时各自的职责。 | | 1. 未明确企业有关人员职责，一项扣1分；<br>2. 相关人员不了解应急职责，1人次扣1分。 |
| | | 2. 企业发生有害物大量外泄事故或火灾爆炸事故应设警戒线。 | 发生有害物大量泄漏事故或火灾爆炸事故时，及时设置警戒线。 | **查文件：**<br>事故调查报告。<br>**询问：**<br>相关人员是否了解发生有害物大量外泄事故或火灾爆炸事故时应采取的措施。 | | 相关人员不了解应设警戒线的措施，1人次扣1分。 |

续表

| A级要素 | B级要素 | 标准化要求 | 企业达标标准 | 评审方法 | 评审标准 | |
|---|---|---|---|---|---|---|
| | | | | | 否决项 | 扣分项 |
| | 10.4 抢险与救护（20分） | 3. 企业抢救人员应佩戴好相应的防护器具，对伤亡人员及时进行抢救处理。 | 1. 抢救人员应熟练使用相关防护器具；2. 抢救人员应掌握必要的急救知识，并经过急救技能培训。 | **查文件：**事故调查报告。**询问：**事故抢救人员是否了解事故现场防护器具的配备、使用规定及抢救知识。 | | 1. 抢救人员不会使用防护器具，1人扣2分；2. 抢救人员不了解抢救知识，1人次扣2分。 |
| 10 事故与应急（100分） | 10.5 事故报告（15分） | 1. 企业应明确事故报告程序。发生生产安全事故后，事故现场有关人员除立即采取应急措施外，应按规定和程序报告本单位负责人和有关部门。情况紧急时，事故现场有关人员可以直接向事故发生地县级以上人民政府安全生产监督管理部门和负有安全生产监督管理职责的有关部门报告。 | 1. 明确事故报告程序和事故报告的责任部门、责任人；2. 发生事故，现场人员立即采取应急措施；3. 发生事故后按程序报告；4. 情况紧急时，事故现场人员可以直接向有关部门报告。 | **查文件：**1. 事故管理制度；2. 事故调查报告。**询问：**1. 从业人员是否了解事故报告程序；2. 从业人员是否了解应急措施。 | | 1. 未明确事故报告程序、责任部门、责任人，一项不符合扣3分；2. 从业人员不了解事故报告程序或事故现场应采取的措施，1人次扣2分。 |
| | | 2. 企业负责人接到事故报告后，应当于1小时内向事故发生地县级以上人民政府安全生产监督管理部门和负有安全生产监督管理职责的有关部门报告。 | 企业负责人接到事故报告后，应当于1小时内向有关部门报告。 | **查文件：**事故台账和调查报告。**询问：**企业负责人是否了解事故报告职责和时限。 | 存在事故瞒报、谎报、拖延不报现象的，扣100分（A级要素否决）。 | 企业负责人不了解事故报告的职责和时限，扣5分。 |
| | | 3. 企业在事故报告后出现新情况时，应按有关规定及时补报。 | 事故报告后出现新情况时及时补报。 | **查文件：**事故台账和调查报告。**询问：**企业负责人是否了解事故报告补报的要求和内容。 | | 1. 企业负责人不了解有关事故补报要求，扣5分；2. 事故报告后出现新情况时，未按规定及时补报，扣5分。 |
| | 10.6 事故调查（15分） | 1. 企业发生生产安全事故后，应积极配合各级人民政府组织的事故调查，负责人和有关人员在事故调查期间不得擅离职守，应当随时接受事故调查组的询问，如实提供有关情况。 | 1. 发生事故，积极配合政府组织的事故调查；2. 负责人和有关人员在事故调查期间不得擅离职守，应当随时接受事故调查组的调查，如实提供有关情况。 | **查文件：**事故调查报告。**询问：**有关人员如何配合事故调查。 | | 1. 发生事故时，未积极配合政府组织的事故调查，扣2分；2. 事故调查期间，负责人和有关人员擅离职守，1人次扣4分；3. 有关人员不清楚如何配合，1人次扣2分。 |

续表

| A级要素 | B级要素 | 标准化要求 | 企业达标标准 | 评审方法 | 评审标准 | |
|---|---|---|---|---|---|---|
| | | | | | 否决项 | 扣分项 |
| 10 事故与应急（100分） | 10.6 事故调查（15分） | 2. 未造成人员伤亡的一般事故，县级人民政府委托企业负责组织调查的，企业应按规定成立事故调查组组织调查，按时提交事故调查报告。 | 1. 按规定成立事故调查组，必要时请外部专家参加事故调查组；<br>2. 认真组织一般事故调查，按时提交事故调查报告。 | 查文件：<br>1. 事故管理规定；<br>2. 事故调查报告。<br>询问：<br>相关人员是否了解事故调查组要求、职责、一般事故调查程序。 | | 1. 未按规定成立事故调查组，一项扣2分；<br>2. 未按"四不放过"原则进行事故调查、处理，一项扣2分；<br>3. 未及时提交事故调查报告，扣2分；<br>4. 相关人员不清楚调查要求，1人次扣1分。 |
| | | 3. 企业应落实事故整改和预防措施，防止事故再次发生。整改和预防措施应包括：<br>（1）工程技术措施；<br>（2）培训教育措施；<br>（3）管理措施。 | 1. 制定并落实事故整改和预防措施；<br>2. 事故整改和预防措施要具体，有针对性和可操作性；<br>3. 检查事故整改情况和预防措施落实情况。 | 查文件：<br>事故调查报告。<br>现场检查：<br>有关事故整改和预防措施的落实情况。 | | 1. 未制定或未落实事故整改和预防措施，一项扣2分；<br>2. 事故整改、预防措施不具体，缺乏针对性和可操作性，一项扣1分。 |
| | | 4. 企业应建立事故档案和事故管理台账。 | 1. 建立事故管理台账，包括未遂事故；<br>2. 建立事故档案。 | 查文件：<br>1. 事故管理台账；<br>2. 事故档案。<br>询问：<br>了解企业发生的事故与台账、档案是否相符。 | | 1. 未建立事故管理台账，扣5分；内容不符合要求，一项扣1分；<br>2. 未建立事故管理档案，扣5分；内容不符合要求，扣1分；<br>3. 发生的事故与台账、档案不相符，一项扣2分。 |
| | | | 对涉险事故、未遂事故等安全事件（如事故征兆、非计划停工、异常工况、泄漏等），按照重大、较大、一般等级别，进行分级管理，制定整改措施。 | 查文件：<br>1. 事故管理制度；<br>2. 事故管理台账；<br>3. 已发生事件的调查处理报告。 | | 1. 没有建立事件台账（扣分在台账及制度部分）。<br>2. 对事件没有进行调查，一项扣5分。 |
| | | | 二级企业已把承包商事故纳入本企业事故管理。 | 查文件：<br>1. 事故管理台账；<br>2. 已发生事件的调查处理报告。 | 未将承包商事故纳入本企业事故管理，扣100分（A级要素否决项）。 | |

续表

| A级要素 | B级要素 | 标准化要求 | 企业达标标准 | 评审方法 | 评审标准 | |
|---|---|---|---|---|---|---|
| | | | | | 否决项 | 扣分项 |
| 11 检查与自评 (100分) | 11.1 安全检查 (25分) | 1. 企业应严格执行安全检查管理制度,定期或不定期进行安全检查,保证安全标准化有效实施。 | 明确各种安全检查的内容、频次和要求,开展安全检查。 | 查文件: 安全检查管理制度。 | | 未明确各种安全检查的内容、频次和要求,缺少一项扣1分。 |
| | | 2. 企业安全检查应有明确的目的、要求、内容和计划。各种安全检查均应编制安全检查表,安全检查表应包括检查项目、检查内容、检查标准或依据、检查结果等内容。 | 1. 制定安全检查计划,明确各种检查的目的、要求、内容和负责人; 2. 编制综合、专项、节假日、季节和日常安全检查表; 3. 各种安全检查表内容全面。 | 查文件: 1. 安全检查计划; 2. 各种安全检查表; 3. 安全检查表应用培训记录。 | | 1. 未制定安全检查计划,扣2分; 2. 安全检查表不全,缺少一种扣2分; 3. 安全检查表内容不符合,一项扣1分; 4. 未开展安全检查表应用培训,扣2分。 |
| | | 3. 企业各种安全检查表应作为企业有效文件,并在实际应用中不断完善。 | 1. 明确各种安全检查表的编制单位、审核人、批准人; 2. 每年评审修订各种安全检查表。 | 查文件: 1. 各种安全检查表; 2. 检查表评审修订记录。 | | 1. 安全检查表缺少编制单位、审核人、批准人,一项不符合扣1分; 2. 安全检查表未定期评审修订,扣2分。 |
| | 11.2 安全检查形式与内容 (25分) | 1. 企业应根据安全检查计划,开展综合性检查、专业性检查、季节性检查、日常检查和节假日检查;各种安全检查均应按相应的安全检查表逐项检查,建立安全检查台账,并与责任制挂钩。 | 1. 根据安全检查计划,按相应检查表开展各种安全检查; 2. 建立安全检查台账; 3. 检查结果与责任制挂钩。 | 查文件: 1. 安全检查台账; 2. 检查考核记录。 | | 1. 未按规定开展安全检查,扣2分; 2. 未建立安全检查台账,扣2分;内容一项不符合扣1分; 3. 检查结果未与责任制挂钩,一项不符合扣1分。 |
| | | 2. 企业安全检查形式和内容应满足: (1)综合性检查应由相应级别的负责人负责组织,以落实岗位安全责任制为重点,各专业共同参与的全面安全检查。厂级综合性安 | 企业安全检查形式和内容应满足: (1)综合性检查应由相应级别的负责人负责组织,以落实岗位安全责任制为重点,各专业共同参与的全面安全检查。厂级综合性安全检查每季度不少于1次,车间级综合性安全检查每月不少于1次; | 查文件: 各种安全检查记录。 | | 各种安全检查不符合标准要求,一项扣2分。 |

| A 级要素 | B 级要素 | 标准化要求 | 企业达标标准 | 评审方法 | 评审标准 | |
|---|---|---|---|---|---|---|
| | | | | | 否决项 | 扣分项 |
| 11 检查与自评（100分） | 11.2 安全检查形式与内容（25分） | 全检查每月不少于1次；<br>（2）专业检查分别由各专业部门的负责人组织本系统人员进行，主要是对锅炉、压力容器、危险物品、电气装置、机械设备、构建筑物、安全装置、防火防爆、防尘防毒、监测仪器等进行专业检查。专业检查每半年不少于1次；<br>（3）季节性检查由各业务部门的负责人组织本系统相关人员进行，是根据当地各季节特点对防火防爆、防雨防汛、防雷电、防暑降温、防风及防冻保暖工作等进行预防性季节检查；<br>（4）日常检查分岗位操作人员巡回检查和管理人员日常检查。岗位操作人员应认真履行岗位安全生产责任制，进行交接班检查和班中巡回检查，各级管理人员应在各自的业务范围内进行日常检查；<br>（5）节假日检查主要是对节假日前安全、保卫、消防、生产物资准备、备用设备、应急预案等方面进行的检查。 | （2）专业检查分别由各专业部门的负责人组织本系统人员进行，主要是对特种设备、危险物品、电气装置、机械设备、构建筑物、安全装置、防火防爆、防尘防毒、监测仪器等进行专业检查。专业检查每半年不少于1次；<br>（3）季节性检查由各业务部门的负责人组织本系统相关人员进行，是根据当地各季节特点对防火防爆、防雨防汛、防雷电、防暑降温、防风及防冻保暖工作等进行预防性季节检查；<br>（4）日常检查分岗位操作人员巡回检查和管理人员日常检查。岗位操作人员应认真履行岗位安全生产责任制，进行交接班检查和班中巡回检查，各级管理人员应在各自的业务范围内进行日常检查；<br>（5）节假日检查主要是对节假日前安全、保卫、消防、生产物资准备、备用设备、应急预案等方面进行的检查。 | | | |

## 18. 国家安全监管总局关于印发危险化学品从业单位安全生产标准化
### 评审标准的通知 · 159 ·

续表

| A级要素 | B级要素 | 标准化要求 | 企业达标标准 | 评审方法 | 评审标准 否决项 | 评审标准 扣分项 |
|---|---|---|---|---|---|---|
| 11 检查与自评（100分） | 11.3 整改（20分） | 1. 企业应对安全检查所查出的问题进行原因分析，制定整改措施，落实整改时间、责任人，并对整改情况进行验证，保存相应记录。 | 1. 对检查出的问题进行原因分析，及时进行整改；2. 对整改情况进行验证；3. 保存检查、整改和验证等相关记录。 | 查文件：1. 安全检查台账；2. 检查问题整改记录。 | | 1. 未对安全检查所查出的问题进行原因分析，一项扣1分；2. 未对安全检查所查出的问题进行整改，一项扣2分；3. 未对整改情况进行验证，一项扣2分；4. 未保存相应记录，一项扣2分。 |
| | | 2. 企业各种检查的主管部门应对各级组织和人员检查出的问题和整改情况定期进行检查。 | 各种检查的主管部门对各级组织检查出的问题和整改情况定期检查。 | 查文件：检查记录。 | | 未对检查出的问题和整改情况定期检查，扣4分。 |
| | 11.4 自评（30分） | 企业应每年至少1次对安全标准化运行进行自评，提出进一步完善安全标准化的计划和措施。 | 1. 明确自评时间；2. 制定自评计划；3. 编制自评检查表；4. 建立自评组织；5. 每年至少1次进行安全标准化自评；6. 编制自评报告；7. 提出进一步完善的计划和措施；8. 对自评有关资料存档管理。 | 查文件：1. 安全标准化自评管理制度；2. 开展自评的相关文件资料；3. 进一步完善的安全标准化工作的计划和措施。 | 未进行自评，扣100分（A级要素否决项）。 | 1. 自评文件不全，一项不符合扣1分；2. 未制定并落实进一步完善计划和措施，扣2分；3. 不符合项未整改，或整改不符合要求，一项扣2分。 |
| 12 本地区的要求 | | | 1. 地方人民政府及有关部门提出的安全生产具体要求；2. 地方安全监管部门组织专家对工艺安全等安全生产条件及企业安全管理的改进意见。 | 查文件：有关制度及台账、记录。现场检查：落实情况及整改效果。 | 未满足要求（A级要素否决项）。 | |

# 19. 国家安全监管总局关于印发危险化学品从业单位安全生产标准化评审工作管理办法的通知

安监总管三〔2011〕145 号

各省、自治区、直辖市及新疆生产建设兵团安全生产监督管理局：

为认真贯彻落实《国务院关于进一步加强企业安全生产工作的通知》（国发〔2010〕23号）、《国务院安委会关于深入开展企业安全生产标准化建设的指导意见》（安委〔2011〕4号）精神和《国家安全监管总局关于进一步加强危险化学品企业安全生产标准化工作的通知》（安监总管三〔2011〕24号）要求，国家安全监管总局制定了《危险化学品从业单位安全生产标准化评审工作管理办法》。现印发给你们，请结合实际情况，认真抓好落实。

国家安全生产监督管理总局
二〇一一年九月十六日

# 危险化学品从业单位安全生产标准化评审工作管理办法

**一、总则**

（一）为认真贯彻落实《国务院关于进一步加强企业安全生产工作的通知》（国发〔2010〕23号）、《国务院安委会关于深入开展企业安全生产标准化建设的指导意见》（安委〔2011〕4号）精神和《国家安全监管总局关于进一步加强危险化学品企业安全生产标准化工作的通知》（安监总管三〔2011〕24号）要求，推动和指导危险化学品从业单位（以下简称危化品企业）进一步落实安全生产主体责任，规范和加强危化品企业安全生产标准化（以下简称安全标准化）评审工作，制定本办法。

（二）本办法适用于危化品企业安全标准化评审工作的管理。

（三）国家安全监管总局负责监督指导全国危化品企业安全标准化评审工作。省级、设区的市级（以下简称市级）安全监管部门负责监督指导本辖区危化品企业安全标准化评审工作。

（四）危化品企业安全标准化达标等级由高到低分为一级、二级和三级。

（五）一级企业由安全监管总局公告，证书、牌匾由其确定的评审组织单位发放。二级、三级企业的公告和证书、牌匾的发放，由省级安全监管部门确定。

（六）危化品企业安全标准化达标评审工作按照自评、申请、受理、评审、审核、公告、发证的程序进行。

（七）市级以上安全监管部门应建立安全生产标准化专家库，为危化品企业开展安全生产标准化提供专家支持。

**二、机构与人员**

（八）国家安全监管总局确定一级企业评审组织单位和评审单位。

省级安全监管部门确定并公告二级、三级企业评审组织单位和评审单位。评审组织单位可以是安全监管部门，也可以是安全监管部门确定的单位。

（九）评审组织单位承担以下工作：

1. 受理危化品企业提交的达标评审申请，审查危化品企业提交的申请材料。

2. 选定评审单位，将危化品企业提交的申请材料转交评审单位。

3. 对评审单位的评审结论进行审核，并向相应安全监管部门提交审核结果。

4. 对安全监管部门公告的危化品企业发放达标证书和牌匾。

5. 对评审单位评审工作质量进行检查考核。

（十）评审单位应具备以下条件：

1. 具有法人资格。

2. 有与其开展工作相适应的固定办公场所和设施、设备，具有必要的技术支撑条件。

3. 注册资金不低于100万元。

4. 本单位承担评审工作的人员中取得评审人员培训合格证书的不少于10名，且有不少于5名具有危险化学品相关安全知识或化工生产实际经验的人员。

5. 有健全的管理制度和安全生产标准化评审工作质量保证体系。

（十一）评审单位承担以下工作：

1. 对本地区申请安全生产标准化达标的企业实施评审。

2. 向评审组织单位提交评审报告。

3. 每年至少一次对质量保证体系进行内部审核，每年 1 月 15 日前和 7 月 15 日前分别对上年度和本年度上半年本单位评审工作进行总结，并向相应安全监管部门报送内部审核报告和工作总结。

（十二）国家安全监管总局化学品登记中心为全国危化品企业安全标准化工作提供技术支撑，承担以下工作：

1. 为各地做好危化品企业安全标准化工作提供技术支撑。

2. 起草危化品企业安全标准化相关标准。

3. 拟定危化品企业安全标准化评审人员培训大纲、培训教材及考核标准，承担评审人员培训工作。

4. 承担危化品企业安全标准化宣贯培训，为各地开展危化品企业安全标准化自评员培训提供技术服务。

（十三）承担评审工作的评审人员应具备以下条件：

1. 具有化学、化工或安全专业大专（含）以上学历或中级（含）以上技术职称。

2. 从事危险化学品或化工行业安全相关的技术或管理等工作经历 3 年以上。

3. 经中国化学品安全协会考核取得评审人员培训合格证书。

（十四）评审人员培训合格证书有效期为 3 年。有效期届满 3 个月前，提交再培训换证申请表（见附件 1），经再培训合格，换发新证。

（十五）评审人员培训合格证书有效期内，评审人员每年至少参与完成对 2 个企业的安全生产标准化评审工作，且应客观公正，依法保守企业的商业秘密和有关评审工作信息。

（十六）安全生产标准化专家应具备以下条件：

1. 经危化品企业安全标准化专门培训。

2. 具有至少 10 年从事化工工艺、设备、仪表、电气等专业或安全管理的工作经历，或 5 年以上从事化工设计工作经历。

（十七）自评员应具备以下条件：

1. 具有化学、化工或安全专业中专以上学历。

2. 具有至少 3 年从事与危险化学品或化工行业安全相关的技术或管理等工作经历。

3. 经省级安全监管部门确定的单位组织的自评员培训，取得自评员培训合格证书。

**三、自评与申请**

（十八）危化品企业可组织专家或自主选择评审单位为企业开展安全生产标准化提供咨询服务，对照《危险化学品从业单位安全生产标准化评审标准》（安监总管三〔2011〕93 号，以下简称《评审标准》）对安全生产条件及安全管理现状进行诊断，确定适合本企业安全生产标准化的具体要素，编制诊断报告（见附件 2），提出诊断问题、隐患和建议。

危化品企业应对专家组诊断的问题和隐患进行整改，落实相关建议。

（十九）危化品企业安全生产标准化运行一段时间后，主要负责人应组建自评工作组，对安全生产标准化工作与《评审标准》的符合情况和实施效果开展自评，形成自评报告。

自评工作组应至少有 1 名自评员。

（二十）危化品企业自评结果符合《评审标准》等有关文件规定的申请条件的，方可提出安全生产标准化达标评审申请。

（二十一）申请安全生产标准化一级、二级、三级达标评审的危化品企业，应分别向一级、二级、三级评审组织单位申请。

（二十二）危化品企业申请安全生产标准化达标评审时，应提交下列材料：

1. 危险化学品从业单位安全生产标准化评审申请书（见附件 3）。

2. 危险化学品从业单位安全生产标准化自评报告（见附件 4）。

**四、受理与评审**

（二十三）评审组织单位收到危化品企业的达标评审申请后，应在 10 个工作日内完成申请材料审查工作。经审查符合申请条件的，予以受理并告知企业；经审查不符合申请条件的，不予受理，及时告知申请企业并说明理由。

评审组织单位受理危化品企业的申请后，应在 2 个工作日内选定评审单位并向其转交危化品企业提交的申请材料，由选定的评审单位进行评审。

（二十四）评审单位应在接到评审组织单位的通知之日起 40 个工作日内完成对危化品企业的评审。评审完成后，评审单位应在 10 个工作日内向相应的评审组织单位提交评审报告（见附件 5）。

（二十五）评审单位应根据危化品企业规模及化工工艺成立评审工作组，指定评审组组长。评审工作组至少由 2 名评审人员组成，也可聘请技术专家提供技术支撑。评审工作组成员应按照评审计划和任务分工实施评审。

评审单位应当如实记录评审工作并形成记录文件；评审内容应覆盖专家组确定的要素及企业所有生产经营活动、场所，评审记录应翔实、证据充分。

（二十六）评审工作组完成评审后，应编写评审报告。参加评审的评审组成员应在评审报告上签字，并注明评审人员培训合格证书编号。评审报告经评审单位负责人审批后存档，并提交相应的评审组织单位。评审工作组应将否决项与扣分项清单和整改要求提交给企业，并报企业所在地市、县两级安全监管部门。

（二十七）评审计分方法：

1. 每个 A 级要素满分为 100 分，各个 A 级要素的评审得分乘以相应的权重系数（见附件 6），然后相加得到评审得分。评审满分为 100 分，计算方法如下：

$$M = \sum_{1}^{n} K_i \cdot M_i$$

式中　$M$——总分值；

　　　$K_i$——权重系数；

　　　$M_i$——各 A 级要素得分值；

　　　$n$——A 级要素的数量（$1 \leqslant n \leqslant 12$）。

2. 当企业不涉及相关 B 级要素时为缺项，按零分计。A 级要素得分值折算方法如下：

$$M_i = \frac{M_{i\text{实}} \times 100}{M_{i\text{满}}}$$

式中　$M_{i\text{实}}$——各 A 级要素实得分值。

　　　$M_{i\text{满}}$——扣除缺项后的要素满分值。

3. 每个 B 级要素分值扣完为止。

4.《评审标准》第 12 个要素(本地区要求)满分为 100 分,每项不符合要求扣 10 分。

5. 按照《评审标准》评审,一级、二级、三级企业评审得分均在 80 分(含)以上,且每个 A 级要素评审得分均在 60 分(含)以上。

(二十八)评审单位应将评审资料存档,包括技术服务合同、评审通知、诊断报告、评审计划、评审记录、否决项与扣分项清单、评审报告、企业申请资料等。

(二十九)初次评审未达到危化品企业申请等级(申请三级除外)的,评审单位应提出申请企业实际达到等级的建议,将建议和评审报告一并提交给评审组织单位。初次评审未达到三级企业标准的,经整改合格后,重新提出评审申请。

**五、审核与发证**

(三十)评审组织单位应在接到评审单位提交的评审报告之日起 10 个工作日内完成审核,形成审核报告,报相应的安全监管部门。

对初次评审未达到申请等级的企业,评审单位可提出达标等级建议,经评审组织单位审核同意后,可将审核结果和评审报告转交提出申请的危化品企业。

(三十一)公告单位应定期公告安全标准化企业名单。在公告安全标准化一级、二级、三级达标企业名单前,公告单位应分别征求企业所在地省级、市级、县级安全监管部门意见。

(三十二)评审组织单位颁发相应级别的安全生产标准化证书和牌匾。

安全生产标准化证书、牌匾的有效期为 3 年,自评审组织单位审核通过之日起算。

**六、监督管理**

(三十三)安全生产标准化达标企业在取得安全生产标准化证书后 3 年内满足以下条件的,可直接换发安全生产标准化证书:

1. 未发生人员死亡事故,或者 10 人以上重伤事故(一级达标企业含承包商事故),或者造成 1000 万元以上直接经济损失的爆炸、火灾、泄漏、中毒等事故。

2. 安全生产标准化持续有效运行,并有有效记录。

3. 安全监管部门、评审组织单位或者评审单位监督检查未发现企业安全管理存在突出问题或者重大隐患。

4. 未改建、扩建或者迁移生产经营、储存场所,未扩大生产经营许可范围。

5. 每年至少进行 1 次自评。

(三十四)评审组织单位每年应按照不低于 20% 的比例对达标危化品企业进行抽查,3 年内对每个达标危化品企业至少抽查一次。

抽查内容应覆盖企业适用的安全生产标准化所有要素,且覆盖企业半数以上的管理部门和生产现场。

(三十五)取得安全生产标准化证书后,危化品企业应每年至少进行一次自评,形成自评报告。危化品企业应将自评报告报评审组织单位审查,对发现问题的危化品企业,评审组织单位应到现场核查。

(三十六)危化品企业抽查或核查不达标,在证书有效期内发生死亡事故或其他较大以上生产安全事故,或被撤销安全许可证的,由原公告部门撤销其安全生产标准化企业等级并进行公告。危化品企业安全生产标准化证书被撤销后，应在 1 年内完成整改，整改后可提出三级达标评审申请。

（三十七）危化品企业安全生产标准化达标等级被撤销的，由原发证单位收回证书、牌匾。

（三十八）评审人员有下列行为之一的，其培训合格证书由原发证单位注销并公告：

1. 隐瞒真实情况，故意出具虚假证明、报告。

2. 未按规定办理换证。

3. 允许他人以本人名义开展评审工作或参与标准化工作诊断等咨询服务。

4. 因工作失误，造成事故或重大经济损失。

5. 利用工作之便，索贿、受贿或牟取不正当利益。

6. 法律、法规规定的其他行为。

（三十九）评审单位有下列行为之一的，其评审资格由授权单位撤销并公告：

1. 故意出具虚假证明、报告。

2. 因对评审人员疏于管理，造成事故或重大经济损失。

3. 未建立有效的质量保证体系，无法保证评审工作质量。

4. 安全监管部门检查发现存在重大问题。

5. 安全监管部门发现其评审的达标企业安全生产标准化达不到《评审标准》及有关文件规定的要求。

**七、附则**

（四十）本办法印发前已经通过安全生产标准化达标考评并取得相应等级证书的危化品企业，应按照本办法第十八条规定进行诊断，并按照《评审标准》完善和提高安全生产标准化水平，待原有达标等级证书有效期届满 3 个月前重新提出达标评审申请。原已取得一级或二级安全生产标准化达标等级证书的危化品企业，可直接申请新二级安全生产标准化企业达标评审。

（四十一）本办法印发前已取得安全生产标准化考评员证书或考评员培训合格证书的人员，应当于证书有效期届满 3 个月前填写再培训换证申请表，经再培训考试合格，换发评审人员培训合格证书。

（四十二）各省级安全监管部门可以根据本办法制定本地区评审实施细则。

（四十三）本办法自发布之日起施行，《国家安全监管总局关于印发〈危险化学品从业单位安全标准化规范（试行）〉和〈危险化学品从业单位安全标准化考核机构管理办法（试行）〉的通知》（安监总危化字〔2005〕198 号）同时废止。

附件：1. 危险化学品从业单位安全生产标准化评审人员再培训换证申请表

2. 危险化学品从业单位安全生产标准化诊断报告

3. 危险化学品从业单位安全生产标准化评审申请书

4. 危险化学品从业单位安全生产标准化自评报告

5. 危险化学品从业单位安全生产标准化评审报告

6. A 级要素权重系数

附件1

**危险化学品从业单位安全生产标准化评审人员再培训换证申请表**

| 姓名 | | 性别 | | 出生年月 | | 照片 |
|---|---|---|---|---|---|---|
| 学历 | | 职称/职务 | | 工龄 | | （1寸彩照） |
| 工作单位 | | | | | | |
| 联系电话 | | 手机号码 | | | | |
| 通信地址 | | | | 传真 | | |
| 电子信箱 | | | | 邮政编码 | | |
| 3年评审/诊断经历 | | | | | | |
| 以上内容由申请人填写 | | | | | | |
| 化学品登记中心意见 | 盖章　　　年　月　日 | | | | | |
| 发证日期、有效期及证书编号 | 　　年　　月　　日发证，有效期至　　年　　月　　日。<br>证书编号：＿＿＿＿＿＿＿＿＿＿。 | | | | | |
| 备注 | 提供3年内的评审经历记录或诊断经历记录。 | | | | | |

附件 2

# 危险化学品从业单位安全生产标准化
# 诊断报告

**诊断单位：**_____

专家组

| 专家组 | 姓名 | 评审人员培训合格证书编号 | 专业及经历 | 签字 |
|---|---|---|---|---|
| 组长 | | | | |
| 成员 | | | | |
| | | | | |
| | | | | |
| | | | | |
| | | | | |
| | | | | |
| | | | | |

| |
|---|
| 企业名称:<br>企业地址:<br>电话:　　　传真:　　邮编: |
| 诊断日期: ___年___月___日至___年___月___日 |
| 诊断目的: |
| 诊断范围: |
| 诊断准则: |
| 保密承诺: |
| 企业主要参加人员: |
| 企业的基本情况: |

文件诊断综述：

现场诊断综述（安全生产条件、安全管理等）：

| 适合本企业的要素项 | A 级要素 | B 级要素 |
|---|---|---|
| | | |

《评审标准》B 级要素是否存在缺项：

诊断发现的主要问题、隐患和建议概述及纠正要求：

组长：　　　　　　　　　审批人／日期：

年　月　日　　　　　　　诊断单位盖章

附件 3

# 危险化学品从业单位安全生产标准化
# 评审申请书

**企业名称：** _____

## 一、企业信息

| 单位名称 | | | | | | |
|---|---|---|---|---|---|---|
| 地　址 | | | | | | |
| 性　质 | □国有　□集体　□民营　□私营　□合资　□独资　□其他 | | | | | |
| 法人代表 | | 电　话 | | 邮　编 | | |
| 联系人 | | 电　话 | | 传　真 | | |
| | | 手　机 | | 电子信箱 | | |
| 是否倒班 | □是　□否 | | 倒班人数及方式 | | | |
| 员工总数 | | 厂休　日 | | 可否占用 | | |

1. 本次申请的评审为：　□一级企业　□二级企业　□三级企业

2. 如果是某集团公司的成员，请注明该集团公司的名称全称：

3. 安全生产标准化牵头部门：

4. 计划在什么时间评审？

5. 企业的相关负责人(经理/厂长、主管厂级领导、总工程师、安全生产标准化负责人)

| 姓名 | 职务 | 姓名 | 职务 | 姓名 | 职务 |
|---|---|---|---|---|---|
| | | | | | |
| | | | | | |
| | | | | | |
| | | | | | |
| | | | | | |

6. 申请企业主要化学品名称、用途、数量：(可另附页)

| 名　称 | 用　途 | 数量(kg) | 属　性 |
|---|---|---|---|
| | | | |
| | | | |
| | | | |
| | | | |
| | | | |
| | | | |

7. 如有分支机构或多个现场(包括临时现场)，请填写以下内容

| 名　称 | 地　址 | 联系人 | 员工数 | 电话/传真 | 主要业务活动描述 |
|---|---|---|---|---|---|
| | | | | | |
| | | | | | |
| | | | | | |

二、有关情况说明

| 1. 近五年(一级企业)或近三年(二级企业)或近一年(三级企业)发生生产安全事故的情况: |
|---|
| |
| 2. 可能造成较大安全、职业健康影响的活动、产品和服务: |
| |
| 3. 安全、职业健康主要业绩: |
| |
| 4. 有无特殊危险区域或限制的情况: |
| |

### 三、其他信息、文件资料

| |
|---|
| 1. 是否同意遵守评审要求, 并能提供评审所必需的信息? □是　□否 |
| 2. 在提交申请时, 请同时提交以下文件:<br>　　1) 企业简介(企业性质、地理位置和交通、生产能力和规模、从业人员、企业下属单位情况等);<br>　　2) 厂区平面示意图;<br>　　3) 安全生产规章制度(电子文档);<br>　　4) 组织机构图;<br>　　5) 重大风险清单;<br>　　6) 重大危险源清单;<br>　　7) 关键装置和重点部位清单;<br>　　8) 自评报告。 |
| 企业自评得分: |
| 　法定代表人签名:　　　　　　　　　　(申请企业盖章)<br><br>　日期:　　年　　月　　日 |

# 危险化学品从业单位安全生产标准化
# 自评报告

**企业名称：** _____

## 自评人员

| 自评组 | 姓　名 | 自评员证书编号 | 签　字 |
|---|---|---|---|
| 组长 | | | |
| 成员 | | | |
| | | | |
| | | | |
| | | | |
| | | | |
| | | | |
| | | | |
| | | | |

| 自评组 | 姓　名 | 评审人员培训合格证书编号 | 签　字 |
|---|---|---|---|
| 外聘专家 | | | |
| | | | |
| | | | |
| | | | |

| |
|---|
| 企业名称：<br>企业地址：<br>电话：　　　传真：　　　邮编： |
| 自评日期：＿＿年＿＿月＿＿日至＿＿年＿＿月＿＿日 |
| 自评目的： |
| 自评范围： |
| 自评准则： |
| 企业主要参加人员： |
| 企业的基本情况： |
| 文件自评综述： |
| 法律法规符合性综述： |
| 现场自评综述（与《评审标准》的符合情况、有效性、安全责任制体系、安全文化、风险管理、安全生产条件、直接作业环节管理等）： |
| 自评发现的主要问题概述及纠正情况验证结论： |
| 自评结论： |
| 其他： |
| 　<br>自评组长：　　　　　　　审批人/日期：<br>　　年　月　日　　　　　　　　　　　　自评单位盖章 |

附件 5

# 危险化学品从业单位安全生产标准化
# 评审报告

评审单位：_____

## 评审人员

| 评审组 | 姓　名 | 评审人员培训合格证书编号 | 签　字 |
|---|---|---|---|
| 组长 | | | |
| 专职评审人员 | | | |
| | | | |
| | | | |
| | | | |
| | | | |
| 兼职评审人员 | | | |
| | | | |
| | | | |
| | | | |
| | | | |
| 技术专家 | 姓　名 | 技术专业 | 签　字 |
| | | | |
| | | | |
| | | | |

| | |
|---|---|
| 企业名称：<br>企业地址：<br>电话：　　　传真：　　　邮编： | |
| 评审日期：___年___月___日至___年___月___日 | |
| 评审目的： | |
| 评审范围： | |
| 评审准则： | |
| 保密承诺： | |
| 企业主要参加人员： | |
| 企业的基本情况： | |
| 文件评审综述： | |
| 法律法规符合性综述： | |
| 现场评审综述(与《评审标准》的符合情况、有效性、安全责任制体系、安全文化、风险管理、安全生产条件、直接作业环节管理等)： | |
| 评审发现的主要问题概述及纠正要求： | |
| 评审结论及等级推荐意见： | |
| 建议： | |

评审组长：　　　　　审批人/日期：
　　年　月　日　　　　　　评审单位盖章

附件 6

**A 级要素权重系数**

| 序号 | A 级要素 | 权重系数 |
| --- | --- | --- |
| 1 | 法律法规和标准 | 0.05 |
| 2 | 机构和职责 | 0.06 |
| 3 | 风险管理 | 0.12 |
| 4 | 管理制度 | 0.05 |
| 5 | 培训教育 | 0.10 |
| 6 | 生产设施及工艺安全 | 0.20 |
| 7 | 作业安全 | 0.15 |
| 8 | 职业健康 | 0.05 |
| 9 | 危险化学品管理 | 0.05 |
| 10 | 事故与应急 | 0.06 |
| 11 | 检查与自评 | 0.06 |
| 12 | 本地区的要求 | 0.05 |

# 20. 国家安全监管总局办公厅关于印发危险化学品从业单位安全生产标准化评审人员培训大纲及考核要求的通知

安监总厅管三函〔2012〕68号

各省、自治区、直辖市及新疆生产建设兵团安全生产监督管理局，化学品登记中心、中国化学品安全协会：

为规范危险化学品从业单位安全生产标准化评审人员培训考核工作，根据《危险化学品从业单位安全生产标准化评审工作管理办法》（安监总管三〔2011〕145号）的要求，国家安全监管总局组织制定了《危险化学品从业单位安全生产标准化评审人员培训大纲及考核要求》，现印发给你们，请遵照执行。

国家安全生产监督管理总局办公厅
二〇一二年五月三日

# 危险化学品从业单位安全生产标准化评审
# 人员培训大纲及考核要求

**1 范围**

本大纲规定了危险化学品从业单位安全生产标准化评审人员(以下简称评审人员)的基本条件、培训大纲和考核要求。本大纲适用于评审人员的培训和考核。

评审人员培训包括初次培训、再培训和年度教育。

**2 基本条件**

2.1 初次培训条件

2.1.1 具有化学、化工或安全专业大专(含)以上学历或中级(含)以上技术职称。

2.1.2 从事危险化学品或化工行业安全相关的技术或管理等工作经历3年(含)以上。

2.2 再培训条件

2.2.1 经中国化学品安全协会考核取得评审人员培训合格证书。

2.2.2 每年至少参与完成2个企业的安全生产标准化(以下简称安全标准化)评审或诊断工作。

2.2.3 完成网上课堂自学的年度教育。

**3 培训大纲**

3.1 培训要求

3.1.1 应按照本大纲的规定对评审人员进行初次培训、再培训和年度教育。再培训周期为3年,再培训周期内未达到2.2.2和2.2.3项要求的评审人员应重新参加初次培训。

3.1.2 评审人员培训应坚持理论与实践相结合,注重职业道德教育、安全标准化标准和评审方法等方面的培训。

3.1.3 初次培训和再培训采用集中授课、专题讲座、研讨交流等方式,年度教育采取网上课堂自学方式。

3.1.4 采用化学品登记中心编写,经国家安全监管总局审定推荐的危险化学品从业单位安全标准化培训教材。

3.1.5 通过培训,评审人员应掌握安全标准化的要求、程序和方法,以及达标评审的原则、要求、程序和方法。

3.2 培训内容

3.2.1 基础知识

(1)安全标准化发展历程;

(2)安全标准化的重要意义;

(3)危险化学品安全生产形势;

(4)现代先进安全管理理念与方法。

3.2.2 国家有关法律法规、规章及规范性文件要求

(1)《危险化学品安全管理条例》(国务院令第591号)相关内容解读;

(2)《国务院关于进一步加强安全生产工作的决定》(国发〔2004〕2号)、《国务院关于

进一步加强企业安全生产工作的通知》(国发〔2010〕23 号)、《国务院关于坚持科学发展安全发展促进安全生产形势持续稳定好转的意见》(国发〔2011〕40 号)、《国务院安委会关于深入开展企业安全生产标准化建设的指导意见》(安委〔2011〕4 号)等文件;

(3)《国务院安委会办公室关于进一步加强危险化学品安全生产工作的指导意见》(安委办〔2008〕26 号);

(4)国家安全监管总局《关于进一步加强危险化学品企业安全生产标准化工作的通知》(安监总管三〔2009〕124 号)、《关于进一步加强危险化学品企业安全生产标准化工作的指导意见》(安监总管三〔2009〕124 号)、《关于进一步加强企业安全生产规范化建设严格落实企业安全生产主体责任的指导意见》(安监总办〔2010〕139 号)和《国家安全监管总局工业和信息化部关于危险化学品企业贯彻落实〈国务院关于进一步加强企业安全生产工作的通知〉的实施意见》(安监总管三〔2010〕186 号)、《危险化学品从业单位安全生产标准化评审标准》(安监总管三〔2011〕93 号)、《危险化学品生产企业安全生产许可证实施办法》(国家安全监管总局令第 41 号)等文件;

(5)《危险化学品从业单位安全生产标准化评审工作管理办法》(安监总管三〔2011〕145 号,以下简称《评审管理办法》)解读;

(6)新出台的有关安全生产法律、法规、规章和规范性文件。

3.2.3 安全标准化标准

(1)《企业安全生产标准化基本规范》(AQ/T 9006—2010),包括范围、规范性引用文件、术语和定义、一般要求、核心要素等内容;

(2)《危险化学品从业单位安全生产标准化通用规范》(AQ 3013—2008),包括范围、规范性引用文件、术语和定义、要求等内容;

(3)《危险化学品从业单位安全生产标准化评审标准》包括风险管理、安全文化、安全仪表系统与功能安全管理体系、直接作业环节安全管理、化工过程安全管理、泄露检测安全管理、危险化学品管理、职业健康、事故与应急等内容。

3.2.4 安全标准化评审

(1)评审基础知识,包括评审定义、目的、依据等内容;

(2)评审原则;

(3)评审程序,包括评审过程、检查表编制等内容;

(4)评审方法与技巧,包括查文件、提问、现场查看等方法,抽样技巧,氯碱、合成氨、涂料等典型行业领域和有关"重点监管的危险化工工艺、重点监管的危险化学品和重大危险源"企业的评审重点等内容。

3.2.5 评审要求

(1)评审人员要求,包括资质、能力等内容;

(2)评审工作要求;

(3)评审质量要求;

(4)评审纪律要求;

(5)职业道德要求;

(6)法律责任等。

### 3.2.6　行业实施指南

（1）氯碱生产企业安全标准化实施指南；

（2）合成氨生产企业安全标准化实施指南；

（3）硫酸生产企业安全标准化实施指南；

（4）涂料生产企业安全标准化实施指南；

（5）溶解乙炔生产企业安全标准化实施指南；

（6）电石生产企业安全标准化实施指南等。

### 3.2.7　管理信息系统※

（1）系统作用；

（2）系统组成；

（3）各级用户的权限；

（4）操作流程与方法。

注：标注※的内容暂不纳入考核（下同），待管理信息系统建成后实施。

### 3.2.8　典型案例分析※

（1）地方安全监管部门推进安全标准化工作典型案例介绍；

（2）达标企业达标创建典型案例介绍；

（3）评审人员评审咨询典型案例介绍；

（4）其他行业有关安全标准化工作典型案例介绍。

### 3.3　再培训与年度教育内容

**3.3.1**　危险化学品安全生产形势。

**3.3.2**　新出台的有关安全生产法律、法规、规章、规范性文件和标准。

**3.3.3**　安全标准化新政策和要求。

**3.3.4**　有关安全标准化工作典型案例分析。

**3.3.5**　近3年来典型事故案例分析。

### 3.4　培训学时安排

**3.4.1**　初次培训时间应不少于38学时，具体培训学时不少于表1的具体规定。

**3.4.2**　再培训时间应不少于16学时，具体培训学时不少于表2的具体规定。

**3.4.3**　每月网上课堂自学时间不少于2学时。

## 4　考核要求

### 4.1　考核办法

#### 4.1.1　考核的分类和范围

**4.1.1.1**　评审人员考核分为初次培训考核、再培训考核及年度教育考核。

**4.1.1.2**　评审人员的考核范围应符合本大纲4.2的规定。

#### 4.1.2　考试方式

**4.1.2.1**　初次培训考核为闭卷考试，满分为100分，80分为合格。考试时间为120分钟。

　　**4.1.2.2**　再培训考核为开卷考试，满分为100分，80分为合格。考试时间为90

分钟。

4.1.2.3　年度教育考核以网上课堂自学时间及考试为依据，自学时间符合本大纲第3.4 条规定，且考试达到 80 分为合格。

4.1.2.4　考核不合格者 1 年内允许补考。

4.1.2.5　学习纪律作为最终考核的重要依据，计算考试成绩时迟到、早退按 0.5 分/次、缺课按 2 分/学时扣除；迟到、早退超过 30% 的人员，或缺课 8 学时以上的人员，不得参加考试。

4.2　考核要点

4.2.1　基础知识

（1）了解安全标准化发展历程；

（2）掌握安全标准化重要意义；

（3）清楚危险化学品安全生产形势；

（4）了解现代先进管理方法与理念。

4.2.2　安全标准化政策与要求

（1）掌握危险化学品企业主体责任要求；

（2）理解国务院、国务院安委会、国家安全监管总局有关文件精神；

（3）掌握《危险化学品从业单位安全生产标准化评审工作管理办法》的具体规定。

4.2.3　安全标准化标准

（1）掌握安全标准化有关名词和术语；

（2）掌握安全标准化原则；

（3）掌握安全标准化建设程序；

（4）掌握《企业安全生产标准化基本规范》《危险化学品从业单位安全生产标准化通用规范》《危险化学品从业单位安全生产标准化评审标准》框架结构；

（5）全面掌握《危险化学品从业单位安全生产标准化评审标准》内容。

4.2.4　安全标准化评审

（1）了解评审基本知识和定义；

（2）掌握评审原则、依据、目的；

（3）掌握评审程序、方法和技巧；

（4）掌握评审证据的获取原则；

（5）掌握否决项与扣分项的判定原则。

4.2.5　评审要求

（1）掌握评审人员要求；

（2）掌握评审工作要求；

（3）掌握评审质量要求；

（4）掌握评审纪律要求；

（5）理解法律责任等。

4.2.6　行业实施指南

（1）了解氯碱生产企业安全标准化特色要求；

（2）了解合成氨生产企业安全标准化特色要求；

（3）了解硫酸生产企业安全标准化特色要求；

（4）了解涂料生产企业安全标准化特色要求；

（5）了解溶解乙炔生产企业安全标准化特色要求；

（6）了解电石生产企业安全标准化特色要求等。

4.3  再培训考核要点

4.3.1  了解危险化学品安全生产形势。

4.3.2  理解有关新的安全生产法律、法规、标准和规范性文件要求。

4.3.3  掌握安全标准化新政策和要求。

**表1  评审人员培训学时安排**

| 项目 | 培训内容 | 学时 | 需增加学时 |
|---|---|---|---|
| 基础知识 | 安全标准化发展历程及重要意义 | 0.5 | |
| | 当前危险化学品安全生产形势及现代先进管理方法与理念 | 0.5 | |
| 安全标准化政策与要求 | 国家有关法律、法规、规章及规范性文件解读 | 2 | |
| 安全标准化标准 | 《危险化学品从业单位安全生产标准化评审工作管理办法》 | 1 | |
| | 《企业安全生产标准化基本规范》 | 1 | |
| | 《危险化学品从业单位安全生产标准化通用规范》 | 1 | |
| | 《危险化学品从业单位安全生产标准化评审标准》 | 14 | |
| 安全标准化评审 | 评审基础知识 | 1 | |
| | 评审原则 | 1 | |
| | 评审程序 | 2 | |
| 评审工作管理办法解读 | 评审方法与技巧 | 2 | |
| 评审要求 | 评审要求 | 2 | |
| 行业实施指南 | 氯碱、合成氨、硫酸、涂料、溶解乙炔、电石等生产企业安全标准化实施指南 | 4 | |
| 管理信息系统 | 系统作用 | 0.5 | |
| | 系统组成 | 0.2 | |
| | 用户权限 | 0.3 | |
| | 操作流程与方法 | 1 | |
| ※典型案例分析 | 典型案例分析（视需要增加内容） | | 4 |
| 复习与考试（4学时） | 复习 | 2 | |
| | 考试 | 2 | |
| 合计 | | 38 | 4 |

表2 评审人员再培训学时安排

| 项 目 | 培训内容 | 学时 |
|---|---|---|
| 再培训 | 1. 危险化学品安全生产形势。<br>2. 有关新的安全生产法律、法规、标准和规范性文件。<br>3. 安全标准化新政策和要求。<br>4. 有关安全标准化工作新典型案例分析。<br>5. 近3年来典型事故案例分析。 | 14.5 |
| | 考试 | 1.5 |
| 合计 | | 16 |

# 21. 国家安全监管总局办公厅关于启用危险化学品从业单位安全生产标准化信息管理系统的通知

安监总厅管三函〔2012〕151号

各省、自治区、直辖市及新疆生产建设兵团安全生产监督管理局，有关中央企业，各有关单位：

为提升危险化学品从业单位安全生产标准化建设工作的信息化水平，国家安全监管总局组织开发了"金安"工程子系统危险化学品从业单位安全生产标准化信息管理系统（以下简称信息系统），将于2012年9月1日0时正式启用。现将有关事项通知如下：

## 一、信息系统基本情况

信息系统是"金安"工程的重要子系统之一，依托国家安全监管总局网站运行，为以全国危险化学品从业单位、各级安全监管部门、安全生产标准化评审组织单位和评审单位及社会公众（以下统称服务对象）提供服务。根据服务对象的权限，信息系统用户可在国家安全监管总局网站首页（网址：www.chinasafety.gov.cn）上的"在线办事""监管三司""危险化学品"或"企业安全生产标准化建设"任一专栏中点击"危化品企业标准化信息管理系统"进入信息系统。

## 二、启用信息系统的要求

各省级安全监管局要立即将本通知精神传达到本辖区内各级安全监管部门以及危险化学品从业单位、评审组织单位和评审单位，及时启用信息系统。地方各级安全监管部门要及时分配下一级安全监管部门、本级评审组织单位、评审单位的系统登录用户名和初始密码。地方各级安全监管部门、评审组织单位和评审单位，要根据分配的系统登录用户名和初始密码及时登录信息系统，更新用户信息和密码。评审组织单位、评审单位信息系统管理员要做好本单位个人用户的创建及授权管理工作。

地方各级安全监管部门要尽快建立本地区危险化学品从业单位安全生产标准化工作数据库，补录已经发布的达标企业公告，及时通过信息系统发布新达标企业名单。从2012年9月1日起，危险化学品从业单位安全生产标准化达标评审申请的受理、达标评审和达标公告都要通过信息系统办理。

## 三、危险化学品从业单位在信息系统注册的要求

危险化学品从业单位要及时在信息系统办理用户注册，录入本单位基本情况信息和开展安全生产标准化建设的过程信息。2012年8月31日前已经通过安全生产标准化达标评

审的危险化学品从业单位，要于 2012 年 9 月 20 日前完成注册，并补录本单位安全生产标准化达标的有关信息。

## 四、评审组织单位和评审单位应用信息系统的要求

危险化学品从业单位安全生产标准化评审组织单位和评审单位要严格执行申请材料在线审核、评审报告在线提交、达标证书在线打印等要求；要督促本单位的评审人员熟练掌握信息系统的使用方法，指导危险化学品从业单位正确使用信息系统记录开展安全生产标准化建设的过程信息、提交达标申请，确保填报信息的规范性和准确性。

## 五、信息系统的日常管理与维护

国家安全监管总局化学品登记中心（以下简称登记中心）负责信息系统应用的日常管理，维护全国危险化学品从业单位安全生产标准化信息数据库，为各级用户提供业务咨询服务。国家安全监管总局通信信息中心作为信息系统运行维护单位，为各级用户提供技术支持服务，并会同登记中心管理各级信息系统管理员。

国家安全监管总局办公厅
二〇一二年八月二十二日

# 22. 化工（危险化学品）企业保障生产安全十条规定

国家安全生产监督管理总局令 第 64 号

一、必须依法设立、证照齐全有效。

二、必须建立健全并严格落实全员安全生产责任制，严格执行领导带班值班制度。

三、必须确保从业人员符合录用条件并培训合格，依法持证上岗。

四、必须严格管控重大危险源，严格变更管理，遇险科学施救。

五、必须按照《危险化学品企业事故隐患排查治理实施导则》要求排查治理隐患。

六、严禁设备设施带病运行和未经审批停用报警联锁系统。

七、严禁可燃和有毒气体泄漏等报警系统处于非正常状态。

八、严禁未经审批进行动火、进入受限空间、高处、吊装、临时用电、动土、检维修、盲板抽堵等作业。

九、严禁违章指挥和强令他人冒险作业。

十、严禁违章作业、脱岗和在岗做与工作无关的事。

二〇一三年九月十八日

## 《化工（危险化学品）企业保障生产安全十条规定》条文释义

《化工（危险化学品）企业保障生产安全十条规定》（以下简称《十条规定》）由 5 个必须和 5 个严禁组成，紧抓化工（危险化学品）企业生产安全的主要矛盾和关键问题，规范了化工（危险化学品）企业安全生产过程中集中多发的问题，其主要特点是：

一是重点突出，针对性强。《十条规定》在归纳总结近年来造成危险化学品生产安全事故主要因素的基础上，从企业必须依法取得相关证照、建立健全并落实安全生产责任制等安全管理规章制度、严格从业人员资格及培训要求等方面强调了化工（危险化学品）企业保障生产安全的最基本的规定，突出了遏制危险化学品生产安全事故的关键因素。

二是编制依法，执行有据。《十条规定》中的每一个必须、每一个严禁，都是以《中华人民共和国安全生产法》《危险化学品安全管理条例》及其配套规章等重要法规标准为依据，都是有法可依的，化工（危险化学品）企业必须严格执行。违反了规定，就要依法进行处罚。

三是简明扼要，便于普及。《十条规定》的内容只有十句话，239 个字，言简意赅，一目了然。虽然这些内容过去都有规定，但散落在多项法规标准之中，许多化工（危险化学品）企业负责人、安全管理人员和从业人员对其不够熟悉。《十条规定》明确将法规标准中规定的化工（危险化学品）企业应该做、必须做的最基本的要求规范出来，便于企业及相关人员记忆和执行。

为深刻领会、准确理解《十条规定》的内容和要求，现逐条进行简要解释说明如下：

### 一、必须依法设立、证照齐全有效

依法设立是要求：企业的设立应当符合国家产业政策和当地产业结构规划；企业的选址应当符合当地城乡规划；新建化工企业必须按照有关规定进入化工园区（或集中区），必须经过正规设计、必须装备自动监控系统及必要的安全仪表系统，周边距离不足和城区内的化工企业要搬迁进入化工园区。

证照齐全主要是指各种企业安全许可证照，包括建设项目"三同时"审查和各类相应的安全许可证不仅要齐全，还要确保在有效期内。

依法设立是企业安全生产的首要条件和前提保障。安全生产行政审批是危险化学品企业准入的首要关口，是检查企业是否具备基本安全生产条件的重要环节，是安全监管部门强化安全生产监管的重要行政手段。而非法生产行为一直是引发事故，特别是较大以上群死群伤事故的主要原因之一。例如，2013 年 3 月 1 日，辽宁省朝阳市建平县鸿燊商贸有限责任公司硫酸储罐爆炸泄漏事故，导致 7 人死亡、2 人受伤。事故企业未取得工商注册，在项目建设过程中，除办理了临时占地手续外，项目可研、环评、安全评价、设计等相关手续均未办理。

### 二、必须建立健全并严格落实全员安全生产责任制，严格执行领导带班值班制度

安全生产责任制是生产经营单位安全生产的重要制度，建立健全并严格落实全员安全生产责任制，是企业加强安全管理的重要基础。严格领导带班值班制度是强化企业领导安全生产责任意识、及时掌握安全生产动态的重要途径，是及时应对突发事件的重要保障。

安全生产责任制不健全、不落实，领导带班值班制度执行不严格往往是事故发生的首要潜在因素。例如，2012 年 12 月 31 日，山西省潞城市山西潞安集团天脊煤化工集团股份有限公司苯胺泄漏事故，造成区域环境污染，直接经济损失约 235.92 万元。事故直接原因虽然是事故储罐进料管道上的金属软管破裂导致的，但经调查发现安全生产责任制不落实（当班员工 18 个小时不巡检）和领导带班值班制度未严格落实是导致事故发生的重要原因。

**三、必须确保从业人员符合录用条件并培训合格，依法持证上岗**

化工生产、储存、使用过程中涉及品种繁多、特性各异的危险化学品，涉及复杂多样的工艺技术、设备、仪表、电气等设施。特别是近年来，化工生产呈现出装置大型化、集约化的发展，对从业人员提出了更高的要求。因此，从业人员的良好素质是化工企业实现安全生产必须具备的基础条件。只有经过严格的培训，掌握生产工艺及设备操作技能、熟知本岗位存在的安全隐患及防范措施、需要取证的岗位依法取证后，才能承担并完成自己的本职工作，保证自身和装置的安全。

不符合录用条件、不具备相关知识和技能、不持证上岗的"三不"人员从事化工生产极易发生事故。例如，2012 年 2 月 28 日，河北省石家庄市赵县河北克尔化工有限公司重大爆炸事故，造成 29 人死亡、46 人受伤，直接经济损失 4459 万元。事故暴露出的主要问题之一就是公司从业人员不具备化工生产的专业技能。该公司车间主任和重要岗位员工多为周边村里的农民（初中以下文化程度），缺乏化工生产必备的专业知识和技能，未经有效的安全教育培训即上岗作业，把危险程度较低的生产过程变成了高度危险的生产过程，针对突发异常情况，缺乏及时有效应对紧急情况的知识和能力，最终导致事故发生。

**四、必须严格管控重大危险源，严格变更管理，遇险科学施救**

严格管控危险化学品重大危险源是有效预防、遏制重特大事故的重要途径和基础性、长效性措施。2011 年 12 月 1 日起施行的《危险化学品重大危险源监督管理暂行规定》（国家安全监管总局令第 40 号）明确提出了对危险化学品重大危险源要完善监测监控手段和落实安全监督管理责任等要求。由于构成危险化学品重大危险源的危险化学品数量较大，一旦发生事故，造成的后果和影响十分巨大。例如，2008 年 8 月 26 日，广西河池市广维化工股份有限公司爆炸事故，造成 21 人死亡、59 人受伤，厂区附近 3 千米范围共 11500 多名群众被疏散，直接经济损失 7586 万元。事后调查发现，该起事故与罐区重大危险源监控措施不到位有直接关系，事故储罐没有安装液位、温度、压力测量监控仪表和可燃气体泄漏报警仪表。

变更管理是指对人员、工作过程、工作程序、技术、设施等永久性或暂时性的变化进行有计划的控制，确保变更带来的危害得到充分识别，风险得到有效控制。变更按内容分为工艺技术变更、设备设施变更和管理变更等。变更管理在我国化工企业安全管理中是薄弱环节。发生变更时，如果未对风险进行分析并采取安全措施，就极易形成重大事故隐患，甚至造成事故。例如，2010 年 7 月 16 日，辽宁省大连市的大连中石油国际储运有限公司原油罐区发生的输油管道爆炸事故，造成严重环境污染和 1 名作业人员失踪、1 名消防战士牺牲。该起事故是未严格执行变更管理程序导致事故发生的典型案例。事故单位的原油硫化氢脱除剂的活性组分由有机胺类变更为双氧水，脱除剂组分发生了变更，加注过程操作条件也发生了变化，但企业没有针对这些变更进行风险分析，也没有制定风险控制方案，导致了在加剂过程中发生火灾爆炸事故，大火持续燃烧 15 个小时，泄漏原油流入附近海域。

在作业遇险时，不能保证自身安全的情况下盲目施救，往往会使事故扩大，造成施救者受到伤害甚至死亡。例如，2012 年 5 月 26 日，江苏省盐城市大丰跃龙化学有限公司中毒事故，导致 2 人死亡。事故原因是尾气吸收岗位因有毒气体外逸并在密闭空间积聚，导致当班操作人员中毒，当班职工在组织救援的过程中因防范措施不当，盲目施救，致使 3 名救援人员在施救过程中相继中毒。

**五、必须按照《危险化学品企业事故隐患排查治理实施导则》要求排查治理隐患**

隐患是事故的根源。排查治理隐患，是安全生产工作的最基本任务，是预防和减少事故的最有效手段，也是安全生产的重要基础性工作。

《危险化学品企业事故隐患排查治理实施导则》对企业建立并不断完善隐患排查体制机制、制定完善管理制度、扎实开展隐患排查治理工作提出了明确要求和细致的规定。隐患排查走过场、隐患消除不及时，都可能成为事故的诱因。例如，2011 年 11 月 6 日，吉林省松原市松原石油化工股份有限公司气体分馏车间发生爆炸引起火灾，造成 4 人死亡、1 人重伤、6 人轻伤。事后调查发现，事故发生时，气体分馏装置存在硫化氢腐蚀，事发前曾出现硫化氢严重超标现象，企业没有据此缩短设备监测检查周期，排查隐患，加强维护保养，充分暴露出企业隐患治理工作没有落实到位，为事故发生埋下伏笔。

**六、严禁设备设施带病运行和未经审批停用报警联锁系统**

设备、设施是化工生产的基础，设备、设施带病运行是事故的主要根源之一。例如，2010 年 5 月 9 日，上海中石化高桥分公司炼油事业部储运 2 号罐区石脑油储罐火灾事故，造成 1613#罐罐顶掀开，1615#罐罐顶局部开裂，经济损失 60 余万元。事故直接原因是 1613#油罐铝制浮盘腐蚀穿孔，造成罐内硫化亚铁遇空气自燃。事故企业 2003 年至事发时只做过一次内壁防腐，石脑油罐罐壁和铝制浮盘严重腐蚀，一直带病运行，最终导致了事故的发生。

报警联锁系统是规范危险化学品企业安全生产管理、降低安全风险、保证装置的平稳运行、安全生产的有效手段，是防止事故发生的重要措施，也是提升企业本质安全水平的有效途径。未经审批、随意停用报警联锁系统会给安全生产造成极大的隐患。例如，2011 年 7 月 11 日，广东省惠州市中海油炼化公司惠州炼油分公司芳烃联合装置火灾事故，造成重整生成油分离塔塔底泵的轴承、密封及进出口管线及附近管线、电缆及管廊结构等损毁。直接原因是重整生成油分离塔塔底泵非驱动端的止推轴承损坏，造成轴剧烈振动和轴位移，导致该泵非驱动端的两级机械密封的严重损坏造成泄漏，泄漏的介质遇到轴套与密封端盖发生硬摩擦产生的高温导致着火。但是调查发现，事故发生的一个重要原因是由于 DCS 通道不足，仪表系统没有按照规范设置泵的机械密封油罐低液位信号，进入控制室的信号只设置了状态显示，没有声光报警，致使控制室值班人员未能及时发现异常情况。

**七、严禁可燃和有毒气体泄漏等报警系统处于非正常状态**

可燃气体和有毒气体泄漏等报警系统是可燃和有毒气体泄漏的重要预警手段。可燃和有毒气体含量超出安全规定要求但不能被检测出时，极易发生事故。例如，2010年11月20日，榆社化工股份有限公司树脂二厂2#聚合厂房内发生了空间爆炸，造成4人死亡、2人重伤、3人轻伤，经济损失2500万元。虽然事故直接原因是位于2#聚合厂房四层南侧待出料的9号釜顶部氯乙烯单体进料管与总排空管控制阀下连接的上弯头焊缝开裂导致氯乙烯泄漏，泄漏的氯乙烯漏进9号釜一层东侧出料泵旁的混凝土柱上的聚合釜出料泵启动开关，产生电气火花，引起厂房内的氯乙烯气体空间爆炸，但是本应起到报警作用的泄漏气体检测仪却没有发出报警，未起到预防事故发生的作用，最终导致了事故的发生。

**八、严禁未经审批进行动火、进入受限空间、高处、吊装、临时用电、动土、检维修、盲板抽堵等作业**

化工企业动火、进入受限空间、高处、吊装、临时用电、动土、检维修、盲板抽堵等作业均具有很大的风险。严格八大作业的安全管理，就是要审查作业过程中风险是否分析全面，确认作业条件是否具备、安全措施是否足够并落实，相关人员是否按要求现场确认、签字。同时，必须加强作业过程监督，作业过程中必须有监护人进行现场监护。作业过程中因审批制度不完善、执行不到位导致的人身伤亡的事故时有发生。例如，2010年6月29日，辽宁省辽阳市中石油辽阳石化分公司炼油厂原油输转站1个3万立方米的原油罐在清罐作业过程中，发生可燃气体爆燃事故，致使罐内作业人员3人死亡、7人受伤。事故的主要原因之一就是作业现场负责人在没有监护人员在场的情况下，带领作业人员进入作业现场作业，同时，在"有限空间作业票"和"进入有限空间作业安全监督卡"上的安全措施未落实，用阀门代替盲板，就签字确认，使工人在存在较大事故隐患的环境里作业，导致了事故的发生。

**九、严禁违章指挥和强令他人冒险作业**

违章指挥，往往会造成额外的风险，给作业者带来伤害，甚至是血的教训，违章指挥和强令他人冒险作业是不顾他人安全的恶劣行为，经常成为事故的诱因。例如，2010年7月28日，江苏省南京市扬州鸿运建设配套工程有限公司在江苏省南京市栖霞区迈皋桥街道万寿村15号的原南京塑料四厂旧址，平整拆迁土地过程中，挖掘机挖穿了地下丙烯管道，丙烯泄漏后遇到明火发生爆燃事故，造成22人死亡、120人住院治疗，事故还造成周边近两平方公里范围内的3000多户居民住房及部分商店玻璃、门窗不同程度受损。事故的主要原因之一就是现场施工安全管理缺失，施工队伍盲目施工，现场作业负责人在明知拆除地块内有地下丙烯管道的情况下，不顾危险，违章指挥，野蛮操作，造成管道被挖穿，从而酿成重大事故。

**十、严禁违章作业、脱岗和在岗做与工作无关的事**

作业人员在岗期间，若脱岗、酒后上岗，从事与工作无关的事，一旦生产过程中出现异常情况，不能及时发现和处理，往往造成严重后果。例如，2008年9月14日，辽宁省辽阳市金航石油化工有限公司爆炸事故，造成2人死亡、1人下落不明，2人受轻伤。事故原因就是在滴加异辛醇进行硝化反应的过程中，当班操作工违章脱岗，反应失控时没能及时发现和处置导致的。

# 23. 国家安全监管总局
## 关于加强化工过程安全管理的指导意见

安监总管三〔2013〕88 号

各省、自治区、直辖市及新疆生产建设兵团安全生产监督管理局，有关中央企业：

化工过程（chemical process）伴随易燃易爆、有毒有害等物料和产品，涉及工艺、设备、仪表、电气等多个专业和复杂的公用工程系统。加强化工过程安全管理，是国际先进的重大工业事故预防和控制方法，是企业及时消除安全隐患、预防事故、构建安全生产长效机制的重要基础性工作。为深入贯彻落实《国务院关于进一步加强企业安全生产工作的通知》（国发〔2010〕23 号）和《国务院关于坚持科学发展安全发展促进安全生产形势持续稳定好转的意见》（国发〔2011〕40 号）精神，加强化工企业安全生产基础工作，全面提升化工过程安全管理水平，现提出以下指导意见：

## 一、化工过程安全管理的主要内容和任务

（一）化工过程安全管理的主要内容和任务包括：收集和利用化工过程安全生产信息；风险辨识和控制；不断完善并严格执行操作规程；通过规范管理，确保装置安全运行；开展安全教育和操作技能培训；严格新装置试车和试生产的安全管理；保持设备设施完好性；作业安全管理；承包商安全管理；变更管理；应急管理；事故和事件管理；化工过程安全管理的持续改进等。

## 二、安全生产信息管理

（二）全面收集安全生产信息。企业要明确责任部门，按照《化工企业工艺安全管理实施导则》（AQ/T 3034）的要求，全面收集生产过程涉及的化学品危险性、工艺和设备等方面的全部安全生产信息，并将其文件化。

（三）充分利用安全生产信息。企业要综合分析收集到的各类信息，明确提出生产过程的安全要求和注意事项。通过建立安全管理制度、制定操作规程、制定应急救援预案、制作工艺卡片、编制培训手册和技术手册、编制化学品间的安全相容矩阵表等措施，将各项安全要求和注意事项纳入自身的安全管理中。

（四）建立安全生产信息管理制度。企业要建立安全生产信息管理制度，及时更新信息文件。企业要保证生产管理、过程危害分析、事故调查、符合性审核、安全监督检查、应急救援等方面的相关人员能够及时获取最新安全生产信息。

## 三、风险管理

（五）建立风险管理制度。企业要制定化工过程风险管理制度，明确风险辨识范围、

方法、频次和责任人，规定风险分析结果应用和改进措施落实的要求，对生产全过程进行风险辨识分析。

对涉及重点监管危险化学品、重点监管危险化工工艺和危险化学品重大危险源（以下统称"两重点一重大"）的生产储存装置进行风险辨识分析，要采用危险与可操作性分析（HAZOP）技术，一般每3年进行一次。对其他生产储存装置的风险辨识分析，针对装置不同的复杂程度，选用安全检查表、工作危害分析、预危险性分析、故障类型和影响分析（FMEA）、HAZOP技术等方法或多种方法组合，可每5年进行一次。企业管理机构、人员构成、生产装置等发生重大变化或发生生产安全事故时，要及时进行风险辨识分析。企业要组织所有人员参与风险辨识分析，力求风险辨识分析全覆盖。

（六）确定风险辨识分析内容。化工过程风险分析应包括：工艺技术的本质安全性及风险程度；工艺系统可能存在的风险；对严重事件的安全审查情况；控制风险的技术、管理措施及其失效可能引起的后果；现场设施失控和人为失误可能对安全造成的影响。在役装置的风险辨识分析还要包括发生的变更是否存在风险，吸取本企业和其他同类企业事故及事件教训的措施等。

（七）制定可接受的风险标准。企业要按照《危险化学品重大危险源监督管理暂行规定》（国家安全监管总局令第40号）的要求，根据国家有关规定或参照国际相关标准，确定本企业可接受的风险标准。对辨识分析发现的不可接受风险，企业要及时制定并落实消除、减小或控制风险的措施，将风险控制在可接受的范围。

## 四、装置运行安全管理

（八）操作规程管理。企业要制定操作规程管理制度，规范操作规程内容，明确操作规程编写、审查、批准、分发、使用、控制、修改及废止的程序和职责。操作规程的内容应至少包括：开车、正常操作、临时操作、应急操作、正常停车和紧急停车的操作步骤与安全要求；工艺参数的正常控制范围，偏离正常工况的后果，防止和纠正偏离正常工况的方法及步骤；操作过程的人身安全保障、职业健康注意事项等。

操作规程应及时反映安全生产信息、安全要求和注意事项的变化。企业每年要对操作规程的适应性和有效性进行确认，至少每3年要对操作规程进行审核修订；当工艺技术、设备发生重大变更时，要及时审核修订操作规程。

企业要确保作业现场始终存有最新版本的操作规程文本，以方便现场操作人员随时查用；定期开展操作规程培训和考核，建立培训记录和考核成绩档案；鼓励从业人员分享安全操作经验，参与操作规程的编制、修订和审核。

（九）异常工况监测预警。企业要装备自动化控制系统，对重要工艺参数进行实时监控预警；要采用在线安全监控、自动检测或人工分析数据等手段，及时判断发生异常工况的根源，评估可能产生的后果，制定安全处置方案，避免因处理不当造成事故。

（十）开停车安全管理。企业要制定开停车安全条件检查确认制度。在正常开停车、紧急停车后的开车前，都要进行安全条件检查确认。开停车前，企业要进行风险辨识分析，制定开停车方案，编制安全措施和开停车步骤确认表，经生产和安全管理部门审查同意后，要严格执行并将相关资料存档备查。

企业要落实开停车安全管理责任，严格执行开停车方案，建立重要作业责任人签字确认制度。开车过程中装置依次进行吹扫、清洗、气密试验时，要制定有效的安全措施；引进蒸汽、氮气、易燃易爆介质前，要指定有经验的专业人员进行流程确认；引进物料时，要随时监测物料流量、温度、压力、液位等参数变化情况，确认流程是否正确。要严格控制进退料顺序和速率，现场安排专人不间断巡检，监控有无泄漏等异常现象。

停车过程中的设备、管线低点的排放要按照顺序缓慢进行，并做好个人防护；设备、管线吹扫处理完毕后，要用盲板切断与其他系统的联系。抽堵盲板作业应在编号、挂牌、登记后按规定的顺序进行，并安排专人逐一进行现场确认。

### 五、岗位安全教育和操作技能培训

（十一）建立并执行安全教育培训制度。企业要建立厂、车间、班组三级安全教育培训体系，制定安全教育培训制度，明确教育培训的具体要求，建立教育培训档案；要制定并落实教育培训计划，定期评估教育培训内容、方式和效果。从业人员应经考核合格后方可上岗，特种作业人员必须持证上岗。

（十二）从业人员安全教育培训。企业要按照国家和企业要求，定期开展从业人员安全培训，使从业人员掌握安全生产基本常识及本岗位操作要点、操作规程、危险因素和控制措施，掌握异常工况识别判定、应急处置、避险避灾、自救互救等技能与方法，熟练使用个体防护用品。当工艺技术、设备设施等发生改变时，要及时对操作人员进行再培训。要重视开展从业人员安全教育，使从业人员不断强化安全意识，充分认识化工安全生产的特殊性和极端重要性，自觉遵守企业安全管理规定和操作规程。企业要采取有效的监督检查评估措施，保证安全教育培训工作质量和效果。

（十三）新装置投用前的安全操作培训。新建企业应规定从业人员文化素质要求，变招工为招生，加强从业人员专业技能培养。工厂开工建设后，企业就应招录操作人员，使操作人员在上岗前先接受规范的基础知识和专业理论培训。装置试生产前，企业要完成全体管理人员和操作人员岗位技能培训，确保全体管理人员和操作人员考核合格后参加全过程的生产准备。

### 六、试生产安全管理

（十四）明确试生产安全管理职责。企业要明确试生产安全管理范围，合理界定项目建设单位、总承包商、设计单位、监理单位、施工单位等相关方的安全管理范围与职责。

项目建设单位或总承包商负责编制总体试生产方案、明确试生产条件，设计、施工、监理单位要对试生产方案及试生产条件提出审查意见。对采用专利技术的装置，试生产方案经设计、施工、监理单位审查同意后，还要经专利供应商现场人员书面确认。

项目建设单位或总承包商负责编制联动试车方案、投料试车方案、异常工况处置方案等。试生产前，项目建设单位或总承包商要完成工艺流程图、操作规程、工艺卡片、工艺和安全技术规程、事故处理预案、化验分析规程、主要设备运行规程、电气运行规程、仪表及计算机运行规程、联锁整定值等生产技术资料、岗位记录表和技术台账的编制工作。

（十五）试生产前各环节的安全管理。建设项目试生产前，建设单位或总承包商要及时组织设计、施工、监理、生产等单位的工程技术人员开展"三查四定"(三查：查设计漏项、查工程质量、查工程隐患；四定：整改工作定任务、定人员、定时间、定措施)，确保施工质量符合有关标准和设计要求，确认工艺危害分析报告中的改进措施和安全保障措施已经落实。

系统吹扫冲洗安全管理。在系统吹扫冲洗前，要在排放口设置警戒区，拆除易被吹扫冲洗损坏的所有部件，确认吹扫冲洗流程、介质及压力。蒸汽吹扫时，要落实防止人员烫伤的防护措施。

气密试验安全管理。要确保气密试验方案全覆盖、无遗漏，明确各系统气密的最高压力等级。高压系统气密试验前，要分成若干等级压力，逐级进行气密试验。真空系统进行真空试验前，要先完成气密试验。要用盲板将气密试验系统与其他系统隔离，严禁超压。气密试验时，要安排专人监控，发现问题，及时处理；做好气密检查记录，签字备查。

单机试车安全管理。企业要建立单机试车安全管理程序。单机试车前，要编制试车方案、操作规程，并经各专业确认。单机试车过程中，应安排专人操作、监护、记录，发现异常立即处理。单机试车结束后，建设单位要组织设计、施工、监理及制造商等方面人员签字确认并填写试车记录。

联动试车安全管理。联动试车应具备下列条件：所有操作人员考核合格并已取得上岗资格；公用工程系统已稳定运行；试车方案和相关操作规程、经审查批准的仪表报警和联锁值已整定完毕；各类生产记录、报表已印发到岗位；负责统一指挥的协调人员已经确定。引入燃料或窒息性气体后，企业必须建立并执行每日安全调度例会制度，统筹协调全部试车的安全管理工作。

投料安全管理。投料前，要全面检查工艺、设备、电气、仪表、公用工程和应急准备等情况，具备条件后方可进行投料。投料及试生产过程中，管理人员要现场指挥，操作人员要持续进行现场巡查，设备、电气、仪表等专业人员要加强现场巡检，发现问题及时报告和处理。投料试生产过程中，要严格控制现场人数，严禁无关人员进入现场。

## 七、设备完好性(完整性)

(十六)建立并不断完善设备管理制度。

建立设备台账管理制度。企业要对所有设备进行编号，建立设备台账、技术档案和备品配件管理制度，编制设备操作和维护规程。设备操作、维修人员要进行专门的培训和资格考核，培训考核情况要记录存档。

建立装置泄漏监(检)测管理制度。企业要统计和分析可能出现泄漏的部位、物料种类和最大量。定期监(检)测生产装置动静密封点，发现问题及时处理。定期标定各类泄漏检测报警仪器，确保准确有效。要加强防腐蚀管理，确定检查部位，定期检测，建立检测数据库。对重点部位要加大检测检查频次，及时发现和处理管道、设备壁厚减薄情况；定期评估防腐效果和核算设备剩余使用寿命，及时发现并更新更换存在安全隐患的设备。

建立电气安全管理制度。企业要编制电气设备设施操作、维护、检修等管理制度。定期开展企业电源系统安全可靠性分析和风险评估。要制定防爆电气设备、线路检查和维护管理制度。

建立仪表自动化控制系统安全管理制度。新（改、扩）建装置和大修装置的仪表自动化控制系统投用前、长期停用的仪表自动化控制系统再次启用前，必须进行检查确认。要建立健全仪表自动化控制系统日常维护保养制度，建立安全联锁保护系统停运、变更专业会签和技术负责人审批制度。

（十七）设备安全运行管理。

开展设备预防性维修。关键设备要装备在线监测系统。要定期监（检）测检查关键设备、连续监（检）测检查仪表，及时消除静设备密封件、动设备易损件的安全隐患。定期检查压力管道阀门、螺栓等附件的安全状态，及早发现和消除设备缺陷。

加强动设备管理。企业要编制动设备操作规程，确保动设备始终具备规定的工况条件。自动监测大机组和重点动设备的转速、振动、位移、温度、压力、腐蚀性介质含量等运行参数，及时评估设备运行状况。加强动设备润滑管理，确保动设备运行可靠。

开展安全仪表系统安全完整性等级评估。企业要在风险分析的基础上，确定安全仪表功能(SIF)及其相应的功能安全要求或安全完整性等级(SIL)。企业要按照《过程工业领域安全仪表系统的功能安全》(GB/T 21109)和《石油化工安全仪表系统设计规范》的要求，设计、安装、管理和维护安全仪表系统。

## 八、作业安全管理

（十八）建立危险作业许可制度。企业要建立并不断完善危险作业许可制度，规范动火、进入受限空间、动土、临时用电、高处作业、断路、吊装、抽堵盲板等特殊作业安全条件和审批程序。实施特殊作业前，必须办理审批手续。

（十九）落实危险作业安全管理责任。实施危险作业前，必须进行风险分析、确认安全条件，确保作业人员了解作业风险和掌握风险控制措施、作业环境符合安全要求、预防和控制风险措施得到落实。危险作业审批人员要在现场检查确认后签发作业许可证。现场监护人员要熟悉作业范围内的工艺、设备和物料状态，具备应急救援和处置能力。作业过程中，管理人员要加强现场监督检查，严禁监护人员擅离现场。

## 九、承包商管理

（二十）严格承包商管理制度。企业要建立承包商安全管理制度，将承包商在本企业发生的事故纳入企业事故管理。企业选择承包商时，要严格审查承包商有关资质，定期评估承包商安全生产业绩，及时淘汰业绩差的承包商。企业要对承包商作业人员进行严格的入厂安全培训教育，经考核合格的方可凭证入厂，禁止未经安全培训教育的承包商作业人员入厂。企业要妥善保存承包商作业人员安全培训教育记录。

（二十一）落实安全管理责任。承包商进入作业现场前，企业要与承包商作业人员进行现场安全交底，审查承包商编制的施工方案和作业安全措施，与承包商签订安全管理协议，明确双方安全管理范围与责任。现场安全交底的内容包括：作业过程中可能出现的泄漏、火灾、爆炸、中毒窒息、触电、坠落、物体打击和机械伤害等方面的危害信息。承包商要确保作业人员接受了相关的安全培训，掌握与作业相关的所有危害信息和应急预案。企业要对承包商作业进行全程安全监督。

### 十、变更管理

(二十二)建立变更管理制度。企业在工艺、设备、仪表、电气、公用工程、备件、材料、化学品、生产组织方式和人员等方面发生的所有变化，都要纳入变更管理。变更管理制度至少包含以下内容：变更的事项、起始时间，变更的技术基础、可能带来的安全风险，消除和控制安全风险的措施，是否修改操作规程，变更审批权限，变更实施后的安全验收等。实施变更前，企业要组织专业人员进行检查，确保变更具备安全条件；明确受变更影响的本企业人员和承包商作业人员，并对其进行相应的培训。变更完成后，企业要及时更新相应的安全生产信息，建立变更管理档案。

(二十三)严格变更管理。

工艺技术变更。主要包括生产能力，原辅材料(包括助剂、添加剂、催化剂等)和介质(包括成分比例的变化)，工艺路线、流程及操作条件，工艺操作规程或操作方法，工艺控制参数，仪表控制系统(包括安全报警和联锁整定值的改变)，水、电、汽、风等公用工程方面的改变等。

设备设施变更。主要包括设备设施的更新改造、非同类型替换(包括型号、材质、安全设施的变更)、布局改变，备件、材料的改变，监控、测量仪表的变更，计算机及软件的变更，电气设备的变更，增加临时的电气设备等。

管理变更。主要包括人员、供应商和承包商、管理机构、管理职责、管理制度和标准发生变化等。

(二十四)变更管理程序。

申请。按要求填写变更申请表，由专人进行管理。

审批。变更申请表应逐级上报企业主管部门，并按管理权限报主管负责人审批。

实施。变更批准后，由企业主管部门负责实施。没有经过审查和批准，任何临时性变更都不得超过原批准范围和期限。

验收。变更结束后，企业主管部门应对变更实施情况进行验收并形成报告，及时通知相关部门和有关人员。相关部门收到变更验收报告后，要及时更新安全生产信息，载入变更管理档案。

### 十一、应急管理

(二十五)编制应急预案并定期演练完善。企业要建立完整的应急预案体系，包括综合应急预案、专项应急预案、现场处置方案等。要定期开展各类应急预案的培训和演练，评估预案演练效果并及时完善预案。企业制定的预案要与周边社区、周边企业和地方政府的预案相互衔接，并按规定报当地政府备案。企业要与当地应急体系形成联动机制。

(二十六)提高应急响应能力。企业要建立应急响应系统，明确组成人员(必要时可吸收企外人员参加)，并明确每位成员的职责。要建立应急救援专家库，对应急处置提供技术支持。发生紧急情况后，应急处置人员要在规定时间内到达各自岗位，按照应急预案的要求进行处置。要授权应急处置人员在紧急情况下组织装置紧急停车和相关人员撤离。企业要建立应急物资储备制度，加强应急物资储备和动态管理，定期核查并及时补充和更新。

### 十二、事故和事件管理

（二十七）未遂事故等安全事件的管理。企业要制定安全事件管理制度，加强未遂事故等安全事件(包括生产事故征兆、非计划停车、异常工况、泄漏、轻伤等)的管理。要建立未遂事故和事件报告激励机制。要深入调查分析安全事件，找出事件的根本原因，及时消除人的不安全行为和物的不安全状态。

（二十八）吸取事故(事件)教训。企业完成事故(事件)调查后，要及时落实防范措施，组织开展内部分析交流，吸取事故(事件)教训。要重视外部事故信息收集工作，认真吸取同类企业、装置的事故教训，提高安全意识和防范事故能力。

### 十三、持续改进化工过程安全管理工作

（二十九）企业要成立化工过程安全管理工作领导机构，由主要负责人负责，组织开展本企业化工过程安全管理工作。

（三十）企业要把化工过程安全管理纳入绩效考核。要组成由生产负责人或技术负责人负责，工艺、设备、电气、仪表、公用工程、安全、人力资源和绩效考核等方面的人员参加的考核小组，定期评估本企业化工过程安全管理的功效，分析查找薄弱环节，及时采取措施，限期整改，并核查整改情况，持续改进。要编制功效评估和整改结果评估报告，并建立评估工作记录。

化工企业要结合本企业实际，认真学习贯彻落实相关法律法规和本指导意见，完善安全生产责任制和安全生产规章制度，开展全员、全过程、全方位、全天候化工过程安全管理。

国家安全监管总局
二○一三年七月二十九日

# 24. 国家安全监管总局办公厅
# 关于印发职业卫生档案管理规范的通知

安监总厅安健〔2013〕171 号

各省、自治区、直辖市及新疆生产建设兵团安全生产监督管理局：

根据《中华人民共和国职业病防治法》《工作场所职业卫生监督管理规定》(国家安全监管总局令第 47 号)《用人单位职业健康监护监督管理办法》(国家安全监管总局令第 49 号)的要求，为加强用人单位职业卫生管理，保证职业卫生档案完整、准确和有效利用，推进用人单位职业病防治主体责任的落实，我局研究制定了《职业卫生档案管理规范》，现印发给你们，请认真抓好贯彻落实。

国家安全监管总局办公厅
二〇一三年十二月三十一日

# 职业卫生档案管理规范

为提高用人单位(煤矿除外)的职业卫生管理水平,规范职业卫生档案管理,根据《中华人民共和国职业病防治法》《工作场所职业卫生监督管理规定》(国家安全监管总局令第47号)《用人单位职业健康监护监督管理办法》(国家安全监管总局令第49号)的要求,制定本规范。

一、用人单位职业卫生档案,是指用人单位在职业病危害防治和职业卫生管理活动中形成的,能够准确、完整反映本单位职业卫生工作全过程的文字、图纸、照片、报表、音像资料、电子文档等文件材料。

二、用人单位应建立健全职业卫生档案,包括以下主要内容:

(一)建设项目职业卫生"三同时"档案(见附件1);

(二)职业卫生管理档案(见附件2);

(三)职业卫生宣传培训档案(见附件3);

(四)职业病危害因素监测与检测评价档案(见附件4);

(五)用人单位职业健康监护管理档案(见附件5);

(六)劳动者个人职业健康监护档案(见附件6);

(七)法律、行政法规、规章要求的其他资料文件。

三、用人单位可根据工作实际对职业卫生档案的样表作适当调整,但主要内容不能删减。涉及项目及人员较多的,可参照样表予以补充。

四、职业卫生档案中某项档案材料较多或者与其他档案交叉的,可在档案中注明其保存地点。

五、用人单位应设立档案室或指定专门的区域存放职业卫生档案,并指定专门机构和专(兼)职人员负责管理。

六、用人单位应做好职业卫生档案的归档工作,按年度或建设项目进行案卷归档,及时编号登记,入库保管。

七、用人单位要严格职业卫生档案的日常管理,防止出现遗失。

八、职业卫生监管部门查阅或者复制职业卫生档案材料时,用人单位必须如实提供。

九、劳动者离开用人单位时,有权索取本人职业健康监护档案复印件,用人单位应如实、无偿提供,并在所提供的复印件上签章。

十、劳动者在申请职业病诊断、鉴定时,用人单位应如实提供职业病诊断、鉴定所需的劳动者职业病危害接触史、工作场所职业病危害因素检测结果等资料。

十一、本规范印发前用人单位已建立职业卫生档案的,应当按本规范要求进行完善,分类归档。

十二、用人单位发生分立、合并、解散、破产等情形的,职业卫生档案应按照国家档案管理的有关规定移交保管。

十三、各地区可以根据工作实际,对本规范的要求进行适当调整。

十四、职业卫生档案管理的其他规定,按照国家现行的法律、行政法规、规章的要求执行。

附件：1. 建设项目职业卫生"三同时"档案
      2. 职业卫生管理档案
      3. 职业卫生宣传培训档案
      4. 职业病危害因素监测与检测评价档案
      5. 用人单位职业健康监护管理档案
      6. 劳动者个人职业健康监护档案

# 建设项目职业卫生"三同时"档案

用　人　单　位：_____

职业卫生管理负责人：_____

联　系　电　话：_____

电　子　邮　箱：_____

# 目　　录

表1-1 建设项目职业卫生"三同时"审查登记表

项目名称：_____

项目类型：_____项目投资：_____

建设工期：_____年___月___日至_____年___月___日

存在的主要职业病危害因素：_____

审查结论：

| 预评价审核 | | | 设计审查<br>（严重危害项目） | | | 竣工验收 | | |
|---|---|---|---|---|---|---|---|---|
| 年月 | 结论 | 审核单位 | 年月 | 结论 | 审查单位 | 年月 | 结论 | 验收单位 |
| | | | | | | | | |

编制：　　　　　　　审核(签名)：　　　　　　　　　编制日期：　　年　　月　　日

说明：项目类型选择：新建、改建、扩建、技改(技术改造)、引进(技术引进)填报。

附件 2                                              档案编号：

# 职业卫生管理档案
# （_____年度）

用　人　单　位：_____

职业卫生管理负责人：_____

联　系　电　话：_____

电　子　邮　箱：_____

# 目　　录

表 2－1　　　　　年度职业病防治计划实施检查表

| 序号 | 日期 | 职业病防治计划内容 | 实施情况 | 实施负责人 | 备注 |
|------|------|-------------------|---------|-----------|------|
|  |  |  |  |  |  |
|  |  |  |  |  |  |
|  |  |  |  |  |  |
|  |  |  |  |  |  |
|  |  |  |  |  |  |
|  |  |  |  |  |  |
|  |  |  |  |  |  |
|  |  |  |  |  |  |
|  |  |  |  |  |  |
|  |  |  |  |  |  |
|  |  |  |  |  |  |
|  |  |  |  |  |  |
|  |  |  |  |  |  |
|  |  |  |  |  |  |
|  |  |  |  |  |  |
|  |  |  |  |  |  |
|  |  |  |  |  |  |
|  |  |  |  |  |  |

编制：　　　　　　　　审核(签字)：　　　　　　　　编制日期：　　年　　月　　日

# 职业卫生管理制度目录

（一）职业病危害防治责任制度；

（二）职业病危害警示与告知制度；

（三）职业病危害项目申报制度；

（四）职业病防治宣传教育培训制度；

（五）职业病防护设施维护检修制度；

（六）职业病防护用品管理制度；

（七）职业病危害监测及检测评价管理制度；

（八）建设项目职业卫生"三同时"管理制度；

（九）劳动者职业健康监护及其档案管理制度；

（十）职业病危害事故处置与报告制度；

（十一）职业病危害应急救援与管理制度；

（十二）岗位职业卫生操作规程；

（十三）法律、法规、规章规定的其他职业病防治制度。

表2-2 职业病危害因素申报基本情况表

| | | | | | |
|---|---|---|---|---|---|
| 单位名称 | | | 联系电话: | | |
| 单位注册地址 | | | 工作场所地址 | | |
| 申报类别 | 初次申报○ 变更申报○ | | 变更原因 | | |
| 企业规模 | 大○ 中○ 小○ 微○ | | 行业分类 | | |
| | | | 注册类型 | | |
| 法定代表人 | | | 联系电话 | | |
| 职业卫生管理机构 | 有○ 无○ | | 职业卫生管理人员数 | 专职 | |
| | | | | 兼职 | |
| 劳动者总人数 | | | 职业病累计人数 | | |
| 接触职业病危害因素种类数(个) | | | 接触职业病危害因素人数(人) | | |

| 职业病危害因素分布情况 | 作业场所名称 | 职业病危害因素名称 | 接触人数(可重复) | 接触人数(不重复) |
|---|---|---|---|---|
| | (作业场所1) | | | |
| | | | | |
| | | ... | | |
| | (作业场所2) | | | |
| | | | | |
| | | ... | | |
| | ... | | | |
| | | | | |
| | | ... | | |
| | 合计 | | | |

编制:　　　　　　审核(签字):　　　　　　编制日期:　　年　月　日

表2-3 ＿＿＿＿年度职业病防治经费一览表

| 用途 | 工作内容 | 经费(元) | 项目负责人 | 备注 |
|---|---|---|---|---|
| 职业卫生管理机构的组织工作经费 | | | | |
| 生产车间改造 | | | | |
| 生产工艺改进 | | | | |
| 防护设施建设与维护 | | | | |
| 个人劳动防护用品 | | | | |
| 工作场所职业卫生检测评价 | | | | |
| 职业病危害因素监测设备购买 | | | | |
| 职业卫生宣传培训 | | | | |
| 职工健康监护 | | | | |
| 职业病人诊疗 | | | | |
| 警示标识 | | | | |
| 其他 | | | | |
| 合计 | | | | |

编制： 审核(签字)： 编制日期： 年 月 日

表 2-4 职业病防护设施一览表

| 防护设施名称 | 型号 | 使用车间和岗位 | 防护用途 | 生产及安装单位 | 验收日期(年月日) |
|---|---|---|---|---|---|
| | | | | | |
| | | | | | |
| | | | | | |
| | | | | | |
| | | | | | |
| | | | | | |
| | | | | | |
| | | | | | |
| | | | | | |
| | | | | | |
| | | | | | |
| | | | | | |
| | | | | | |
| | | | | | |
| | | | | | |
| | | | | | |
| | | | | | |
| | | | | | |

编制：　　　　　审核(签字)：　　　　　编制日期：　　年　月　日

表 2-5　职业病防护设施检修、维护记录表

| 车间名称 | | 车间负责人 | |
|---|---|---|---|
| 防护设备名称 | | 检修时间 | |

检修、维护情况(包括检修的原因、检修部门、检修费用、检修效果等):

| 验收意见: | |
|---|---|
| | |
| | 负责人(签名): |
| | 日期:　　年　月　日 |

表 2 - 6 _____ 年度个人防护用品发放使用记录

| 车间名称 | 接触职业病危害因素 | 个人防护<br>用品名称 | 型号 | 数量 | 领取人 | 领取日期 |
|---|---|---|---|---|---|---|
|  |  |  |  |  |  |  |
|  |  |  |  |  |  |  |
|  |  |  |  |  |  |  |
|  |  |  |  |  |  |  |
|  |  |  |  |  |  |  |
|  |  |  |  |  |  |  |
|  |  |  |  |  |  |  |
|  |  |  |  |  |  |  |
|  |  |  |  |  |  |  |
|  |  |  |  |  |  |  |
|  |  |  |  |  |  |  |
|  |  |  |  |  |  |  |
|  |  |  |  |  |  |  |
|  |  |  |  |  |  |  |
|  |  |  |  |  |  |  |
|  |  |  |  |  |  |  |
|  |  |  |  |  |  |  |
|  |  |  |  |  |  |  |
|  |  |  |  |  |  |  |

编制:　　　　　　　审核(签字):　　　　　　　编制日期:　　年　月　日

附:个人防护用品的生产、供货单位,使用说明和产品合格证明。

表 2-7 工作场所警示标识一览表

| 序号 | 作业区 | 告知项目 | 配置地点 | 警示内容 | 标识数量 | 责任人 |
|------|--------|----------|----------|----------|----------|--------|
|      |        |          |          |          |          |        |
|      |        |          |          |          |          |        |
|      |        |          |          |          |          |        |
|      |        |          |          |          |          |        |
|      |        |          |          |          |          |        |
|      |        |          |          |          |          |        |
|      |        |          |          |          |          |        |
|      |        |          |          |          |          |        |
|      |        |          |          |          |          |        |
|      |        |          |          |          |          |        |
|      |        |          |          |          |          |        |
|      |        |          |          |          |          |        |
|      |        |          |          |          |          |        |
|      |        |          |          |          |          |        |
|      |        |          |          |          |          |        |
|      |        |          |          |          |          |        |
|      |        |          |          |          |          |        |
|      |        |          |          |          |          |        |
|      |        |          |          |          |          |        |
|      |        |          |          |          |          |        |
|      |        |          |          |          |          |        |
|      |        |          |          |          |          |        |
|      |        |          |          |          |          |        |
|      |        |          |          |          |          |        |
|      |        |          |          |          |          |        |
|      |        |          |          |          |          |        |
|      |        |          |          |          |          |        |
|      |        |          |          |          |          |        |
|      |        |          |          |          |          |        |
|      |        |          |          |          |          |        |
|      |        |          |          |          |          |        |
|      |        |          |          |          |          |        |
|      |        |          |          |          |          |        |
|      |        |          |          |          |          |        |
|      |        |          |          |          |          |        |
|      |        |          |          |          |          |        |
|      |        |          |          |          |          |        |

编制：　　　　　　　　　审核(签字)：　　　　　　　　　编制日期：　　　年　　月　　日

表 2-8  用人单位职业卫生检查和处理记录表

| 车间名称 | | 车间负责人 | |
|---|---|---|---|
| 检查地点 | | | |
| 检查时间 | 年　月　日　　时　分至　　时　分 | | |

检查情况记录：

<br><br><br><br><br><br><br><br><br><br><br>

检查人员(签名)：　　　　　　　　年　月　日

| 整改意见 | <br><br><br><br><br><br>负责人(签名)：　　　　　　　　年　月　日 |
|---|---|
| 整改落实情况 | <br><br><br><br><br><br>车间负责人(签名)：　　　　　　　年　月　日 |

备注：检查内容包括车间总体卫生状况、警示标识、防护设施运行情况、应急救援设施、通信装置运行情况、个人防护用品使用情况、操作规程执行情况等。

## 表 2-9 职业卫生监管意见和落实情况记录表

| 上级检查部门 | | 检查日期 | |
|---|---|---|---|

发现主要存在的问题(主要内容摘录,附原件):

<br><br><br><br><br><br><br><br><br><br>

要求整改的措施及建议:

<br><br><br><br><br><br><br><br>

年　　月　　日

用人单位领导审批意见:

<br><br><br><br><br><br><br><br>

年　　月　　日

整改落实情况:

<br><br><br><br><br><br><br><br><br><br>

负责人(签名):　　　　年　　月　　日

附件 3

档案编号：

# 职业卫生宣传培训档案
## (_____年度）

用　人　单　位：_____

职业卫生管理负责人：_____

联　系　电　话：_____

电　子　邮　箱：_____

# 目　　录

表 3-1 ＿＿＿＿＿年度职业卫生宣传培训一览表

企业名称：＿＿＿＿＿＿＿＿＿ 培训类型：＿＿＿＿＿＿＿＿ 培训学时：＿＿＿＿＿＿＿＿

参加部门：＿＿＿＿＿＿＿＿＿＿＿＿＿＿＿＿＿＿＿＿＿＿＿＿＿＿＿＿＿＿＿＿＿＿＿

＿＿＿＿＿＿＿＿＿＿＿＿＿＿＿＿＿＿＿＿＿＿＿＿＿＿＿＿＿＿＿＿＿＿＿＿＿＿＿＿＿＿

培训内容：＿＿＿＿＿＿＿＿＿＿＿＿＿＿＿＿＿＿＿＿＿＿＿＿＿＿＿＿＿＿＿＿＿＿＿

＿＿＿＿＿＿＿＿＿＿＿＿＿＿＿＿＿＿＿＿＿＿＿＿＿＿＿＿＿＿＿＿＿＿＿＿＿＿＿＿＿＿

组织部门：＿＿＿＿＿＿＿＿＿＿＿＿＿＿＿＿＿＿＿＿＿＿＿＿＿＿＿＿＿＿＿＿＿＿＿

授课人：＿＿＿＿＿＿＿＿＿＿＿ 实施日期：＿＿＿＿＿＿＿＿＿＿

签到表：

| 序号 | 部门 | 姓名(签字) | 成绩 |
|---|---|---|---|
| | | | |
| | | | |
| | | | |
| | | | |
| | | | |
| | | | |
| | | | |
| | | | |
| | | | |
| | | | |
| | | | |
| | | | |
| | | | |
| | | | |
| | | | |
| | | | |
| | | | |
| | | | |
| | | | |
| | | | |
| | | | |
| | | | |
| | | | |
| | | | |
| | | | |

编制：＿＿＿＿＿＿＿＿＿ 审核(签字)：＿＿＿＿＿＿＿＿＿ 编制日期： 年 月 日

说明：1. 培训类型为劳动者上岗前培训、在岗期间定期培训，用人单位主要负责人、职业卫生管理人员培训；

2. 签到名单可附后。

附件 4                                              档案编号：

# 职业病危害因素监测与检测评价档案
## (＿＿＿＿＿年度)

用　人　单　位：＿＿＿＿＿＿＿＿＿＿＿＿＿＿＿＿

职业卫生管理负责人：＿＿＿＿＿＿＿＿＿＿＿＿＿＿＿＿

联　系　电　话：＿＿＿＿＿＿＿＿＿＿＿＿＿＿＿＿

电　子　邮　箱：＿＿＿＿＿＿＿＿＿＿＿＿＿＿＿＿

# 目　　录

表 4 - 1 可能产生职业病危害设备、材料(化学品)一览表

| 设备、材料、化学品名称 | | 可能产生的职业病危害因素名称 | 使用车间和岗位 | 生产、供货单位 |
|---|---|---|---|---|
| 设备 | | | | |
| | | | | |
| | | | | |
| | | | | |
| 材料 | | | | |
| | | | | |
| | | | | |
| | | | | |
| 化学品 | | | | |
| | | | | |
| | | | | |
| | | | | |
| | | | | |
| | | | | |
| | | | | |

编制:　　　　　　　　　审核(签字):　　　　　　　　　编制日期:　　年　月　日

说明:化学品毒性资料及预防策略附后

表4-2 接触职业病危害因素汇总表

| 序号 | 岗位 | 职业病危害因素名称 | 危害来源 | 接触方式（定点/巡检） | 接触职业病危害 | | 工程防护设施 | 个体防护用品 |
|---|---|---|---|---|---|---|---|---|
| | | | | | 总人数 | 女工数 | | |
| | | | | | | | | |
| | | | | | | | | |
| | | | | | | | | |
| | | | | | | | | |
| | | | | | | | | |
| | | | | | | | | |
| | | | | | | | | |
| | | | | | | | | |

编制：　　　　　　　　审核(签字)：　　　　　　　　编制日期：　　年　　月　　日

表4-3 职业病危害因素日常监测季报汇总表

| 车间 | 职业病危害因素名称 | 监测周期 | 监测点数 | 监测结果范围 | 合格率（%） | 职业接触限值 | 监测人员 |
|---|---|---|---|---|---|---|---|
| | | | | | | | |
| | | | | | | | |
| | | | | | | | |
| | | | | | | | |
| | | | | | | | |
| | | | | | | | |
| | | | | | | | |
| | | | | | | | |

编制：　　　　　　　　审核(签字)：　　　　　　　　编制日期：　　年　　月　　日

# 职业病危害因素检测与评价结果报告

_____安全生产监督管理局：

我单位委托_____机构(已取得相应资质的职业卫生技术服务机构名称)，于_____年___月___日对我单位工作场所进行了职业病危害因素的检测与评价，现将结果上报(见检测评价报告书)。

对工作场所职业病危害因素不符合国家职业卫生标准和卫生要求的岗位，我单位已采取相应的治理措施(应详细列举具体措施)，治理后的效果我单位将委托_____机构重新检测评价后上报。

附件：检测评价报告书

单位(盖章)

年　月　日

附件 5                                         档案编号：

# 用人单位职业健康监护管理档案
## （＿＿＿＿＿＿年度）

用　人　单　位：＿＿＿＿＿＿＿＿＿＿＿＿＿＿＿＿

职业卫生管理负责人：＿＿＿＿＿＿＿＿＿＿＿＿＿＿＿＿

联　系　电　话：＿＿＿＿＿＿＿＿＿＿＿＿＿＿＿＿

电　子　邮　箱：＿＿＿＿＿＿＿＿＿＿＿＿＿＿＿＿

# 目　　录

表 5－1 职业健康检查结果汇总表

| 检查日期 | 检查机构 | 体检种类 | 应检人数 | 实检人数 | 检查结果（人数） | | | | | 备注 |
|---|---|---|---|---|---|---|---|---|---|---|
| | | | | | 未见异常 | 复查 | 疑似 | 禁忌症 | 其他疾患 | |
| | | | | | | | | | | |
| | | | | | | | | | | |
| | | | | | | | | | | |
| | | | | | | | | | | |
| | | | | | | | | | | |
| | | | | | | | | | | |
| | | | | | | | | | | |

表 5－2 职业健康检查异常结果登记表

车间： 体检日期： 年 月 日至 年 月 日
体检类别：

| 序号 | 姓名 | 性别 | 年龄 | 岗位 | 接触职业病危害因素 | 可能导致的职业病 | 体检结论与处理意见 | 落实情况 |
|---|---|---|---|---|---|---|---|---|
| | | | | | | | | |
| | | | | | | | | |
| | | | | | | | | |
| | | | | | | | | |
| | | | | | | | | |
| | | | | | | | | |
| | | | | | | | | |

编制： 审核（签字）： 编制日期： 年 月 日

表 5 - 3　职业病患者一览表

| 序号 | 姓名 | 性别 | 出生日期<br>（年月日） | 接害工龄 | 车间、岗位 | 职业病名 | 诊断机构 | 诊断日期<br>（年月日） | 处理情况 |
|---|---|---|---|---|---|---|---|---|---|
|  |  |  |  |  |  |  |  |  |  |
|  |  |  |  |  |  |  |  |  |  |
|  |  |  |  |  |  |  |  |  |  |
|  |  |  |  |  |  |  |  |  |  |

编制：　　　　　审核（签字）：　　　　　编制日期：　　年　月　日

表 5 - 4　疑似职业病患者一览表

| 姓名 | 性别 | 年龄 | 车间、岗位 | 接害工龄 | 疑似职业病名 | 体检机构 | 体检日期 | 处理情况 |
|---|---|---|---|---|---|---|---|---|
|  |  |  |  |  |  |  |  |  |
|  |  |  |  |  |  |  |  |  |
|  |  |  |  |  |  |  |  |  |
|  |  |  |  |  |  |  |  |  |

编制：　　　　　审核（签字）：　　　　　编制日期：　　年　月　日

# 职业病和疑似职业病人报告

_____安全生产监督管理局；_____卫生局、卫生监督所：

我单位于_____年___月___日组织从事接触职业病危害作业的工人在_____进行了职业健康检查(体检机构具有相应资质)，体检结果发现：疑似职业病人___人。经职业病诊断机构诊断后确诊职业病人___人(诊断机构有相应资质)，现上报(见名单)。

对发现的疑似职业病人和职业病人，我单位已按照处理意见妥善处理。

附件：1. 疑似职业病人名单及处理情况
　　　2. 职业病人名单及处理情况

单位盖章

年　　月　　日

表 5-5　职业病危害事故报告与处理记录表

| 企业名称 | | 法定代表人 | |
|---|---|---|---|
| 事故报告人 | | 联系电话 | |

基本情况：

1. 发生时间：_____年___月___日_____时；

2. 发生场所（车间名称）：_____岗位及工作内容_____；

3. 发病情况：接触人数_____发病人数_____；

　　　　　送医院治疗人数_____死亡人数_____；

4. 可能产生职业病的有害因素名称：_____。

| 事故经过简述（事件起因、患者主要临床表现、救援过程和处理情况）： |
|---|
|  |
| 对事故原因和性质的初步认定意见： |
|  |

| 事件报告情况 | 1. 报告时间_____年___月___日_____时 <br> 2. 报告单位：_____ <br><br> 负责人（签名）： <br><br><br> 日期：　　　年　　月　　日 |
|---|---|

表5-6 职业健康监护档案汇总表

| 部门/车间 | 档案编号 | 姓名 | 性别 | 建档时间 | 人员调离情况 | | | 备注 |
|---|---|---|---|---|---|---|---|---|
| | | | | | 调离时间 | 是否提供档案复印件 | 劳动者签字 | |
| | | | | | | | | |
| | | | | | | | | |
| | | | | | | | | |
| | | | | | | | | |
| | | | | | | | | |
| | | | | | | | | |
| | | | | | | | | |
| | | | | | | | | |
| | | | | | | | | |
| | | | | | | | | |
| | | | | | | | | |
| | | | | | | | | |
| | | | | | | | | |
| | | | | | | | | |
| | | | | | | | | |
| | | | | | | | | |
| | | | | | | | | |
| | | | | | | | | |
| | | | | | | | | |
| | | | | | | | | |
| | | | | | | | | |
| | | | | | | | | |
| | | | | | | | | |
| | | | | | | | | |
| | | | | | | | | |
| | | | | | | | | |
| | | | | | | | | |
| | | | | | | | | |

附件6

# 劳动者个人职业健康监护档案

单　　　位：＿＿＿＿＿＿＿＿＿＿＿＿＿＿＿＿＿＿＿

姓　　　名：＿＿＿＿＿＿＿＿＿＿＿＿＿＿＿＿＿＿＿

性　　　别：＿＿＿＿＿＿＿＿＿＿＿＿＿＿＿＿＿＿＿

建档时间：＿＿＿＿＿＿＿＿＿＿＿＿＿＿＿＿＿＿＿

# 目　录

表6-1 劳动者个人信息卡

档案号：

| 姓名 | | 性别 | | 照片 |
|---|---|---|---|---|
| 籍贯 | | 婚姻 | | |
| 文化程度 | | 嗜好 | | |
| 参加工作时间 | | | | |
| 身份证号 | | | | |

职业史及职业病危害接触史

| 起止时间 | 工作单位 | 工种 | 接触职业病危害因素 | 防护措施 |
|---|---|---|---|---|
| 年 月 日至<br>年 月 日 | | | | |
| 年 月 日至<br>年 月 日 | | | | |
| 年 月 日至<br>年 月 日 | | | | |
| 年 月 日至<br>年 月 日 | | | | |

既往病史

| 疾病名称 | 诊断时间 | 诊断医院 | 治疗结果 | 备注 |
|---|---|---|---|---|
| | 年 月 日 | | | |
| | 年 月 日 | | | |
| | 年 月 日 | | | |
| | 年 月 日 | | | |

职业病诊断

| 疾病名称 | 诊断时间 | 诊断医院 | 治疗结果 | 备注 |
|---|---|---|---|---|
| | 年 月 日 | | | |
| | 年 月 日 | | | |
| | 年 月 日 | | | |
| | 年 月 日 | | | |

表 6 - 2　工作场所职业病危害因素检测结果

劳动者姓名：　　　　　　　　　　　　　　　　　　　　　档案号：

| 岗位 | 检测时间 | 检测机构 | 职业病危害因素名称 | 职业病危害因素检测结果 | 防护措施 | 备注 |
|---|---|---|---|---|---|---|
| | | | | | | |
| | | | | | | |
| | | | | | | |
| | | | | | | |
| | | | | | | |
| | | | | | | |
| | | | | | | |
| | | | | | | |
| | | | | | | |
| | | | | | | |
| | | | | | | |
| | | | | | | |
| | | | | | | |
| | | | | | | |
| | | | | | | |
| | | | | | | |
| | | | | | | |
| | | | | | | |
| | | | | | | |
| | | | | | | |
| | | | | | | |
| | | | | | | |
| | | | | | | |
| | | | | | | |
| | | | | | | |
| | | | | | | |
| | | | | | | |
| | | | | | | |
| | | | | | | |
| | | | | | | |
| | | | | | | |
| | | | | | | |
| | | | | | | |

**表6-3 历次职业健康检查结果及处理情况**

劳动者姓名：                                                                          档案号：

| 检查日期 | 检查种类 | 检查结论 | 检查机构 | 岗位 | 人员处理情况 | 本人签字 | 现场处理情况 |
|---|---|---|---|---|---|---|---|
|  |  |  |  |  |  |  |  |
|  |  |  |  |  |  |  |  |
|  |  |  |  |  |  |  |  |
|  |  |  |  |  |  |  |  |
|  |  |  |  |  |  |  |  |
|  |  |  |  |  |  |  |  |
|  |  |  |  |  |  |  |  |
|  |  |  |  |  |  |  |  |
|  |  |  |  |  |  |  |  |
|  |  |  |  |  |  |  |  |
|  |  |  |  |  |  |  |  |
|  |  |  |  |  |  |  |  |
|  |  |  |  |  |  |  |  |
|  |  |  |  |  |  |  |  |
|  |  |  |  |  |  |  |  |
|  |  |  |  |  |  |  |  |
|  |  |  |  |  |  |  |  |
|  |  |  |  |  |  |  |  |
|  |  |  |  |  |  |  |  |
|  |  |  |  |  |  |  |  |
|  |  |  |  |  |  |  |  |
|  |  |  |  |  |  |  |  |
|  |  |  |  |  |  |  |  |
|  |  |  |  |  |  |  |  |

注：1. 检查种类是指上岗前、在岗期间、离岗时、应急、离岗后医学随访、复查、医学观察、职业病诊断等；

　　2. 检查结论是指未见异常、复查、疑似职业病、职业禁忌证、其他疾患、职业病等；

　　3. 人员处理情况是指调离、暂时脱离工作岗位、复查、医学观察、职业病诊断结果等处理、安置情况及检查、诊断结果；检查结论为未见异常或其他疾患的划"—"；

　　4. 现场处理情况是指造成职业损害的作业岗位，现场及个体防护用品整改达标情况，不需整改的可划"—"。